LOIS

DE

L'ORGANISME VIVANT.

TOME SECOND.

IMPRIMERIE DE A. BARBIER,
RUE DES MARAIS S. G. N. 17.

LOIS

DE

L'ORGANISME VIVANT,

OU

APPLICATION DES LOIS PHYSICO-CHIMIQUES

A LA

PHYSIOLOGIE;

PRÉCÉDÉES DE RECHERCHES SUR LES CAUSES PHYSIQUES
DES PHÉNOMÈNES D'ATTRACTION ET DE RÉPULSION,
CONSIDÉRÉS DANS LES MOLÉCULES ET DANS
LES MASSES DE LA MATIÈRE.

PAR LE Dr A. FOURCAULT.

Hypotheses inanes non fingam, sed causas
naturæ phœnomenorum intueri conabor.

TOME SECOND.

PARIS.

ROUEN FRÈRES, LIBRAIRES-ÉDITEURS,
RUE DE L'ÉCOLE DE MÉDECINE, N. 13.

1829.

LOIS

DE

L'ORGANISME VIVANT,

OU

APPLICATION DES LOIS PHYSICO-CHIMIQUES A LA PHYSIOLOGIE.

FONCTIONS DE RELATION.

ACTION

DES ORGANES DES SENS.

L'AUTEUR de la nature a formé, au moyen des propriétés chimiques dont il a doué les molécules de la matière, des êtres élémentaires et des corps vivans composés d'organes dont le nombre et l'importance sont en raison du développement de ces êtres et des facultés dont ils jouissent. Après avoir étudié, d'une manière générale, les propriétés inhérentes à la matière organique, après avoir démontré qu'elles ne diffèrent pas essentiellement de celles dont sont doués les corps inorganiques, il importe de prouver que les

II.   I organes suivent les mêmes lois dans leurs fonctions, et qu'elles ne s'opèrent qu'en vertu de l'action des fluides impondérés sur les molécules qui composent les êtres vivans. Le nombre et l'importance des appareils sensoriaux est aussi en raison directe du développement des organismes, et du rang plus élevé qu'occupe chaque espèce dans l'échelle zoologique. Les animaux les plus simples n'ont que des organes rudimentaires, et n'offrent, comme les végétaux, qu'une agglomération de molécules, dont la disposition est uniforme, et dont les mouvemens sont peu variés. Ces corps élémentaires sont privés des foyers centraux de la vie; leurs diverses parties ne sont en rapport entre elles qu'au moyen des molécules qui les composent* et du fluide impondéré qui les anime. Leurs rapports avec les corps ambians s'établissent de la même manière. Ils sont entièrement privés d'un appareil spécial et d'organes propres à les mettre en relation avec l'univers. Ils ne reçoivent que des impressions, n'éprouvent que des actions moléculaires, relatives au mouvement nutritif; mais ces impressions et ces actions ne sont pas transmises à un centre commun, ne déterminent pas de sensations : tel est le mode d'existence des zoophytes.

Les animaux qui se trouvent plus élevés dans l'échelle organique, sont pourvus d'un appareil plus ou moins compliqué qui établit des rapports multipliés entre les molécules qui les composent, entre ces êtres et les corps ambians. Cet appareil communique, à la périphérie, avec des organes simples chez les animaux élémentaires, et très-compliqués chez ceux qui jouissent de facultés étendues et variées. L'étendue et la diversité des facultés résultent donc de la variété de l'organisation. Ces différences d'organisation ne changent point essentiellement la nature de l'animal : qu'il soit privé d'un système nerveux et d'organes sensoriaux, ou qu'il en soit pourvu, ces relations avec les agens physiques s'opèrent toujours au moyen des propriétés chimiques des molécules qui le composent. Chez les zoophytes, ces agens ont une action immédiate sur les molécules qui forment ces organismes simples, lesquels n'éprouvent que des impressions relatives à la nutrition, des mouvemens automatiques d'attraction et de répulsion, résultats de l'action de ces agens sur les fluides pondérables qui animent ces corps. Comme les galvanomètres les plus sensibles, ils indiquent les différences de température, éprouvent des mouvemens au contact des corps dont les propriétés chimiques sont très-marquées, et leur extrémité mobile est attirée par l'action du soleil lorsqu'il est sur l'horizon, tandis qu'un mouvement opposé se fait remarquer dans cette extrémité, lorsque cet astre a cessé d'agir sur ces corps organisés. Si les expériences que nous avons rapportées à l'article *instinct* sont probantes, on ne pourra rejeter la comparaison que nous venons de faire entre la sensibilité physique proprement dite, et celle des corps organisés. L'électricité, la lumière, le calorique, les actions chimiques déterminent également des mouvemens d'attraction et de répulsion , dans les tissus des animaux rudimentaires , comme ,sur les instrumens les plus sensibles , pour nous servir des expressions des physiciens.

S'il est démontré que les animaux privés de système nerveux de même que les plantes n'éprouvent certains mouvemens généraux et partiels , que par une action physico-chimique des molécules qui les composent , ce qui ne peut être révoqué en doute , d'après les expériences et les faits qui ont été rapportés dans cet ouvrage; on ne pourra plus supposer de causes occultes pour expliquer les rapports des agens physiques et des corps ambians avec les organes des sens , dont sont pourvus les animaux qui occupent l'extrémité la plus élevée de l'échelle organique. On sera forcé d'admettre nécessairement une identité de causes et de rapports, si l'on parvient à démontrer que ces organes n'agissent en effet que d'une manière physique. Mais ensuite , si l'on prouve avec évidence que les fonctions nutritives ne s'opèrent qu'au moyen d'actions et de combinaisons chimiques, que les agens extérieurs excitent dans les appareils organiques des animaux doués d'une organisation supérieure, des mouvemens d'attraction et de répulsion , analogues à ceux qui sont observés chez les animaux privés de système nerveux et des organes des sensations, il faudra bien reconnaître que l'appareil intermédiaire entre ces organes et ceux de la vie de nutrition, ne peut être qu'un appareil électro-moteur dont l'action établit les rapports des organes entre eux, entre l'animal et les corps extérieurs, sans changer le mécanisme des fonctions et, en un mot, le caractère essentiel de l'animalité.

Nous avons déjà prouvé que chez les vers et les annélides le tissu cutané sert à la fois d'organe du tact, du goût et de l'odorat. Cette propriété tient à l'organisation de la peau, à la grande quantité de nerfs qui s'y rendent, à l'épanouissement de leurs extrémités périphériques à la surface libre de cette membrane. L'épaisseur de l'épiderme, la petite quantité de substance nerveuse qui se trouve dans le tissu cutané et muqueux, diminuent dans la même proportion les facultés sensitives des surfaces qui sont en rapport avec les corps ambians. Il suffit, sous ce rapport, de comparer les animaux, dont la peau est analogue à la pituitaire, avec celle de l'homme et des animaux couverts d'un poil épais, pour connaître les causes organiques et physiques des sensations.

Plus l'extrémité périphérique des nerfs est en rapport immédiat avec les agens externes, et surtout avec le fluide électrique qui se dégage des molécules des corps, et plus les sensations sont vives, plus les organes des sens sont excitables. Que l'on examine, sous ce rapport, les fonctions de l'œil, de l'oreille, du nez, de la bouche, de la peau, et l'on verra que les impressions lumineuses, sonores, odorantes, etc. des corps, ne pourraient être produites sans la disposition organique que nous signalons. Un sixième sens, plus exquis, s'il est possible, que ceux que nous possédons, nous donnerait des sensations nouvelles, pourrait changer nos opinions sur la nature des corps, et nous dévoiler les lois les plus importantes et les plus secrètes des phénomènes de la nature et de l'organisme. Que de notions importantes ont été acquises au moyen de la vue, aidée du télescope et du microscope !

Tous les faits, toutes les expériences, tous les phénomènes, tendent à prouver que les sensations ne peuvent être déterminées que par un mouvement, ou une action quelconque, excités sur les organes des sens, sentis par le cerveau, ou les centres nerveux qui le remplacent chez les animaux des classes inférieures, et communiqués, dans la généralité des cas, aux autres viscères qui réagissent ensuite sur le centre des sensations suivant la nature de l'impression reçue. Toute sensation ne peut donc être produite sans les conditions organiques suivantes :

1° Disposition spéciale des organes des sens ; 2° intégrité des faisceaux nerveux qui s'y rendent. 3° état actif et physiologique du cerveau. L'altération ou la destruction des organes des sens, la section ou la lésion profonde des nerfs et du cerveau, l'état passif de cet organe ou le sommeil, sont des causes qui s'opposent à la manifestation des sensations, ou qui tendent à les abolir. En étudiant le mode d'action des agens externes sur les organes des sens, sur les nerfs et sur le cerveau, et l'action consécutive de cet organe sur les viscères *et vice versâ*, il sera facile

de se convaincre que tous ces organes ne sympathisent entre eux qu'au moyen d'un fluide impondérable de la nature de l'électricité et du calorique,
et qu'ils sont soumis aux mêmes lois.

DE LA VISION.

L'œil, ou l'organe extérieur de la vision, est chez
l'homme, suivant l'opinion des physiologistes et
des physiciens modernes, un instrument d'optique,
composé de divers milieux diaphanes dont les actions réfringentes sont combinées de manière à concentrer les rayons lumineux, et à les diriger sur une
membrane nerveuse qui en reçoit l'impression. Cette
membrane est donc dans un rapport médiat avec les
corps, au moyen du fluide électrique, modifié, ou
mis en mouvement; il excite ainsi la sensation de
la lumière, lorsque l'impression qu'il détermine est
communiquée au cerveau, ou plutôt lorsque le mouvement produit dans l'appareil nerveux de la vision
est transmis à cet organe.

L'appareil de la vision est donc composé d'un
organe destiné à réfracter le fluide lumineux, d'une
membrane qui reçoit le mouvement imprimé à ce
fluide, d'un conducteur qui transmet ce mouvement au cerveau, où il produit la sensation. Dire
que la rétine reçoit une impression, que celle-ci
traverse le tissu nerveux pour être convertie en sensation, lorsqu'elle est arrivée à cet organe, ou que
l'impression pour la produire, agit sur la sensibilité,
c'est prendre encore les fictions de l'ontologie pour

les réalités de la nature, c'est changer les mots sans éclaircir la question, et sans indiquer, en aucune manière, l'action physiologique du système nerveux. C'est ainsi que trop souvent on croit expliquer, lorsqu'on ne fait que changer les expressions du langage et tomber dans la logomachie.

Les parties accessoires de l'organe de la vision sont destinées à modérer ou à empêcher l'action trop intense du fluide solaire, ou de l'électricité lumineuse, sur le tissu nerveux, et à préserver la membrane sensible qui recouvre le globe de l'œil du contact des corps extérieurs. L'appareil destiné à la vision est organisé de manière à pouvoir établir des rapports entre l'animal et les corps extérieurs, et à des distances très-éloignées. La place qu'il occupe chez l'homme étend encore ces rapports, et donne, à l'attitude noble et imposante de cet être privilégié, cette dignité qui annonce sa supériorité sur les autres animaux.

Pour concevoir le mécanisme de la vision, que nous n'exposerons que d'une manière sommaire, il faut se rappeler que les corps réfractent le fluide solaire et électrique proprement dit, en raison de leur densité et de leur combustibilité, et que ceux qui sont diaphanes jouissent éminemment de cette propriété physico-chimique. Que l'on considère la nature et la consistance des parties qui composent l'œil, telles que la cornée transparente, l'humeur aqueuse, le cristallin, l'humeur vitrée, que doit traverser le cône lumineux qui va représenter l'image des corps extérieurs sur la rétine, on verra qu'elles doivent jouir d'une action réfringente très-considérable. La convexité de la cornée transparente et du cristallin, leur grande densité comme leur composition chimique, concourent donc à la fois à la production de ce phénomène. L'action réfringente de l'humeur vitrée et de l'humeur aqueuse est moins intense, parce que ces parties ne réunissent que la dernière des deux conditions physico-chimiques, c'est-à-dire la combustibilité, qui tend à déterminer la réfraction.

Il suit de là que les rayons lumineux qui frappent la cornée se rapprochent, en passant de l'air à travers cette membrane, et tendent à s'écarter en pénétrant dans l'humeur aqueuse pour converger dans le cristallin et diverger ensuite en traversant l'humeur vitrée, avant de s'épanouir sur la rétine. Là ils représentent l'image des objets extérieurs, et déterminent, dans la pulpe nerveuse, l'action électrique et lumineuse en vertu de laquelle le cerveau perçoit l'image produite sur la rétine. La choroïde, placée derrière cette membrane, doit offrir nécessairement une électricité opposée, très-propre à concentrer les rayons lumineux sur la membrane qui reçoit l'impression visuelle, et à absorber ceux qui, étant réfléchis, pourraient altérer l'image des corps extérieurs; cependant, quelques physiologistes pensent que les animaux, chez lesquels la choroïde offre une couleur blanche, peuvent voir à une plus grande distance et même dans l'obscurité. Quoi qu'il en soit, sa composition chimique spéciale lui donne des propriétés physiques qui diffèrent de celles de la rétine, et dont l'influence sur le fluide solaire ou électrique modifié ne peut être révoquée en doute.

Malpighi, Haller, et, dans ces derniers temps, M. Magendie, se sont assurés, par divers procédés ingénieux mis en usage sur des yeux extraits de l'orbite d'hommes et d'animaux morts récemment, que l'image des corps extérieurs est fidèlement représentée sur la rétine. La physiologie explique donc déjà, au moyen des lois physiques, la formation des images et le mécanisme extérieur de la vision. Doit-on maintenant supposer, avec les ontologistes, que le mécanisme intérieur de la même fonction s'opère au moyen de lois spéciales, qu'elle exige des organes physiques et des organes vitaux? ou plutôt doit-on imaginer que les appareils extérieurs des sensations agissent d'une manière physique et chimique, tandis que les appareils intérieurs, qui leur sont intimement unis, ont un autre mode d'action appelé *vital?* Nous avons suffisamment prouvé que l'organisme ne peut offrir deux sortes d'organes jouissant de propriétés essentiellement différentes; et l'étude des fonctions de ces organes va bientôt nous démontrer que les uns ne peuvent agir d'une manière physique et chimique, tandis que les autres agiraient d'après des lois inconnues appelées vitales.

Il suffit d'étudier les lois qui président à la formation des organismes, comme les lois physiologiques, de connaître ce consensus qui unit tous les appareils, tous les organes, tous les tissus et toutes les molécules de la matière organique, pour rejeter la distinction arbitraire admise par les physiologistes modernes, et pour être convaincu que dans le mécanisme de la vision, comme dans celui de toutes les fonctions sensoriales et organiques, il y a unité et similitude d'action entre les appareils extérieurs et les appareils internes, entre les organes excités primitivement et ceux qui le sont d'une manière secondaire. D'ailleurs, les sympathies très-étroites qui unissent tous ces appareils, tous ces organes et même toutes les molécules qui les composent, démontrent encore invinciblement qu'il ne peut exister, dans l'organisme, deux sortes de propriétés et deux sortes de lois. La vérité de ce raisonnement ne saurait être contestée, lors même qu'il serait impossible de donner une théorie positive de toutes les fonctions, une théorie déduite de l'observation attentive des faits et de la comparaison rigoureuse des phénomènes.

Nous devons donc expliquer le mécanisme intérieur de la vision comme son mécanisme extérieur, et chercher si le fluide électrique contenu dans le système nerveux n'agirait point sur le cerveau de la même manière que l'électricité ambiante ou solaire, qui, par son mouvement rapide, détermine le phénomène de la lumière. Si quelque expérience prouve en effet que ce phénomène puisse être déterminé dans l'appareil nerveux de la vision sans l'action du fluide extérieur, que l'on nomme vul-

gairement la lumière, alors il deviendra évident
que la cause intraorganique qui produit ce phénomène, est la même que celle qui le détermine
en agissant sur la rétine, et que nous attribuons
au soleil, aux corps électriques, par exemple; alors
nous pourrons concevoir comment l'image des corps,
transmise sur la rétine au moyen du fluide électrique extérieur vivement agité, peut être rapportée au cerveau au moyen de ce même fluide contenu dans le nerf optique et mis en mouvement par
l'action du premier ou par celle d'un agent quelconque sur l'appareil de la vision. Si la rétine est
un miroir qui réfléchit fidèlement l'image des corps,
malgré la densité et le nombre des parties qui constituent l'œil, le cerveau peut être le second miroir
où iront se peindre les images représentées par le premier. Prouvons que cette théorie est au moins fondée
sur des principes certains et sur des faits irrécusables.

L'observation démontre qu'un coup porté sur
l'œil, une impression forte, un mouvement communiqué à cet organe déterminent la sensation
de la lumière dans la plus profonde obscurité, ou
pendant l'occlusion des paupières ; elle démontre
aussi que le contact de deux métaux différens, dont
l'un est placé sous la lèvre supérieure et l'autre sous
la langue, font voir un éclair comme si l'œil avait
été vraiment frappé de la lumière (1). On connaît
enfin cette locution populaire, lorsque quelqu'un

---

(1) M. Cuvier, Leçons d'anatomie comparée, t. ii, p. 106;
et M. Biot, traité élémentaire de physique, t. ii, p. 286.

a reçu un vigoureux soufflet : *On lui a fait voir trente-six chandelles*. Ces faits prouvent irrévocablement, ce nous semble, que le principe de la lumière existe dans l'appareil nerveux des organes de la vision, et que l'électricité dégagée des métaux produit un effet semblable aux commotions ou aux pressions et même à l'action du fluide solaire sur l'électricité contenue dans cet appareil. C'est donc par la pression, par le mouvement que ces deux fluides éprouvent, qu'ils déterminent également le phénomène de la lumière.

Ou bien il faut prouver qu'un phénomène aussi important que la lumière n'est point produit par un agent physique, mais par l'entité sensibilité vitale, ce qui est évidemment impossible, ou bien il faut admettre nécessairement l'existence et l'action de cet agent excitateur dans le système nerveux. Que les ontologistes choisissent. S'ils ne sont pas de notre avis, qu'ils expliquent alors le développement du phénomène de la lumière au moyen des entités qu'ils ont incarnées, du mouvement de la substance imaginaire appelée éther, ou qu'ils nous apprennent comment le principe qui détermine ce phénomène peut se trouver tantôt à l'état *latent*, et tantôt à l'état *apparent*, soit dans l'organisme, soit dans l'univers ; qu'ils en fassent connaître la source, qu'ils en dévoilent la nature, et nous avouerons, avec une véritable humilité, que l'expérience est trompeuse, que l'étude attentive des phénomènes de la nature, comme le témoignage de nos sens, n'ont pu nous conduire sûrement à la vérité.

Ces faits, ajoutés à ceux qui sont exposés dans cet ouvrage, démontrent invinciblement : 1° que la lumière n'est que le fluide électrique modifié et mis en mouvement ; 2° que ce fluide existe dans le système nerveux ; 3° que l'on ne peut attribuer les sensations et les mouvemens excités ensuite dans l'organisme qu'à l'action de ce fluide sur les molécules qui composent l'encéphale, et non aux fonctions d'aucune propriété occulte, appelée sensibilité, contractilité, etc.

Ces propositions, ou plutôt ces vérités physiques, sont encore prouvées par les faits suivans : « Il existe beaucoup d'animaux, dit M. Biot (1), qui voient dans une obscurité qui serait pour nous très-profonde. Il n'y a pas de doute que les chats, les chouettes voient leur proie la nuit, puisqu'ils la chassent alors, et l'atteignent. Les poissons qui vivent dans les abîmes de la mer, à deux ou trois mille pieds de profondeur, se trouvent dans une nuit plus profonde encore ; car à travers l'immense couche d'eau qui les recouvre, ils ne peuvent recevoir que des quantités de lumière infiniment faibles ; cependant il est sûr qu'ils voient leur proie, qu'ils la poursuivent avec certitude, et l'atteignent avec impétuosité : aussi ont-ils de très-grands yeux, de même que les chats et les oiseaux de nuit. Ne serait-il pas possible que chez ces animaux la vision fût produite par des rayons qui, pour nos yeux, ne seraient que du calorique ? »

______

(1) L. C. P. 289 et 290.

Les observations qui précèdent prouvent combien le célèbre physicien, dont nous venons d'emprunter le langage, s'est approché de la vérité. On peut croire que, suivant l'organisation de l'appareil de la vision, et suivant son mode de sensibilité, ou plutôt suivant l'abondance du fluide électrique qu'il développe, le mouvement qui s'opère dans cet appareil, pour produire la lumière, est provoqué par les impressions les plus légères. L'action prolongée d'une lumière vive finit par jeter l'organe visuel dans l'épuisement, par l'effet de la perte continuelle du fluide électrique qu'il contient, et qui est l'agent de ses fonctions. Ce fluide s'accumule, au contraire, dans l'obscurité, et peut être ébranlé alors par les causes les plus légères. C'est ainsi que des hommes, renfermés pendant long-temps dans des cachots très-obscurs, sont parvenus à distinguer les objets les plus ténus dans leur étroite prison.

Ces faits prouvent donc encore qu'il n'y a point de fluide spécial appelé lumière, et distinct du fluide électrique; qu'il n'y a point de propriété appelée sensibilité vitale qui s'épuise lorsque les organes sont continuellement excités, qui se répare et s'accumule dans le système nerveux, plongé dans l'inaction. Les phénomènes que l'on a rapportés à l'exaltation ou à l'épuisement de cette propriété occulte doivent donc être attribués maintenant à l'accumulation du fluide électrique, ou à l'émission trop considérable de ce fluide, par suite de ses combinaisons avec les molécules des organes, vers lesquels il est attiré avec plus ou moins d'intensité, par l'action des agens qui portent à chaque instant leur influence sur les différentes parties de l'organisme, et surtout sur les organes des sens.

L'on fera peut-être la remarque que si le nerf optique contenait du fluide électrique, soit à l'état libre, soit à l'état de combinaison, cet agent tendrait continuellement à se combiner avec le fluide solaire, qui, agissant sans cesse sur ce nerf, pendant la veille, amènerait ainsi la cécité. Si le fluide émané du soleil ne neutralise point celui qui est contenu dans l'appareil nerveux de la vision, on peut attribuer ce phénomène à différentes causes, mais surtout à l'identité de ces deux fluides. Des observations que nous rapportons tendent à prouver que le fluide nerveux est dégagé par l'oxygène, et qu'il n'est que l'élément électro-négatif[1], nos recherches nous ont aussi appris que le fluide solaire est essentillement composé de ce dernier élément. Aussi, lorsque le premier fluide agit d'une manière vive et soutenue, il amène la cécité en déterminant des ophthalmies violentes qui ne peuvent s'opérer qu'en attirant le fluide résineux sur les organes extérieurs de la vision, où il détermine les combinaisons chimiques anormales qui caractérisent l'irritation.

Il est d'autres phénomènes, tels que les hallucinations, les commotions électriques, la cécité momentanée succédant à l'impression d'un éclair ou d'une trop vive lumière, qui attestent encore que la vision ne peut s'opérer qu'au moyen d'un fluide électrique

qui se meut dans les nerfs entre la pulpe cérébrale
et les organes qui reçoivent l'extrémité périphérique de ces conducteurs ; mais les faits que nous
exposerons dans le cours de ce travail viendront se
réunir à ceux que nous avons déjà présentés, pour
prouver que les phénomènes de la vie de relation,
comme ceux de la vie de nutrition, sont dus à des
courans du fluide électro-négatif qui se rendent dans
les organes ou dans les corps cohibans, où ce fluide
se combine avec le fluide vitré pour former le calorique.

DE L'AUDITION.

L'oreille externe est, suivant les physiciens et les
physiologistes modernes, une sorte de cornet acoustique propre à rassembler les vibrations sonores et
à les diriger vers les cavités de l'oreille moyenne
et interne, où elles vont frapper la pulpe du nerf
auditif, baignée par un liquide qui paraît être un
des agens intermédiaires et indispensables de l'au-
dition. Quoique l'oreille externe ne soit pas un organe absolument nécessaire à la perception des sons,
puisqu'on peut l'enlever, chez l'homme et chez les
animaux, sans que l'ouïe en soit sensiblement af-
faiblie, quelques jours après cette ablation, on peut
dire cependant qu'elle contribue à la perfection de
ce sens chez beaucoup d'animaux qui portent cette
partie mobile dans la direction des corps sonores,
afin de mieux recevoir les ondulations qui en partent. L'oreille externe doit donc être considérée,

sous ce rapport, comme un instrument de physique animale.

Le conduit auditif externe, par sa conformation; la membrane du tympan, en raison de sa sécheresse, de sa tension et de son élasticité; les osselets de l'ouïe, par leur disposition, et enfin l'air contenu dans la caisse du tympan, et qui est sans cesse renouvelé au moyen de la trompe d'Eustache, sont très-propres à transmettre les vibrations sonores à l'oreille interne. La paroi interne de la caisse du tambour, les membranes qui ferment la fenêtre ovale et la fenêtre ronde, sont aussi les parties au moyen desquelles ces vibrations sont transmises au nerf acoustique. On ignore encore le rôle que joue, sous ce rapport, la corde du tympan.

On ne saurait douter que les parties organiques ne puissent, comme tous les corps, transmettre les vibrations sonores. Pour s'en convaincre, il suffit de fermer le conduit auditif externe, en appliquant fortement le lobule de l'oreille sur ce conduit, au moyen du pouce de chaque main, et de suspendre ensuite, à l'extrémité des doigts réunis, une tige de fer très-longue et élastique, qui va frapper contre un corps dur. Alors les vibrations sonores acquièrent une intensité remarquable, et elles sont même perçues, après le choc de la tige de fer, lorsqu'elle est toujours en rapport avec l'oreille au moyen des tissus organiques, tandis que ces vibrations cessent de produire des sensations aussitôt que ces rapports n'ont plus lieu, et que le conduit auditif est libre.

La sonoréité des corps semblerait prouver que leurs molécules intégrantes sont séparées entre elles par des intervalles plus ou moins grands, remplis par des fluides élastiques : cette disposition est prouvée par une foule d'expériences physiques qui ont montré que les corps ne sont pas formés par un assemblage continu de matière, et qu'ils sont composés de particules placées à distance les unes des autres (1) ; elle est indiquée par la transmission du son et de la lumière, et, pour les corps organisés, elle est encore démontrée, par l'observation microscopique, par la réduction de la matière qui les compose, lorsqu'un mouvement de décomposition vient séparer leurs molécules, et donner lieu au dégagement des gaz et des fluides impondérables remplissant les intervalles qui séparent ces molécules et qui en font même partie.

Le mécanisme de l'oreille externe et moyenne étant entièrement physique, celui de l'oreille interne ou du labyrinthe doit suivre les mêmes lois. Le limaçon, les canaux demi-circulaires, le vestibule, les acquéducs, par leur disposition, et enfin le liquide de Cotunni sont très-propres à transmettre les ondes sonores au nerf acoustique. Ces mouvemens vibratoires doivent donc être aussi commu-

____

(1) M. Biot, Précis élémentaire de physique, t. II, p. 370. Ce célèbre physicien pense qu'il se pourrait même que, dans les corps les plus denses, la capacité des interstices surpassât plusieurs milliers de fois le volume des particules matérielles,

niqués à ce nerf qui les propage ensuite au cerveau, où ils excitent des sensations agréables, pénibles ou douloureuses, suivant la nature et la force des vibrations imprimées à la substance nerveuse.

On ne peut douter un instant que le nerf acoustique ne reçoive les vibrations sonores avec plus ou moins d'intensité, et qu'il ne les communique au cerveau, puisque l'expérience prouve que les solides et les liquides peuvent éprouver ces ébranlemens, et que les parties organiques les transmettent avec beaucoup de facilité. D'ailleurs, les détonations violentes déchirent souvent la membrane du tympan, désorganisent les parties qui composent la caisse du tambour, produisent une douleur vive et un ébranlement au cerveau, et peuvent même amener divers accidens graves, tels que ceux de la commotion, des hémorrhagies, la surdité.

Le mode de transmission de l'impression communiquée au cerveau par les ondes sonores ne peut offrir, dans ce cas, aucun doute. Les phénomènes qui accompagnent les détonations violentes prouvent assez que la sensation auditive est, comme la sensation déterminée par l'impression de la lumière, le résultat immédiat d'un mouvement moléculaire transmis au cerveau par les conducteurs nerveux, car ce mouvement est souvent communiqué d'une manière rapide à tous les appareils organiques. Dans le premier cas, le mouvement transmis au *sensorium-commune* paraît être entièrement physique; dans le second, il est déterminé par une action électro-chimique. La différence dans la disposition anatomique des organes des sens, dans l'organisation de la substance des nerfs conducteurs du mouvement centripète, dans la partie du cerveau qui reçoit immédiatement ce mouvement, peut expliquer la différence des sensations. Il suffit d'ailleurs en ce moment de prouver, au moyen des faits, qu'elles ne peuvent être excitées que par un ébranlement ou par une action physico-chimique dans les appareils des sens et dans les conducteurs nerveux.

Les diverses parties du système nerveux ont, dit-on, un mode particulier de sensibilité, de manière que l'une est sensible à l'impression d'un excitant quelconque, et insensible à l'action de tout autre agent. Tel est le mode d'action du nerf acoustique, par exemple. Si l'on admet la sensibilité comme les ontologistes cherchent à la concevoir, c'est-à-dire comme une propriété métaphysique, qui n'est point le résultat de la composition chimique de la substance nerveuse et de l'action d'un fluide impondérable circulant dans cette substance lorsque les corps extérieurs agissent sur elle, on ne peut admettre cette propriété sans tomber aussitôt dans les causes occultes; mais si l'on admet la sensibilité à la manière des physiciens, comme une propriété physico-chimique ; si cette partie de système nerveux, destinée à la production des sensations , est considérée comme un galvanomètre très-sensible, un instrument organique très-compliqué et dont les conducteurs multipliés ont une sensibilité différente suivant la quantité de fluide impondérable qu'ils contiennent , suivant la disposition de l'appareil extérieur, et leurs rapports avec les agens physiques, alors nous admettons l'existence de la sensibilité; mais cette expression n'indique toutefois que l'action de la cause physique du mouvement déterminé dans les différentes parties du système nerveux, et qui produit les sensations lorsqu'il est transmis au cerveau, et seulement l'action moléculaire quand il est communiqué aux autres organes. L'étude des fonctions des sens, comme celle de l'appareil nerveux, nous démontrera la vérité de cette opinion.

On doit remarquer que les enfans nouveaux-nés ne voient point et n'entendent point, et que c'est quelques semaines après la naissance qu'ils deviennent sensibles à une vive lumière et aux sons les plus aigus. Ces phénomènes indiquent que les organes des sens, comme le cerveau du fœtus, sont plongés dans le plus profond sommeil, et qu'il ne peut recevoir des impressions et des sensations, opinion contraire à celle que quelques physiologistes ont avancée. On doit encore observer que dans la vieillesse la vue et l'ouïe s'affaiblissent, que la cécité et la surdité sont souvent le résultat des progrès de l'âge. Ces faits nous indiquent encore que la cause de la sensibilité physique agit à la manière d'un fluide qui diminue dans la vieillesse, et qui cesse alors d'exciter l'organe central des sensations, et d'être mis en mouvement par l'action des agens extérieurs. Le dessèchement de l'extrémité périphérique du nerf acoustique par la perte du liquide de Cotunni, suffit pour amener la surdité; sa diminution dans un âge avancé est sans doute aussi une des causes de cette affection. La perte des liquides est en général une des causes du dépérissement graduel des organes, et par conséquent de la diminution des facultés organiques, dont l'inactivité ou l'exaltation est toujours en rapport avec la quantité des liquides et l'activité des actions électro-chimiques qui s'opèrent dans les organismes, et surtout dans le système nerveux.

DE L'ODORAT.

La plupart des corps, et surtout les animaux et les végétaux, les substances qui les composent, dégagent sans cesse des particules d'une excessive ténuité qui se répandent dans l'atmosphère, et qui résultent de combinaisons chimiques et du dégagement continuel des fluides impondérables qui les déterminent. Ces particules indiquent donc la nature chimique des corps dont elles ne sont qu'une émanation. Lorsqu'elles viennent frapper la membrane pituitaire, elles produisent des sensations qui font connaître la nature de ces corps, et qui établissent entre eux et l'être vivant qui les éprouve, un rapport chimique, à distance, qui le porte à s'en rapprocher, si ce rapport est favorable, et à s'en éloigner, au contraire, s'il est défavorable. Le mouvement d'attraction et de répulsion qui dirige l'animal, est encore le résultat d'une action moléculaire éprouvée successivement par la pituitaire, les nerfs conducteurs du sentiment par le cerveau, les conducteurs du mouvement et par les viscères. Lorsque ceux-ci réagissent, l'action moléculaire est transmise au cerveau et de là aux appareils locomoteurs qui dirigent l'animal vers les corps odorans d'une composition chimique favorable, ou qui tendent à les en éloigner, suivant les déterminations de la volonté, lorsque la nature de ces corps ne convient point à l'être vivant.

Nous avons démontré à l'article instinct, que, chez certains animaux, le siége de la sensibilité physique générale et spéciale pouvait être le même, et que les nerfs qui se distribuent à la peau de ces animaux, étant à nu, pour ainsi dire, ces conducteurs, très-sensibles à toute action électro-chimique, devaient nécessairement rapporter au cerveau les impressions communiquées à leur extrémité périphérique, ou plutôt les mouvemens qui résultent nécessairement de cette action physico-chimique, déterminée par les émanations des corps ambians, ou par les *odeurs*. La pituitaire, considérée sous le rapport anatomique et physiologique, a beaucoup d'analogie avec la peau de ces animaux ; elle est aussi le siége de ce que l'on appelle sensibilité générale et spéciale.

Les particules odorantes qui se dégagent des corps, dont les propriétés chimiques ne sont pas très-énergiques, ne produisent que des sensations faibles, agréables, ou désagréables ; celles qui émanent d'agens chimiques très-actifs, déterminent des sensa-

tions vives ; elles peuvent même exciter la douleur ,
l'éternuement, le larmoiement, les nausées, les vomissemens, les spasmes, les convulsions et en un
mot, des phénomènes sympathiques qui prouvent
évidemment que les particules odorantes agissent sur
l'appareil électro-moteur et sensitif, de même que sur
les organes qu'il excite, en déterminant une série
d'actions et de combinaisons moléculaires. Ces phénomènes chimiques indiquent encore que les actions
qui ont été déterminées sur la pituitaire, et dans cet
appareil, sont de même nature. Il serait d'ailleurs absolument impossible d'expliquer les relations sympathiques de la pituitaire avec le cerveau et les organes
de la vie de nutrition, sans reconnaître que cette membrane et ces organes , sont le siége d'actions chimiques, et que l'appareil nerveux intermédiaire est un
conducteur très-sensible qui établit les relations intimes existant entre cette membrane , le cerveau et
ces appareils, au moyen du fluide thermo-électrique
qu'il contient.

Lorsque l'on suppose l'intervention de la sensibilité occulte ou vitale dans l'appareil nerveux , il
est absolument impossible de concevoir tous ces
rapports ; mais si l'on admet la sensibilité physique ,
c'est-à-dire l'action des fluides impondérables qui
déterminent la propriété à laquelle on peut donner
ce nom , alors on conçoit aussitôt ces rapports , et
toutes les nuances des actions électro-chimiques ; on
explique réellement les sympathies qui existent
entre les organes des sens, le cerveau et les viscères,
on conçoit enfin comment une action chimique

spéciale , excitée sur la pituitaire , est reproduite dans les viscères par l'intermédiaire du système nerveux, dont la sensibilité électrique est exquise. Assurément cet appareil ne peut recevoir des sens de l'odorat et du goût une action chimique , et transmettre cette action aux viscères sans être un conducteur du fluide électrique. Admettre qu'une sensibilité occulte appelée vitale puisse agir ainsi sur la matière organisée , et déterminer les actions et les combinaisons chimiques qu'elle éprouve, être l'agent d'une double action moléculaire , l'une sensoriale et l'autre viscérale, c'est admettre l'action d'une entité sur la matière , c'est enfin tomber dans les erreurs de l'ontologie. Concluons donc que si l'action des particules odorantes sur la pituitaire est une action, chimique, ainsi que celle qui est excitée au même instant dans les viscères , l'appareil nerveux intermédiaire ne peut recevoir et transmettre une semblable action qu'en l'éprouvant lui-même , ou qu'en agissant comme un appareil physico-chimique d'une exquise sensibilité.

De l'aveu de plusieurs physiologistes modernes , l'odorat est destiné à nous donner des notions sur la composition chimique des corps, et surtout sur celle des alimens. L'instinct de l'homme , mais plus spécialement celui des animaux, nous fournit des preuves multipliées de cette vérité irréfragable. L'observation prouve que tous les animaux se mettent en rapport avec la substance ambiante , au moyen de l'odorat, et que ce sens indique aux viscères, par l'intermédiaire du système nerveux, la composition chimique de cette substance. Si elle est favorable et analogue à la composition chimique de l'organisme, elle est ingérée ; elle est au contraire rejetée ou repoussée si les élémens chimiques de cette substance sont nuisibles ou inassimilables. Comment la membrane olfactive peut-elle transmettre aux viscères toutes les nuances de la composition chimique des corps ambians sans un appareil physico-chimique d'une très-grande sensibilité? Qui peut douter encore que ce ne soit là le mode d'action de l'appareil nerveux ?

La disposition anatomique de la membrane pituitaire, l'étendue des sinus et des anfractuosités qu'elle revêt, la rendent très-propre à recevoir et à conserver les particules odorantes que l'air lui transmet ; aussi la perfection de l'odorat est-elle en général en rapport avec l'étendue des surfaces que cette membrane recouvre. Les deux ordres de nerfs qu'elle reçoit, l'olfactif et les rameaux de la cinquième paire, paraissent également être nécessaires à l'olfaction, d'après les expériences de M. Magendie, qui pense que la sensibilité générale est due à l'action de la cinquième paire, et la sensibilité spéciale au nerf olfactif. Il semblerait, dit ce physiologiste, que l'olfactif est dans le même cas que le nerf optique et acoustique, qu'il ne peut agir si la cinquième paire n'est point intacte. Ces faits prouvent donc qu'on ne peut expliquer la différence des sensations par celle de la sensibilité et de l'organisation, considérées dans un sens abstrait et ontologique ; mais par la sensibilité physique, par celle qui résulte de la composition chimique de la substance nerveuse, de la disposition des molécules qui la forment, de la quantité et de la qualité des fluides impondérables qui les pénètrent, et qui en déterminent l'action.

DU GOUT.

La membrane muqueuse qui revêt la bouche est le siége du sens du goût. La portion de cette membrane qui recouvre la langue en est l'organe principal. Celle qui revêt les lèvres, la partie interne des joues, la voûte palatine, la luette, le voile du palais, le pharynx et même l'œsophage, peut aussi éprouver une impression plus ou moins vive par l'action des corps sapides. Cette action est entièrement chimique ; la sensation qu'elle détermine est spécialement portée au cerveau au moyen du nerf lingual et des rameaux de la cinquième paire. D'autres nerfs, au nombre desquels on peut compter le glosso-pharingien, paraissent aussi concourir à la même fonction.

'Le goût est le sens au moyen duquel l'animal, déjà averti par l'odorat, reconnaît la composition chimique des substances qui lui sont offertes, se décide à les rejeter ou à les avaler, suivant l'action qu'elles déterminent sur les surfaces sensitives avec lesquelles elles sont en contact, et suivant la nature des actions moléculaires qu'elles excitent dans l'encéphale et dans les organes de la vie nutritive. Si les élémens qui composent ces substances sont assimilables, elles sont ingérées et bientôt altérées par les organes digestifs. Si, au contraire, elles contiennent des principes trop hétérogènes ou nuisibles, le cerveau en prévient l'estomac, qui se contracte et refuse d'admettre ces alimens impropres à la nutrition. Il est donc évident que le sens du goût, comme celui de l'odorat, est chargé de reconnaître la composition chimique des corps, et qu'il existe entre la membrane qui en est le siége, le cerveau et les organes digestifs, les mêmes rapports que ceux que nous avons trouvés entre la pituitaire et ces organes.

Malgré la différence de sensibilité électro-chimique des deux appareils conducteurs des impressions, ou des mouvemens qui vont déterminer les sensations de l'odorat et du goût, il est cependant certain qu'ils établissent, entre les surfaces qui reçoivent ces impressions, le cerveau et les viscères, une série d'actions moléculaires qui ont un résultat identique et qui sont destinées à faire connaître la composition chimique des substances propres à être introduites dans le conduit alimentaire, et d'où s'ensuit un mouvement attractif ou répulsif des molécules des organes digestifs, éprouvé aussi par l'individu. Des conducteurs physico-chimiques d'une sensibilité spéciale peuvent seuls établir de semblables rapports, déterminer de pareilles actions dans les viscères, et donner lieu à ces impulsions instinctives.

Plusieurs conditions sont indispensables pour

l'exercice du goût : l'intégrité de la membrane muqueuse qui reçoit l'impression des corps sapides, celle des nerfs qui s'y rendent, la sécrétion assez abondante et normale de la salive et des fluides muqueux, la dissolution des substances introduites dans la bouche et leur séjour plus ou moins prolongé dans cette cavité. Ces circonstances indiquent que ces substances ne peuvent déterminer des sensations vives et variées que par l'action prolongée des élémens chimiques qui les composent. Plus ces élémens sont long-temps en rapport avec l'appareil nerveux du goût, et plus les impressions sapides acquièrent d'intensité, plus les sensations excitées sont agréables ou désagréables. La sécheresse de la bouche et de la langue abolit le sens du goût ou le rend très-imparfait; les liquides seuls peuvent alors déterminer une impression sapide qui n'est en résumé qu'une action chimique; car elle ne peut avoir lieu qu'en vertu de cette loi : *Corpora non agunt nisi soluta.*

Il s'opère donc deux actions chimiques ou moléculaires, lorsque les substances alibiles viennent exciter le sens du goût; l'une a son siége dans la bouche, et l'autre dans les organes digestifs. Faire intervenir une propriété occulte appelée sensibilité animale ou vitale, pour expliquer le premier phénomène, et une autre propriété appelée contractilité, pour expliquer le second, c'est placer deux actions physiques sous l'empire imaginaire de deux propriétés occultes, de deux entités, c'est renoncer

évidemment à toute explication. L'appareil nerveux
doit jouir partout des mêmes propriétés et des
mêmes actions ; les nerfs du sentiment doivent agir
sur le cerveau selon les mêmes lois qui président à
l'action des nerfs du mouvement sur les viscères
et sur les muscles. Dans le premier cas, l'action
nerveuse ou le courant thermo-électrique a lieu
des organes des sens au cerveau ; dans le second,
il s'opère de cet organe sur les viscères et sur l'appareil locomoteur. Si l'on admet que l'action des corps
sapides sur la langue et celle de l'estomac sur les substances alibiles ne sont que des actions chimiques,
ce qui est incontestable, il faut reconnaître de toute
nécessité que l'agent intermédiaire de ces deux actions ne peut être et n'est en effet qu'un appareil
électro-moteur. A l'article *Digestion*, nous prouverons que l'une ne peut s'opérer que par l'influence
d'un fluide excitateur ; nous allons démontrer maintenant que l'autre doit aussi s'opérer par son intervention.

Si l'on prend deux pièces formées avec des métaux hétérogènes, tels que l'argent, le cuivre et
le zinc, que l'on place l'une de ces pièces au-dessous et l'autre au-dessus de la langue, de manière
qu'elles débordent un peu, on ne ressent la sensation
d'aucune saveur lorsqu'elles ne sont pas en contact ;
mais aussitôt que le contact s'opère, on éprouve
une saveur styptique analogue à celle du sulfate de
fer, et en même temps l'action du fluide électrique
agissant sur d'autres appareils nerveux, produit

une sorte d'éclair, même dans la plus profonde obscurité. D'après Volta, c'est la surface de la langue, couverte de papilles nerveuses, qui est le conducteur de l'électricité développée au contact des métaux.

Cette expérience et les faits que nous avons déjà rapportés, démontrent évidemment que les saveurs et la lumière sont également le résultat de l'action de l'électricité sur l'appareil nerveux, que celle qui se dégage des métaux circule dans cet appareil, ou qu'elle met en mouvement le fluide impondérable contenu dans les conducteurs organiques. Puisque deux sensations bien différentes sont déterminées par l'action de l'électricité sur l'appareil nerveux, nous sommes donc autorisé à conclure que ce fluide est l'agent immédiat de ces sensations. Vouloir les expliquer par les fonctions de l'être abstrait, appelé sensibilité vitale, c'est rejeter le témoignage des faits et renoncer encore à toute explication. Tous ces faits prouvent au contraire que les corps extérieurs ne déterminent des sensations que par le mouvement imprimé à un fluide qui circule des appareils sensoriaux au cerveau; que les actions moléculaires qui provoquent la contraction des muscles, les combinaisons chimiques qui s'opèrent dans les viscères, ne peuvent être déterminées que par le mouvement du même fluide, agissant de l'appareil excitateur ou électro-moteur sur les organes excités ou cohibans. On doit donc enfin reconnaître, comme une vérité immuable, que les organes des sens ne peuvent sympathiser avec le cerveau et celui-ci avec les viscères destinés aux fonctions de la vie de nutrition et avec les muscles, qu'au moyen d'un fluide analogue, par sa nature, à celui qui pénètre le tissu de ces organes.

DU TOUCHER.

La peau, enveloppe protectrice des appareils essentiels à la vie, est douée chez l'homme et chez quelques animaux, placés au bas de l'échelle zoologique, d'une sensibilité physique exquise, d'où naissent le plaisir et la douleur, suivant la nature des impressions, ou plutôt des mouvemens qu'elle reçoit et qu'elle transmet au cerveau. Dans ses fonctions, relatives au tact et au toucher, dont l'importance est bien connue, elle établit des rapports immédiats entre l'être vivant et les corps ambians, et détermine ainsi une foule de sensations variées qui lui donnent des notions positives sur les propriétés physiques et chimiques des corps.

Cette membrane est aussi le siège d'un double mouvement d'absorption et d'exhalation ou d'endosmose et d'exosmose (1), soumis également à l'influence de l'appareil électromoteur. Il faut encore remarquer que la peau ne peut être à la fois le siège d'actions *vitales* relatives à la sensibilité, ainsi que les ontologistes le conçoivent, et d'actions physico-chimiques, c'est-à-dire, de l'endosmose et

(1) Voyez l'article absorption et exhalation.

II. 3

de l'exosmose. On doit faire la même remarque au sujet du système nerveux qui préside à ces fonctions, comme aux fonctions sensoriales. Placer les unes sous l'influence des causes vitales, et les autres sous l'influence des causes physiques, c'est considérer à la fois l'action de l'appareil nerveux d'une manière ontologique et d'une manière physique, puisqu'il est le mobile de toutes ces actions. L'analyse, le rapprochement et la comparaison rigoureuse des faits prouvent donc déjà que la sensibilité du tissu cutané, comme ses fonctions exhalantes et absorbantes sont le résultat d'un double courant électrique, le premier dirigé de la circonférence au centre, de la peau au cerveau, et l'autre dans un sens opposé. On ne pourra donc, sans une inconséquence évidente, reconnaître que l'endosmose et l'exosmose, dont la peau est le siège, soient dues à une action chimique de l'appareil nerveux, et attribuer ensuite les sensations tactiles à une propriété indéfinie du même appareil, appelée sensibilité.

La différence des sensations excitées dans le même appareil paraît donc tenir à celle des mouvemens imprimés au fluide électrique contenu dans les nerfs conducteurs du sentiment et surtout aux mouvemens variés de la substance cérébrale. Si les corps qui déterminent ces mouvemens agissent violemment sur le tissu de la peau, ce fluide est porté avec rapidité vers le centre des sensations auquel il imprime des mouvemens anormaux qui doivent produire la douleur. Lorsqu'ils sont excités par des corps qui agissent d'une manière graduée et insensible, comme lorsque l'on fait de légères frictions sur la peau, au moyen de corps qui n'offrent point d'aspérités qui puissent blesser son tissu, alors les mouvemens excités dans le système nerveux ne tendent point à le désorganiser et déterminent souvent des sensations agréables. C'est ainsi que le rire résulte d'une excitation modérée du système sensible, que l'action du fluide nerveux va déterminer à la fois des sensations agréables au cerveau, des contractions violentes et même convulsives du diaphragme, des muscles expirateurs et de tout l'appareil musculaire, lorsque la stimulation du premier appareil est portée à un haut degré d'intensité.

Les physiologistes qui redoutent le plus les explications et qui les rejettent toutes, si l'on en excepte celles qui sont fondées sur les entités qu'ils ont inventées ou adoptées, et qui sont pour eux des agens physiques, ces physiologistes nous diront sans doute comment l'entité appelée sensibilité dans les nerfs du sentiment, se convertit en cette autre nommée contractilité dans les nerfs du mouvement, pour produire la contraction des muscles. S'ils sont réduits à avouer que cette contraction n'est qu'une action moléculaire produite par un agent physique intra ou extra-organique, ils sont donc forcés, d'une manière irrésistible, de reconnaître que cet agent se meut dans le système nerveux et par conséquent dans les nerfs du sentiment, comme dans les nerfs du mouvement. Assurément ils ne peuvent admettre le principe sans

en suivre la conséquence ; et, en effet, s'ils parviennent un jour à reconnaître que la contraction d'un
muscle n'est qu'une action moléculaire, et que cette
action n'est point l'effet de l'entité contractilité, irritabilité, action vitale ; mais qu'elle est dûe à l'action du
fluide électrique et du calorique dont sont imprégnées
les molécules qui composent le tissu musculaire, alors
ces physiologistes pourront croire que l'entité sensibilité vitale, n'est pas la cause réelle des sensations,
et qu'elles sont déterminées par le mouvement des
mêmes fluides. Sans leur intervention, il serait absolument impossible d'expliquer comment les nerfs du
sentiment agissent sur le cerveau pour produire la
sensation, et comment celui-ci réagit sur les viscères,
devient ainsi cause du mouvement volontaire et
involontaire, comme des actions moléculaires qu'on
y observe, lorsque les sensations sont très-vives.

Il faut bien reconnaître enfin que les stimulations
de l'extrémité périphérique des nerfs, agissent par
l'intermédiaire d'un fluide sur le cerveau, sur les
viscères, et sur les muscles volontaires et involontaires ; que dans le premier ce fluide excite la sensation, dans les autres organes des actions et même des
combinaisons chimiques. Admettre que la cause de
la sensibilité physique est aussi la cause des autres
phénomènes, qu'ils sont également dûs à une action électro-chimique déterminée dans l'appareil
nerveux par les agens extérieurs, c'est éclairer d'une
vive lumière des faits importans qui ont fait naître
des discussions interminables entre les physiologistes

de tous les temps, sur la cause de la sensibilité animale et de la sensibilité dite organique, sur celle de la contraction et de l'irritation, enfin sur les voies de transmission, des stimulations et de l'irritation dont la peau est le siège, aux organes de la vie assimilatrice. Les uns, à l'exemple de M. Broussais et de Georget, font jouer au cerveau, sous ce rapport, un rôle exclusif; ils pensent qu'il est le centre où viennent se rendre toutes les impressions et les stimulations que la peau éprouve et que les viscères reçoivent. Ce dernier, même, croyait que dans toute excitation fébrile, l'organe irrité ne pouvait transmettre l'irritation au cœur et aux autres organes que par l'intermédiaire du cerveau. Ces opinions pouvaient sans doute être admises à une époque où la sensibilité était considérée comme une propriété vitale bien distincte de la contractilité; l'une devait être nécessairement la cause médiate de l'autre : mais il est évident qu'elles doivent être rejetées aujourd'hui, si l'on reconnaît que les courans du fluide électrique sont à la fois la cause des phénomènes de la sensation, de la contraction, et des combinaisons chimiques; car alors les courans peuvent s'établir de la peau au cerveau, et de cet organe aux autres viscères, et d'une manière immédiate de la surface cutanée à ces organes, par une voie de communication très-étendue, établie entre l'extrémité rachidienne des nerfs qui se distribuent à la peau, et celle des conducteurs qui se rendent aux membranes muqueuses et aux viscères.

Nous avons prouvé au moyen des faits, dans un
de nos mémoires, déjà cité, que les diverses portions
du système nerveux jouissent d'une action spéciale
et isolée, quoique les causes physiques et morales
qui agissent avec intensité sur cet appareil, puissent
exciter des mouvemens généraux, ressentis dans ses
conducteurs et dans tous les organes qui les reçoivent. Les diverses portions de l'encéphale peuvent
donc agir isolément ou simultanément, ainsi que le
prolongement rachidien et les nerfs qui forment le
trisplanchnique. Le premier agit sur les muscles de la
vie animale au moyen de la volonté, les deux autres
appareils nerveux excitent d'une manière spéciale
les mouvemens du cœur, du tube intestinal, par une
action qui leur est propre, quoique sous la dépendance médiate ou sympathique du cerveau. La
moelle épinière a, comme nous le verrons bientôt,
une double action relative aux mouvemens volontaires et involontaires.

Beaucoup de faits démontrent que la peau sym-
pathise avec les viscères sans l'intermédiaire de l'organe central des sensations, et qu'il est une foule de
stimulations qu'ils reçoivent sans qu'elles leur soient
transmises par cet organe. Assurément les sensations tactiles ne paraissent influencer les viscères
qu'en agissant sur eux par l'intermédiaire du cerveau;
mais il est un grand nombre d'impressions que la
peau reçoit, qui ne sont point comme on le dit con-
verties en sensations, et qui augmentent ou diminuent l'action moléculaire dans les organes de la

vie nutritive, et qui troublent leurs fonctions, sans que celles de l'encéphale éprouvent le moindre dérangement. C'est ainsi que les variations atmosphériques, les changemens dans la température, la succession des saisons portent trop souvent le désordre dans les fonctions des organes de la vie de nutrition, provoquent le développement d'une foule de maladies sporadiques, endémiques et épidémiques, sans que les agens extérieurs qui les déterminent aient agi d'une manière appréciable sur le cerveau.

L'action du froid sur les viscères est d'autant plus intense, qu'elle a lieu sur une région de la peau qui est dans un rapport plus intime avec ces organes. C'est ainsi que le froid humide agit plus spécialement sur le cerveau, sur le pharynx, sur les poumons, sur l'estomac et sur les intestins, s'il frappe la portion du tissu cutané qui correspond anatomiquement à chacun de ces organes. Il en est de même si l'on cherche à déterminer la révulsion dans les irritations qu'ils éprouvent, par l'emploi des vésicatoires, des sinapismes, des sétons, des moxas, des bains, et surtout par l'application des sangsues. Qui ne sait que pour obtenir de grands succès dans la pratique de notre art, le précepte le plus utile ne soit d'appliquer ces annélides le plus près possible des organes souffrans et le plus souvent aux régions de la peau qui les recouvrent médiatement? On peut donc se convaincre que les agens sédatifs cutanés déterminent l'état électro-négatif des viscères médiatement influencés, tandis que, par l'emploi des irritans de la peau, les fluides abondent vers cette partie qui tend à prendre ce dernier état. Il s'établit donc des courans électriques de la surface cutanée à la surface des membranes muqueuses, des organes externes aux organes internes et réciproquement, sans que le cerveau soit nécessairement l'agent intermédiaire de ces mouvemens centripètes et centrifuges. Dans les grands changemens observés pendant les maladies et surtout dans le cours des fièvres éruptives, l'irritation générale des membranes muqueuses et des viscères est souvent transportée, qu'on nous permette cette locution inexacte, de ces membranes dans toute l'étendue de la surface cutanée, et rétrocède parfois par un mouvement opposé dont les premières parties sont le terme. Dans ces grandes mutations, le cerveau ne paraît point être l'organe intermédiaire de cette double transmission, puisque les fonctions dont il est le siège s'opèrent souvent comme dans l'état normal, ce qui n'aurait pas lieu sans doute, si la sensibilité occulte pouvait être l'agent de ce mouvement général, si le cerveau transmettait dans tous les cas, soit à la peau soit aux viscères, l'irritation ou l'inflammation dont ils sont si souvent le siège. L'intégrité de cet organe, dans une foule de maladies, l'étendue et la violence de l'irritation transmises du centre à la périphérie, *et vice versâ*, prouvent incontestablement que le cerveau reste souvent étranger à ces grands mouvemens, ou au

moins qu'il n'est point le seul appareil destiné à établir les relations des viscères et des membranes muqueuses avec la peau et les organes extérieurs. Indiquons les voies de transmission de l'agent physique
qui va produire les grandes mutations qui s'opèrent
si souvent dans l'organisme, soit pendant l'état normal et fonctionnel, soit dans le cours des maladies.

Il existe, de chaque côté de la colonne vertébrale,
une série d'anastomoses entre les nerfs, les plexus
rachidiens et les rameaux du trisplanchnique, qui
établissent une communication directe entre la peau,
les appareils extérieurs d'une part, les membranes
muqueuses et les viscères de l'autre. Cette grande
anastomose offre une disposition remarquable; elle
n'a point lieu immédiatement avec les racines des
nerfs rachidiens qui sont destinés, suivant plusieurs
physiologistes modernes, les antérieurs à la manifestation du mouvement, les postérieurs à celle du
sentiment; cette anastomose s'opère, après qu'elles
se sont réunies en un seul faisceau, avec des branches antérieures que fournissent alors les nerfs du
prolongement rachidien. Cette disposition anatomique semble indiquer que cet appareil nerveux
fournit aux viscères des nerfs du sentiment et du
mouvement, ou plutôt qu'elle permet à ces organes
de recevoir de cet appareil et de lui transmettre
les courans opposés qui s'établissent nécessairement
dans ces deux ordres de nerfs, pour maintenir les
rapports électriques ou sympathiques qui existent
entre les appareils extérieurs et les organes internes.

Ce que nous avons exposé à l'article *instinct*, relativement au mode de sensibilité physique des diverses parties des annélides et des vers, nous démontre que les divers appareils qui composent le système nerveux jouissent d'une action isolée, et que les ganglions et même les nerfs peuvent agir sur les organes internes de ces animaux, lorsque leur cerveau ou le ganglion céphalique a été enlevé. Les phénomènes qu'offrent les animaux décapités, comme ceux qui sont acéphales, viennent encore confirmer l'opinion que nous avons émise relativement aux fonctions spéciales et isolées des faisceaux qui composent l'appareil sensitif et moteur. L'étendue de ces fonctions chez l'homme et chez les animaux, qui offrent une organisation analogue, prouve aussi que le cerveau et ses diverses parties, le prolongement rachidien, les ganglions et les plexus nombreux du trisplanchnique, peuvent agir isolément ou simultanément, suivant l'intensité et la nature des impressions reçues. Les faits que nous avons exposés précédemment démontrent donc aussi que le cerveau ne jouit point de cette omnipotence que les physiologistes lui ont accordée, et que, s'il est l'organe intermédiaire qui transmet aux viscères le mouvement déterminé dans les nerfs par les impressions sensoriales, il n'est point le seul intermédiaire des courans thermo-électriques qui mettent la peau, les appareils extérieurs en relation avec les membranes muqueuses et les viscères. Ces courans s'opèrent par la voie large et facile de communication que nous avons indiquée. C'est par cette voie surtout et par l'intermédiaire du système vasculaire, qui est sous l'influence immédiate des courans du fluide impondéré, que s'opèrent les grandes mutations que l'on observe dans l'état normal, fonctionnel et morbide. Dans les fièvres intermittentes et remittentes, par exemple, dans lesquelles la peau offre alternativement l'état électro-négatif et l'état électro-positif, on ne peut encore attribuer les sympathies remarquables que l'on observe alors entre cette tunique et les membranes muqueuses qu'à l'action et aux courans de fluide nerveux ou électrique dans les conducteurs dont nous venons de faire connaître les rapports anatomiques généraux.

Le trisplanchnique est non-seulement un des appareils qui établissent les rapports électro-chimiques de l'organe du toucher et des viscères, mais il est aussi l'agent intermédiaire des sympathies qui lient ces organes avec ceux des autres sensations. Ainsi, l'œil, l'oreille, le nez, la langue reçoivent du trisplanchnique des rameaux qui vont s'unir avec les nerfs destinés spécialement à ces parties. Ces anastomoses remarquables expliquent donc l'influence intime et réciproque des organes sensoriaux et des viscères, et prouvent encore qu'on ne peut considérer le cerveau comme l'agent exclusif de ces sympathies.

FONCTIONS

DE

L'APPAREIL NERVEUX OU ÉLECTROMOTEUR.

Dans la première partie de cet ouvrage, nous avons étudié l'influence immédiate des agens extérieurs sur les corps vivans dont l'organisation est élémentaire, et nous avons démontré par des faits et des expériences, dont les résultats sont positifs, que les phénomènes qu'ils nous offrent, pendant un temps limité, et qui constituent la vie, sont les effets indispensables de l'action des fluides électriques sur les molécules chimiques et organiques qui composent ces corps. Nous allons maintenant chercher à apprécier les causes physiques de la vie, chez les êtres dont l'organisation est compliquée, et qui sont pourvus d'un système nerveux. Dans cette étude, il nous sera encore facile de démontrer que ces causes n'agissent pas d'une autre manière sur ce système que sur les organismes élémentaires, et qu'il est destiné à transmettre aux autres appareils, les fluides électriques qui sont produits dans la combinaison de l'oxygène avec les divers élémens qui composent la substance nerveuse. L'examen sévère des faits, la succession des phénomènes, la dépendance réciproque de toutes les actions et de toutes les fonctions organiques, démontrent irrévocablement, que l'introduction de l'oxygène est la cause immédiate de ces actions et de ces fonctions, et qu'il n'agit sur le système nerveux, qu'en dégageant de l'électricité résineuse, qui s'unit avec l'électricité vitrée, contenue dans les élémens chimiques de la substance nerveuse pour manifester le calorique; tous les faits prouveront enfin, que les nerfs sont les conducteurs d'un fluide électrique qui forme des courans excitateurs, sans lesquels les actions organiques et les phénomènes vitaux ne peuvent se développer.

Les causes physiques et chimiques de ces phénomènes, sont donc les mêmes, soit qu'on les considère dans les organismes élémentaires, soit qu'on envisage leur action sur le système nerveux des animaux d'une structure compliquée. Chez les premiers, elles agissent de la périphérie au centre, chez les seconds, c'est du centre à la circonférence qu'elles portent leur action. Néanmoins, chez les animaux céphalés et chez l'homme, le calorique ambiant s'introduit aussi par les surfaces extérieures, lorsque la température est très-élevée, et il se dégage au contraire par les mêmes surfaces, lorsqu'elle éprouve un abaissement considérable. Cette influence du calorique, sur l'ensemble des êtres vivans, est bien plus considérable qu'on ne l'a supposé jusqu'à ce jour. Les hommes qui habitent les pays septentrionaux, trouvent dans une grande quantité d'alimens tirés du règne animal, et dans l'usage des boissons spiritueuses, une source abondante d'électricité et de calorique; ceux qui vivent dans les régions méridionales, et qui se nourrissent de quelques substances végétales, reçoivent du fluide solaire, comme les végétaux, le calorique et l'électricité indispensables à l'action du système nerveux et aux fonctions organiques. Qui ne connaît l'influence du calorique dans l'exercice de ces fonctions, et surtout sur l'absorption et l'exhalation, soit qu'on considère son action sur les végétaux, soit qu'on l'envisage sur les animaux et sur l'homme, qui vivent dans les différentes régions du globe ?

Dans l'étude des fonctions du système nerveux, nous devons donc aussi chercher à expliquer les phénomènes variés qu'elles nous offrent, sans recourir aux forces occultes, aux propriétés imaginaires, et en un mot aux abstractions de la métaphysique et du vitalisme. Les causes physiques et immédiates de ces phénomènes, doivent exclusivement fixer notre attention. Nous devons suivre rigoureusement la chaîne des faits et la succession des actions organiques, afin de ne point tomber dans l'ontologie. Lorsqu'on ne peut trouver la cause d'un phénomène, on ne doit point créer aussitôt une entité pour l'expliquer, bien convaincu qu'en suivant les principes d'une semblable philosophie, on s'oppose évidemment aux progrès de la science, en transformant en agens physiques, les fictions et les abstractions créées par l'imagination. Il est d'ailleurs des causes inexplicables ou incompréhensibles dans leur action, et qui, pour cela, ne cessent pas d'être des causes physiques. La physique générale, comme la physique animale, fournit des preuves nombreuses de cette importante vérité. La difficulté, et même l'impossibilité de concevoir la génération de tous les phénomènes que ces causes déterminent, ne peuvent nous engager à abandonner la méthode positive, pour nous jeter dans l'ontologie, en cherchant à dévoiler le mécanisme des fonctions spéciales et générales de l'appareil nerveux. Dans cette étude, un seul fait doit fixer toute notre attention, une seule action doit nous montrer la source commune de tous les phénomènes que présentent les animaux, et que nous offre en particulier le système sensible, intelligent et moteur. Lorsque l'action de l'oxygène sur le sang qui anime les organismes est intense, faible ou nulle, les fonctions spéciales ou générales de cet appareil sont énergiques, s'exécutent difficilement ou sont abolies. Les fonctions des autres organes suivent absolument les mêmes lois. Nous devons donc conclure, de ce fait important, quels que puissent être d'ailleurs les doutes et les objections des vitalistes, que les causes immédiates des actions spéciales et générales du système nerveux, ne sont que des causes physiques. Les faits les plus multipliés et les preuves les plus décisives démontrent cette importante vérité.

Dans l'asphyxie, dans le sommeil des animaux hybernans, pendant l'action d'un froid intense et prolongé, lorsque l'oxygène cessé d'agir sur le système nerveux et sur tout l'organisme, que le calorique s'est dégagé en très-grande quantité, alors les fonctions spéciales de l'encéphale ne s'exécutent plus, les déterminations intelligentes et instinctives sont suspendues, le sommeil survient; si l'action de ces causes chimiques et excitatrices est entièrement abolie, l'appareil nerveux cesse d'agir sur les autres organes et la mort en est le résultat. Cependant, lorsque le calorique a abandonné le tissu des animaux récemment morts, quelque temps après la cessation des phénomènes chimiques de la respiration, que le froid a jeté l'homme et les animaux dans l'engourdissement et dans ce sommeil précurseur de l'extinction complète de la vie, on dit alors que la sensibilité a abandonné les nerfs, que la contractilité a cessé d'agir sur les muscles, que le principe vital et intelligent est dans un état de torpeur. La physiologie positive ne pouvant admettre ces causes occultes, et l'observation prouvant évidemment que les phénomènes qu'on leur a attribués sont tous le résultat immédiat de l'action de l'élément électro-négatif et du calorique, il est donc vrai que les phénomènes de la sensibilité, telle que nous la concevons, de l'instinct, de la volonté et de l'intelligence, sont sous la dépendance immédiate de ces agens physiques, puisque sans leur action les fonctions spéciales et générales de l'encéphale, et par conséquent celles des autres organes sont abolies.

On ne peut donc en général acquérir des notions positives sur la physiologie du cerveau, du système sensitif et des autres appareils organiques, qu'en suivant l'ordre des faits, la succession des phénomènes, qu'en étudiant l'action des agens physiques sur tous les organes. Il faudrait sans doute dire comment l'oxygène se combine en partie avec le sang dans les poumons et dans le torrent circulatoire, comment cette combinaison achève de s'opérer dans l'appareil nerveux et dans les autres organes où il s'unit à des substances électro-positives pour produire le calorique, cette cause active des actions et des combinaisons organiques; mais les premières notions seront exposées à l'article *respiration*. Nous allons maintenant chercher à déterminer le mode d'action des courans de sang oxygéné sur la substance nerveuse, à étudier les rapports intimes des appareils sanguin et électromoteur; c'est ainsi que nous parviendrons à connaître les causes de l'innervation , des phénomènes qui en sont le résultat; ou que nous indiquerons au moins la voie que l'on doit suivre pour en expliquer réellement le développement et la génération. Mais lors même qu'il serait absolument impossible de découvrir comment s'opèrent la plupart de ces phénomènes, au moyen des lois physico-chimiques, ce ne serait point un motif, nous devons le redire, pour se jeter aussitôt dans les erreurs du vitalisme. Trop souvent les hommes les plus instruits rejettent les faits qu'ils ne peuvent con-

cevoir, pour admettre des causes surnaturelles ou métaphysiques, dans l'espoir d'expliquer ainsi la production des phénomènes de l'ordre physique et de
l'ordre physiologique. Nous pouvons offrir deux
exemples de ces erreurs mémorables. Lorsque Newton eut prouvé par des calculs rigoureux, que l'attraction planétaire est en raison directe des masses
et en raison inverse du carré des distances, les
Leibnitziens, comme nous l'avons déjà dit, ne reconnurent pas d'abord cette loi, parce qu'ils pensèrent que l'attraction ne peut s'opérer dans le vide :
cependant leur objection était bien fondée !... mais
pouvait-elle anéantir des faits, et les conséquences
rigoureuses qu'on pouvait en déduire ?

Des physiologistes et des naturalistes nient l'existence du fluide solaire et du fluide électrique qui
frappent tous nos sens, qui déterminent visiblement
tous les phénomènes de la nature, et dont l'action
universelle ne peut être un seul instant révoquée
en doute; ils nient l'existence de ces fluides, parce
que, dans leurs expériences, ils n'ont parfois obtenu
que des résultats négatifs ou trompeurs; ils n'ont
pu peser le fluide électrique combiné avec la matière, au milieu du même fluide existant même dans
le vide le plus parfait, et avec lequel il tend sans cesse
à se mettre en équilibre, et ils en ont conclu que les
fluides solaire et électrique sont impondérables, et
que par conséquent ils n'existent pas ! Pourquoi
ces sceptiques ne nieraient-ils pas aussi l'existence
des odeurs, parce que les émanations des corps

sont impondérables? Cependant les molécules odorantes n'agissent que sur la pituitaire, et sont moins
ténues que celles du fluide électrique, qui frappent
à la fois la vue, l'ouïe, l'odorat, le goût et l'organe du tact! Ces erreurs graves prouvent que la
difficulté d'expliquer les phénomènes de la nature,
par l'action des agens physiques, ne peut nous
porter à nier leur intervention, lorsqu'elle est démontrée par des faits nombreux et irrécusables;
les mêmes faits attestent qu'on ne doit point, en
physiologie comme en physique, fonder une doctrine sur des expériences dont les résultats sont
négatifs; car l'histoire de cette dernière science
nous prouve, à chaque instant, que l'invention ou le
perfectionnement de certains instrumens et de certaines méthodes, donnent des résultats positifs qui
viennent ensuite anéantir les premiers. On ne doit
donc fonder une doctrine quelconque que sur un
ensemble de faits confirmés par des expériences
positives; car les expériences que nous appellerons
négatives, comme la difficulté de donner l'explication ou la théorie de tous les phénomènes, ne peuvent évidemment en renverser les fondemens.

C'est ainsi que les notions positives que nous
avons acquises sur l'action de l'oxygène et des fluides
électriques nous prouvent non-seulement leur existence, mais nous font connaître leur mode d'influence sur les corps organisés. La succession et
l'enchaînement des phénomènes nous montrent
encore l'identité des lois qui président à leur déve-

loppement. On peut donc étudier le mécanisme de l'organisme vivant, et même celui du système nerveux, en comparant et en coordonnant les faits nombreux qu'ils nous offrent, sans qu'il soit indispensable d'ajouter de nouvelles preuves à celles que nous avons offertes. Les preuves de l'expérimentation viendront ensuite se réunir à celles que nous avons rapportées, et que nous offrirons par la suite pour éclaircir les points encore obscurs de la physique animale ou de la physiologie atomistique, telle que nous l'avons conçue. Il suffit de démontrer en ce moment : 1° que les courans de sang oxygéné sont indispensables à l'action des diverses parties du système nerveux ; 2° que les combinaisons de l'oxygène avec les substances qui composent cet appareil développent nécessairement de l'électricité et du calorique ; 3° que la circulation du fluide électrique s'opère dans le système excitateur au moyen de l'action intime et réciproque des molécules qui le forment par leur réunion. Si ces propositions sont démontrées par des faits incontestables, on pourra en déduire toutes les conséquences, en cherchant à dévoiler les causes encore inconnues des phénomènes déterminés pendant les fonctions de l'encéphale, sur lesquelles nous ne pouvons offrir en ce moment que des notions générales.

RAPPORTS ANATOMIQUES ET ACTION RÉCIPROQUE DES APPAREILS NERVEUX ET ARTÉRIEL.

Les divisions de ces deux appareils sont tantôt

isolées et tantôt réunies; mais on remarque le plus souvent cette dernière disposition. Dans les membres, les nerfs sont accompagnés par des artères d'un gros calibre, dont les ramifications viennent se confondre avec les filets nerveux dans les tissus. Les rameaux que fournit le trisplanchnique sont aussi presque exclusivement destinés aux artères. Les deux systèmes capillaires que forment les deux appareils excitateurs viennent donc s'unir et se confondre dans tous les organes et dans les tissus excitables, où ils forment, par leur réunion, le réseau vasculo-nerveux, dont le rôle est très-important dans l'exercice des fonctions organiques, puisqu'il est le principal siège de l'endosmose et de l'exosmose, et qu'il est l'agent provocateur dés actions et des combinaisons moléculaires thermo-électriques.

Dans le réseau vasculo-nerveux, comme dans les autres parties de l'appareil électromoteur, le sang oxygéné communique à cet appareil le principe chimique qu'il a reçu dans l'acte de la respiration. Sans l'action de ce principe, le système nerveux perd son énergie, cesse bientôt d'agir sur les autres organes, n'excite plus d'actions et de combinaisons moléculaires. L'action de l'oxygène sur la substance nerveuse et celle des courans électriques qui sont le résultat de cette action, peuvent être interrompues d'une manière générale ou partielle, suivant que le fluide artériel cesse d'agir sur l'extrémité supérieure de l'appareil électromoteur, ou seulement sur sa partie inférieure. Ces phéno-

mènes démontrent que les courans excitateurs les
plus forts ont lieu aussi du pôle positif au pôle négatif de la pile organique, et qu'ils dépendent, dans
chaque partie de cet appareil, de l'action immédiate
du sang oxygéné sur la portion du tissu nerveux où
ils vont se rendre. Les actions et les réactions des
divers centres nerveux entre eux ne peuvent s'effectuer qu'au moyen du fluide qui se dégage sans cesse
dans cette combinaison. On ne peut de même expliquer l'action de l'appareil nerveux sur les autres
organes qu'au moyen d'un agent physique quelconque. Or l'action du sang oxygéné sur la substance
nerveuse ne peut s'opérer sans que le dégagement
du fluide électro-négatif et la production du calorique ne soient l'effet immédiat de la combinaison
de l'oxygène avec les élémens électro-positifs contenus dans l'appareil nerveux.

Beaucoup de faits et diverses expériences décisives
prouvent donc que cet appareil tout entier ne peut
fonctionner, s'il est privé des courans de sang oxygéné ; mais ils démontrent aussi que l'action de ce
liquide n'a pas lieu seulement dans une seule portion de cet appareil, et qu'elle s'opère dans tous les
faisceaux et les ganglions qui le composent. Ainsi,
quoique l'encéphale, en raison de sa masse, de la
quantité de rameaux artériels qu'il reçoit, soit le
principal siège de l'innervation, qu'il soit le centre des
actions et des combinaisons électro-chimiques qui
déterminent, par des courans électriques, une série
d'actions et de combinaisons moléculaires dans d'au-

tres organes, on doit cependant reconnaître que le prolongement rachidien, les nerfs ganglioniques, et enfin les nerfs des membres ne peuvent entrer en fonction s'ils sont privés du contact immédiat du sang artériel. Les effets de la ligature de l'aorte ventrale pratiquée, sur les animaux vivans, par Bohn, Vicussens, Haller, Kau Boerhaave, Lorry, etc., etc., attestent que la paralysie des nerfs du sentiment et du mouvement résulte de l'interruption des courans sanguins sur les nerfs placés au-dessous de la ligature. Bartholin, après avoir lié l'artère et la veine crurales d'un chien vivant, après avoir laissé couler tout le sang que contenaient ces vaisseaux et les avoir remplis d'eau tiède, observa encore des mouvemens dans les extrémités postérieures aussi long-temps que l'eau resta sanguinolente; mais les mouvemens et le sentiment cessaient bientôt lorsque l'eau sortait pure.

La pathologie et la thérapeutique nous offrent aussi, très-fréquemment, l'occasion d'observer l'influence des courans sanguins sur les fonctions des nerfs. Lorsqu'on lie les artères principales des membres, on remarque fort souvent une diminution de la sensibilité, de la chaleur et de la contractilité, pour nous servir de l'expression des ontologistes, dans les parties placées au-dessous de la ligature. Dans celle de l'aorte par A. Cooper, on observa une déjection involontaire, ensuite un refroidissement remarquable et une insensibilité dans un membre, que l'on a attribués au défaut de circulation du sang dans le membre affecté. **Dans la ligature de l'artère** carotide, *du côté droit*, que cet habile chirurgien pratiqua pour obtenir la guérison d'une tumeur anévrysmatique, on observa une paralysie de la jambe et du *bras gauche*. Enfin quelques accoucheurs, et nous citerons notamment M. le docteur Labbé Dumesnil, ont observé la paralysie des extrémités inférieures, pendant plusieurs semaines, à la suite d'hémorrhagies utérines très-abondantes, qui avaient mis les femmes récemment accouchées, qui ont éprouvé cet accident, dans le plus grand danger.

Le système nerveux offre, dans les diverses parties qui le composent, des irritations et des asthénies locales ; dans les premières affections, les courans artériels sont plus rapides, la substance nerveuse reçoit une plus grande quantité de sang, dans un temps donné, que dans l'état normal ; aussi les phénomènes attribués à la sensibilité et à la contractilité sont dans un rapport direct avec la circulation artérielle. Qui ne connaît la sensibilité de l'œil ou de la rétine dans les inflammations dont cet organe est souvent atteint? Qui n'a ressenti ou n'a observé l'intensité des douleurs qui résultent de l'irritation inflammatoire des nerfs dans la sciatique, par exemple? Le calme qui succède si souvent à des saignées locales abondantes atteste toute l'influence des courans sanguins sur la sensibilité physique, sur la chaleur animale et sur l'action contractile, ou plutôt sur la cause physique qui excite tous ces phénomènes. Ainsi, augmentez ces courans dans une partie quelconque, soit par une irritation directe, soit par une irritation sympathique, et aussitôt les phénomènes attribués à l'innervation, à la sensibilité et à la contractilité deviennent plus intenses, une grande quantité de calorique se développe, et les combinaisons moléculaires deviennent très-actives. Le cerveau, le cervelet, le prolongement rachidien et ses divisions sont soumis à la même loi.

Si, au contraire, on prive une portion du système nerveux du fluide oxygéné qui va y produire la sensibilité et le mouvement, ou plutôt qui y transmet la cause physique de ces deux phénomènes, alors les actions qui caractérisent la vie diminuent par un véritable épuisement de la cause qui les détermine, la chaleur animale s'éteint, l'asthénie et la mort locales ou générales peuvent être le résultat de la diminution ou de l'interruption de cette action physico-chimique du fluide excitateur sur la substance nerveuse. Mais ce qui prouve encore que la sensibilité physique, le mouvement musculaire, les actions et les combinaisons chimiques intra-organiques sont dûs à l'action d'une cause identique, c'est que l'affaiblissement local ou général du système nerveux tend à les diminuer, et même à les anéantir à la fois ; c'est que la sensibilité, comme on le dit sans cesse, se comporte à la manière d'un fluide qui s'accumule dans certaines parties, et qui diminue dans d'autres organes éloignés ; c'est enfin que la répétition des irritations chimiques et mécaniques sur le cerveau, sur la moelle épinière et enfin sur les diverses portions du système nerveux finit par épuiser la source de la sensibilité physique, comme la disparition du calorique lui-même amène la cessation des phénomènes attribués aux propriétés occultes appelées irritabilité et contractilité. Que les vitalistes nous disent donc enfin pourquoi la disparition de leurs propriétés imaginaires coïncide parfaitement avec celle du calorique; pourquoi elles suivent invariablement, dans leurs anomalies, l'action des courans artériels sur la substance nerveuse, ou enfin pourquoi la sensibilité physique, l'irritation et la contraction sont dans un rapport aussi rigoureux avec l'action électro-chimique de l'oxygène sur cette substance et sur les solides vivans? Les ontologistes sont dans l'impossibilité la plus absolue de répondre, d'une manière satisfaisante, à ces questions importantes. Toutes les expériences, tous les faits, tous les phénomènes prouvent donc invinciblement : 1° que les courans artériels agissent d'une manière chimique sur la substance nerveuse; 2° que cette action a lieu dans toutes les parties du système nerveux, mais plus spécialement dans l'encéphale et dans les portions de cet appareil qui reçoivent une grande quantité de fluide artériel ou oxygéné. Il faut donc encore le redire, l'introduction continuelle de l'oxygène dans les organismes, le dégagement simultané d'une grande quantité de calorique, soit dans le système nerveux, soit dans les autres appareils, l'activité et l'inactivité correspondantes des actions et des combinaisons moléculaires, l'intensité variable des phénomènes attribués ontologiquement à la sensibi-lité, à l'intelligence à la contractilité, suivant l'influence de l'oxygène sur l'appareil nerveux, nous dévoilent entièrement son mode d'action sur l'économie animale. Les faits et les considérations qui suivent pourront encore éclaircir cette question.

ORGANISATION DE L'APPAREIL NERVEUX.

La formation de l'appareil excitateur paraît précéder celle des autres organes qui constituent l'embryon. Sa structure intime, ou son organisation, est encore un problême anatomique qui doit nécessairement jeter un voile sur le mécanisme compliqué de cet important appareil. Cependant, si l'on peut s'en rapporter aux recherches de plusieurs observateurs habiles, on doit considérer la substance qui le compose, comme un amas de globules d'une grande ténuité, disposés d'une manière irrégulière dans les ganglions, et formant par leur réunion dans les faisceaux nerveux, de petits filamens blanchâtres, parallèles, égaux en grosseur, et qui paraissent continus dans toute l'étendue du nerf. Ces corpuscules globuleux ont été observés par Leeuwenhoek, Prochaska, Fontana, sir Everard Home, MM. Bauer, Milne Edwards, W. F. Edwards et Dutrochet. Ce dernier observateur a trouvé que les cellules globuleuses sont unies les unes aux autres sans aucun *medium* apparent, et qu'elles sont remplies par la substance nerveuse proprement dite.

Malgré les recherches de tant d'observateurs habiles, quelques micrographes modernes ont cher-

ché à détruire les résultats que les premiers ont obtenus, et ont nié la composition globulaire du
cerveau, et en général des solides. Cette dissidence
dans les opinions vient de la différence des procédés employés par ces divers expérimentateurs; les
uns mettent en usage le microscope composé, d'autres
préfèrent avec raison le microscope simple; il en
est qui préparent avec soin les tissus qu'ils soumettent immédiatement à l'observation, quelques
autres ne les préparent point d'une manière convenable, et soumettent les parties organiques à une
lumière ou trop vive, ou trop peu intense. Dans
le cas où l'observation microscopique offre des résultats positifs et des résultats négatifs, quels sont
ceux qu'il faut admettre? les derniers indiquent en
général, comme on sait, un défaut d'habileté ou au
moins d'habitude, et ne démontrent point que les
tissus organiques ne sont pas composés de particules
organiques; ils prouvent seulement qu'on n'a pu les
observer.

D'ailleurs, dans l'état d'agrégation ou de cohésion où se trouvent les particules organiques qui
composent les solides et le cerveau surtout, il est
parfois très-difficile de les distinguer; mais ce n'est
point une raison pour rejeter les résultats positifs
obtenus par un grand nombre de micrographes très-
expérimentés, et dont les théories très-différentes
entre elles, n'ont pu les entraîner dans une erreur
semblable. Que ceux qui ont l'habitude de ne rien
voir au microscope, étudient d'abord la composition des plantes telles que les arthrodiées, et celle

des animaux élémentaires, tels que les polypes, les têtards de grenouilles, la composition globulaire des muscles, et ils pourront enfin reconnaître celle du cerveau et des autres tissus dont l'observation microscopique offre plus de difficultés.

Il est d'ailleurs d'autres expériences et des faits qui démontrent, d'une manière incontestable, que la plupart des solides organiques sont composés de molécules composantes et de particules intégrantes. Qui n'a vu les globules du sang et des autres liqueurs animales? qui ne sait que déjà ce premier fluide contient des particules de cérébrine destinées au cerveau, des élémens chimiques déjà combinés qui doivent composer les muscles ou être éliminés par les reins? Puisque le sang, ce véhicule de toutes les humeurs, ce fluide générateur des solides, est déjà composé de globules et de particules intégrantes non globuleuses destinées aux organes; que les humeurs récrémentitielles et excrémentitielles, qui ne sont que le détritus de ces organes, offrent des particules intégrantes très-évidentes, nous pouvons en conclure que le cerveau, comme les autres viscères, est composé des deux ordres de molécules, quels que puissent être les résultats de l'inspection microscopique.

Dans les muscles et dans les tissus contractiles, la présence des molécules intégrantes est encore démontrée par les phénomènes de contraction et de relâchement; car il est évident que ces deux mouvemens ne peuvent résulter de l'action réciproque des molécules composantes qui se trouvent dans un état de combinaison très-intime. A la vérité l'encéphale et les nerfs n'offrent point de phénomènes semblables ; cependant le double mouvement d'expansion et de contraction que le cerveau éprouve par l'abord du sang dans les vaisseaux qui lui sont destinés semble indiquer la nécessité d'un mouvement quelconque pour l'exercice régulier de ses fonctions. D'ailleurs, les faits vont démontrer que l'encéphale et les autres parties du système nerveux excitent des actions ou des combinaisons moléculaires dans les muscles involontaires et dans les autres appareils organiques, que ceux-ci réagissent de la même manière sur cet organe qui provoque des mouvemens analogues dans les muscles soumis à son action immédiate. Les faits que nous allons exposer prouvent aussi que l'encéphale est lui-même le siège de combinaisons chimiques, et ils tendent à démontrer qu'il doit éprouver des actions électro-chimiques qui ne peuvent s'opérer qu'entre les molécules intégrantes qui le composent.

COMBINAISONS CHIMIQUES QUI S'OPÈRENT DANS L'APPAREIL NERVEUX.

Si la composition chimique de cet appareil ne peut nous éclairer sur la cause des plus importans phénomènes qu'il développe dans son action, mais surtout dans celle de l'encéphale, elle peut nous apprendre au moins comment le sang oxygéné agit sur la substance nerveuse pour animer l'être vivant, et pour opérer *la sécrétion* ou le dégagement du fluide électrique qui parcourt les conducteurs nerveux, qui va exciter les autres appareils, et déterminer les autres fonctions. C'est enfin en suivant cette méthode positive que nous ferons connaître l'action générale du système sensible et moteur, et que nous pourrons ensuite nous élever à des considérations sommaires sur l'action spéciale de ses diverses parties.

Le cerveau, cet organe important, qui forme l'extrémité supérieure ou le pôle positif de la pile organique, est composé, ainsi que nous l'a appris le célèbre Vauquelin, de 80,00 d'eau, 4,53 de matière grasse blanche, 0,70 de matière grasse rouge, 1,12 d'osmazôme, 7,00 d'albumine, 1,55 de phosphore uni aux matières grasses, de 5,15 de soufre, et de différens sels, entre autres de phosphate acide de potasse, de phosphates de chaux et de magnésie (1). Nous allons maintenant chercher à déterminer le degré d'affinité de l'oxygène pour ces diverses substances, afin d'expliquer le dégagement continuel d'électricité combinée ou non combinée qui s'opère en très-grande quantité dans le cerveau et dans les autres portions de l'appareil nerveux.

La proportion considérable d'eau que contient l'encéphale le rend très-propre à absorber l'oxygène qui se dégage du sang artériel, pour se combiner aux autres substances qui composent cet appareil,

----

(1) Voyez les Annales de chimie, t. LXXXI, p. 65, et le Traité de chimie de M. Thénard.

et, sous ce rapport, il peut être comparé à une pile humide, dont l'action est sans cesse entretenue par celle de l'oxygène sur tous les élémens qui forment cette pile organique, puisque d'ailleurs elle cesse de fonctionner, comme la précédente, aussitôt qu'elle n'est plus en rapport avec l'air atmosphérique. Elle reçoit simultanément une très-petite portion d'oxygène et une plus grande quantité de calorique et d'électricité, qui résultent déjà de la combinaison de l'élément électro-négatif avec le sang artériel. Ce qui démontre que l'oxygène se trouve en très-petite quantité dans le sang et dans les élémens de la pile organique, relativement à la quantité de ces élémens, c'est qu'il ne peut les acidifier et leur donner la propriété de rougir le papier de tournesol. Les substances neutres contiennent, comme on sait, une portion d'oxygène, qui est insuffisante pour donner lieu à ce dernier phénomène.

Cependant, les autres substances qui composent le cerveau ont une grande avidité pour l'oxigène; le phosphore qu'il contient en assez grande quantité se combine avec cet élément pour former le phosphate *acide* de potasse, les phosphates de chaux et de magnésie. La matière grasse blanche et la matière grasse rouge, qui donnent également de l'acide phosphorique par la calcination, en se combinant avec l'oxigène de l'air, doivent jouir de la même affinité pour ce corps électro-négatif, lorsqu'il leur est transmis par les artères. Quelques-uns de ces sels se trouvent à la vérité dans le sang, mais à l'état de sous-phosphates. C'est donc dans le cerveau qu'ils pas- sent à celui de phosphates et de phosphates acides. L'analyse chimique du cerveau du fœtus, ou de l'enfant qui n'a pas encore respiré, pourrait offrir un grand intérêt; car il est probable que l'on ne trou- verait point alors de phosphate acide dans la subs- tance cérébrale. Nous indiquons au reste cette voie de perfectionnement de la chimie animale, qui est encore au berceau, comme un moyen d'arriver à des notions plus positives sur les combinaisons chi- miques qui s'opèrent dans l'encéphale et dans les autres organes avant et après la naissance.

Quant au soufre et à l'albumine que l'on trouve aussi dans le cerveau, leur affinité pour l'oxygène est beaucoup moindre que celle que l'on observe entre cet élément et les substances que nous venons d'indiquer. On pourrait croire même que l'albu- mine est une substance électro-négative, car elle se porte au pôle positif, malgré l'assertion contraire de M. Brande et de plusieurs chimistes français qui ont rapporté le résultat de son expérience, sans doute sans avoir pris soin de la répéter (1). Le blanc d'œuf étendu d'eau et soumis aux courans de la pile voltaïque, se porte au fil positif autour duquel

____

(1) Annales de chimie et de physique, t. 94, p. 47; élémens de chimie médicale ; t. 11, p. 255. M. Thénard, en rapportant l'expérience de M. Brande, dit au contraire que selon ce der- nier l'albumine se coagule au pôle positif. Traité de chimie, t. IV, p. 36o.

il se concrète d'une manière fort remarquable.
L'action de l'oxygène doit cependant avoir une influence très - grande dans la production de ce phénomène; car l'albumine, ainsi coagulée, adhère
avec assez de force au fil métallique autour duquel
elle est fixée, bien que l'action électrique ait cessé
depuis quelque temps. Mais si l'oxygène et les acides
qui contiennent du fluide électro-négatif coagulent
l'albumine, les alcalis qui dégagent du fluide électro-
positif, la dissolvent ou au moins la rendent plus
fluide. Quelle est la cause chimique de ce double
phénomène?

Quoi qu'il en puisse être, les élémens chimiques du
cerveau sont pour la plupart électro-positifs et doivent par conséquent avoir une grande tendance à
s'unir avec l'oxygène et le fluide électro-négatif qu'il
dégage, et qui circule ensuite dans les excellens conducteurs qui le portent vers la substance animale
dans laquelle ils vont se distribuer. Enfin, une observation de Bichat vient encore confirmer la vérité
de cette doctrine. Ce célèbre physiologiste a remarqué que la substance cérébrale et celle de la moelle,
exposées à l'action réunie de l'eau et de l'air, se
putréfient avec facilité; qu'elles prennent alors une
couleur verdâtre, qu'elles acquièrent cependant de
l'acidité, et rougissent le papier bleu (1). Ce sont
même parmi les substances animales celles qui lui
ont paru présenter le plus vite ce phénomème.

----

(1) Anatomie générale, t. 1er, p. 145.

Le foie et les autres organes glanduleux paraissent à la vérité offrir, sous quelques rapports, une composition chimique analogue à celle du cerveau; ils ont aussi beaucoup d'affinité pour l'oxygène, et ils dégagent une grande quantité de calorique; mais tous sont dépourvus de conducteurs thermo-électriques, et l'électricité formée dans ces appareils s'unit aussitôt aux particules qui forment les matériaux des sécrétions, ou se combine avec la substance même des organes sécréteurs. Celle qui compose l'appareil nerveux, l'encéphale surtout, reçoit au contraire une très-grande quantité de fluide artériel qui n'est destinée à aucune *sécrétion*, si ce n'est à la *séparation* ou au dégagement du fluide électrique et du calorique. La composition chimique, l'organisation, les fonctions du système nerveux, une foule de faits authentiques prouvent donc que ce système est destiné à séparer du sang oxygéné les fluides électriques qui circulent dans cet appareil électromoteur, et qui peuvent seuls être les agens d'endosmose et d'exosmose, les causes chimiques des actions et des combinaisons moléculaires qui s'observent dans les autres appareils, et qui ne s'effectuent point sans l'action de l'oxygène, ou sans celle du fluide impondéré qu'il dégage. Ainsi, bien que tous ces appareils reçoivent, comme l'encéphale, l'élément résineux indispensable aux combinaisons chimiques dont ils sont le siège, ils reçoivent en outre, de cet important organe, des courans électriques, sans lesquels ces combinaisons ne pourraient s'opérer.

II.   (5*)

Ainsi donc, la composition chimique de l'encéphale et des autres parties du système nerveux, dont il dirige les fonctions, l'action bien connue de l'oxygène sur tous les corps de la nature, la production d'une grande quantité de calorique dans toutes ses combinaisons, attestent que le premier fluide n'agit pas d'une autre manière sur l'appareil nerveux que sur la pile voltaïque, et que dans ses combinaisons avec tous les corps organiques ou inorganiques, chargés d'hydrogène, d'azote et de carbone. Les progrès de la chimie et de la physique animales achèveront de montrer les lois compliquées que suivent ces combinaisons, dont les nuances fugitives ont pu échapper jusqu'à ce jour aux recherches des expérimentateurs. Mais, en attendant, on doit reconnaître, comme une vérité irréfragable, que les phénomènes de l'innervation sont déterminés par des actions électro-chimiques, puisque le système nerveux est composé, comme les différens organes, de plusieurs sels et d'élémens chimiques, qui n'ont pu se former et se réunir que par des combinaisons moléculaires, soumises aux lois de l'affinité. Les physiologistes modernes, qui admettent vaguement l'existence du fluide électrique dans le système nerveux, et qui continuent cependant de faire jouer un rôle mystérieux à des propriétés et à des forces métaphysiques ou imaginaires, dans la production des phénomènes généraux et spéciaux, et des actions de l'encéphale, admettent donc, par une singulière contradiction, des principes opposés qu'on ne peut plus suivre lorsque l'on cherche à découvrir les causes physiques de ces deux ordres de phénomènes.

Dans les fonctions de l'appareil nerveux, quelles sont les actions spéciales des deux substances qui les composent? L'une, grisâtre, tantôt excentrique et tantôt concentrique, offre un grand nombre de vaisseaux sanguins. Peut-elle être considérée comme la substance nourricière, pour nous servir de l'expression de Gall? L'autre, blanchâtre, filamenteuse ou fibreuse, selon M. le baron Cuvier et le célèbre Cranioscope, paraît plus spécialement destinée à conduire les courans électriques aux divers appareils organiques. Le travail nutritif dont la substance grise est surtout le siège, ne peut évidemment s'opérer sans un dégagement des fluides impondérables; les faisceaux formés par la substance blanche sont d'excellens conducteurs de ces fluides, ainsi que beaucoup d'expériences très-concluantes le démontrent. L'anatomie et la physiologie pathologiques prouvent encore que l'extrémité céphalique de ces conducteurs a un usage relatif aux facultés sensitives et locomotrices; car les faits les plus multipliés attestent que l'hémiplégie arrive constamment toutes les fois que le moindre épanchement se fait dans l'épaisseur des faisceaux fibreux. La rupture et la compression des fibres qui les composent s'opposent donc dans ce cas, comme dans l'inflammation circonscrite, à l'action nerveuse qui détermine les courans électriques qui vont se rendre aux muscles soumis à la volonté. La matière grise paraît surtout destinée à opérer la sécrétion du fluide excitateur ; elle ne jouit point au même degré de la propriété conductrice ; elle est même destinée à arrêter ou à localiser en quelque sorte les courans électriques dont l'intensité est peu considérable. Et, sous ce rapport, elle jouit à un certain degré de la propriété cohibante. Telle est sans doute une des propriétés de celle qui enveloppe l'encéphale, et qui compose essentiellement les ganglions.

FONCTIONS DE L'APPAREIL ENCÉPHALIQUE (1).

Les fonctions de cet important appareil sont encore un mystère impénétrable pour tous les physiologistes qui ont tenté de soulever le voile épais qui nous en dérobe le mécanisme. Les métaphysiciens de toutes les sectes ont donné, pour l'expliquer, des théories qui ne reposent que sur des suppositions gratuites, et que l'on ne peut admettre sans tomber aussitôt dans l'ontologie. Une seule de ces doctrines mériterait sans doute d'être conservée ; c'est celle qui subordonne les mouvemens du cerveau à un principe immatériel, cause *médiate* et inconnue des phénomènes intellectuels ; mais les physiologistes, qui ne se livrent

---

(1) L'appareil encéphalique est composé du cerveau proprement dit, du cervelet, de la protubérance annulaire et de la moelle alongée.

qu'à l'investigation des causes *immédiates* des actions organiques, ne peuvent admettre que des causes physiques appréciables; ils doivent s'abstenir de toutes recherches qui seraient sans aucun résultat pour la science, et qui tendraient même à s'opposer à ses progrès.

On nous dira à la vérité que les causes médiates, occultes ou métaphysiques expliquent les phénomènes de l'intelligence, que le mécanisme d'organes purement matériels ne peut expliquer; mais ces principes ne peuvent être adoptés par les physiologistes, qui savent qu'on n'explique rien en réalité aussitôt que l'on admet une cause inconnue, inappréciable, ou dont l'action se trouve entièrement hors des limites de l'observation. D'ailleurs, dans l'étude des fonctions de l'encéphale, le physiologiste doit suivre rigoureusement la méthode qu'il a adoptée dans celle des autres fonctions; car les appareils organiques, sans aucune exception, suivent les mêmes lois dans leur action, parce qu'ils sont tous composés d'élémens chimiques, qu'ils sont sous l'influence immédiate des causes physiques, et qu'ils sont unis entre eux par les liens de la plus étroite sympathie. Les faits que nous exposons, comme les comparaisons qui les lient, et les rapprochemens qui les coordonnent, ne peuvent donc nous autoriser à admettre des causes métaphysiques ou occultes pour expliquer, à la manière des ontologistes, la production des phénomènes de l'intelligence et de l'instinct chez l'homme et les animaux supérieurs. Il nous suffira de prouver, au moyen des faits, que l'action des différentes parties qui composent l'encéphale est la cause immédiate de ces phénomènes, pour n'être point obligé de nous élever à des considérations étrangères à la physique animale, et qui tendraient à nous égarer dans de vaines recherches sur les causes premières.

Ceux qui admettent l'intervention d'une cause vitale ou psychologique inconnue, dans la production des phénomènes de l'intelligence, sont d'ailleurs forcés de convenir qu'elle ne peut les déterminer qu'en agissant, d'une manière quelconque, sur la matière qui compose l'encéphale. L'étude physiologique de cet important organe, suivant les âges et les sexes, les espèces et les variétés d'animaux, suivant les anomalies qu'il éprouve dans l'exercice de ses fonctions, pendant la veille et le sommeil, dans l'état morbide comme dans l'état normal, et enfin l'histoire intéressante des sympathies organiques démontrent également, d'une manière convaincante, que les facultés intellectuelles et les qualités morales sont sous la dépendance immédiate des actions physico-chimiques des diverses parties de la masse encéphalique. L'examen approfondi de ces actions variées pourra seul nous dévoiler un jour le mécanisme compliqué de l'organe de la pensée et du mouvement volontaire dans ses plus importantes fonctions.

La question qu'il s'agit de décider est donc celle-

ci : Si un organe ne peut entrer en fonction que lorsqu'il éprouve l'action d'un agent physique ; si les
phénomènes généraux, qui sont le résultat de ses
fonctions, ne sont dus qu'à des actions et à des
combinaisons chimiques, comme ceux qui s'observent dans la digestion, la respiration, l'endosmose et l'exosmose, etc. ; dans ce cas, quelles
peuvent être les fonctions spéciales d'un semblable organe? quelle est la nature des phénomènes
qu'il nous offre? Qui pourrait les attribuer encore
aux propriétés imaginaires et aux forces occultes
admises par les vitalistes? Les éclectiques se flatte-
ront sans doute de pouvoir expliquer, au moyen
des lois chimiques, les phénomènes généraux déterminés, dans d'autres appareils, par l'action de
l'encéphale; tandis qu'ils chercheront à attribuer
les phénomènes spéciaux qu'il présente aux entités
qu'ils ont été obligés de créer. Il est sans doute
permis aux métaphysiciens de s'égarer dans le vague
des hypothèses, et de prendre des abstractions et
suppositions pour des causes réelles ; mais le physiologiste doit rester fidèle à des principes immuables ;
il doit rejeter cet éclectisme trompeur, chercher dans
l'étude attentive des phénomènes, dans la comparaison rigoureuse des faits, les lois physiques
spéciales qu'il n'a point encore trouvées, et qu'on
ne peut déduire que des faits coordonnés ou généralisés, et non des hypothèses, des suppositions
de la métaphysique et du vitalisme.

CAUSES ORGANIQUES DES FACULTÉS INTELLECTUELLES
ET DES QUALITÉS MORALES.

L'encéphale, considéré d'une manière chimique et anatomique, n'est point une masse homogène dont les molécules intégrantes agissent toujours simultanément dans le développement des phénomènes intellectuels et moraux. Il est formé de parties bien distinctes, composées elles-mêmes d'une foule de faisceaux réductibles en filamens d'une excessive tenuité. Ces divers faisceaux sont sans doute le siège de diverses facultés qui sont développées par l'action de causes excitatrices externes et internes, ou enfin d'une manière spontanée. L'ensemble des faits démontre que les nerfs intra-cérébraux remplissent des fonctions spéciales comme les nerfs proprement dits, et les ganglions placés à l'origine ou sur le trajet de ces conducteurs.

Ces vérités sont dévoilées par les faits suivans : Les facultés intellectuelles et les qualités morales correspondent au développement des diverses parties de l'encéphale suivant les âges, les sexes, les climats, etc. L'anatomie comparative montre un rapport constant, en général, entre la conformation, le développement de l'encéphale, chez les diverses espèces d'animaux, et celui des déterminations intelligentes et instinctives ; les expériences faites par les physiologistes modernes et notamment par MM. Rolando, Flourens, Desmoulins, etc., ont démontré, quelle que soit la différence des résultats qu'ils aient obtenus, que l'intelligence, la volonté, la sensibilité, les mouvemens, ont un siège distinct dans l'encéphale. La dégradation ou la lésion des diverses parties qui composent cet organe amènent des altérations correspondantes des facultés intellectuelles, du jugement, de la mémoire, de la sensibilité, du mouvement. Ainsi, nous avons observé chez le même individu, à deux époques différentes, deux paralysies : l'une avait aboli la mémoire des noms seulement, de manière qu'il ne pouvait mettre, dans les lettres qu'il écrivait, un mot convenablement orthographié, et cependant il se rappelait bien les personnes et les lieux ; il dictait de la manière la plus bizarre et jouissait d'ailleurs d toute sa raison. Ce vieillard respectable, âgé alors de 72 ans, fut obligé d'apprendre de nouveau l'orthographe ; ou plutôt, la lésion matérielle qu'il avait éprouvée ayant cédé au traitement et au régime, la mémoire des mots redevint insensiblement ce qu'elle était avant la maladie. Dans une autre attaque qu'il a éprouvée cette année, la mémoire est restée intacte, mais la volonté et le mouvement ont été long-temps suspendus dans le bras et la jambe gauches. Nous avons observé une lésion du sens des localités, chez une dame de Versailles, à laquelle le docteur Noble a donné fort long-temps des soins ; elle s'égarait souvent dans cette ville, qu'elle habite depuis un grand nombre d'années, et priait alors les personnes de sa connaissance de la conduire à son domicile.

La pluralité des organes cérébraux, et la spécialité d'action des diverses parties qui composent l'encéphale, sont encore démontrées par l'étude de l'aliénation mentale, par celle des passions et par les aptitudes industrielles qui distinguent les nombreuses tribus du règne animal. Vainement on voudrait attribuer tous ces phénomènes à une action occulte et générale de l'encéphale, ou à celle d'un principe unique; la diversité infinie des effets prouve incontestablement la variété des causes organiques des phénomènes qui nous occupent. Soutenir que dans leur développement, les parties qui composent l'encéphale ne peuvent agir tantôt d'une manière isolée, tantôt d'une manière simultanée, que chacune de ces parties ne remplit pas des fonctions spéciales, c'est admettre une hypothèse frivole en opposition évidente avec les notions anatomiques, physiologiques les plus positives, comme avec les résultats de l'expérimentation. N'a-t-elle pas constaté que le cerveau, le cervelet, la protubérance annulaire, les couches optiques, les corps striés, etc., sont chargés de fonctions particulières ? Qui peut donc encore douter que les faisceaux nombreux qui composent le premier organe n'aient aussi une destination spéciale ?

On observe, dans les animaux céphalés, lorsqu'on s'élève vers l'extrémité supérieure de l'échelle zoologique, une gradation de facultés et d'aptitudes industrielles, qui est en rapport avec les variétés de l'organisation cérébrale. Ne doit-on pas conclure

avec Gall, que, puisque les phénomènes organiques
différens supposent des appareils différens, la diversité des fonctions du cerveau suppose nécessairement la pluralité des organes? Pourquoi, en effet,
cet organe, qui présente une structure si variée, qui
offre, suivant la remarque de cet anatomiste célèbre et de Chaussier, *des cavités intérieures, des reliefs,
des protubérances, des corps striés, des lames, des com-
missures, des voûtes, des cloisons,* et une foule de faisceaux nerveux, pourquoi cet important organe serait-il soustrait à la loi commune? Les résultats que
nous offrent la cranioscopie et les vivisections, peuvent être opposés sous quelques rapports; mais en
somme, ils nous prouvent manifestement la spécialité d'action des diverses parties organiques qui composent la masse encéphalique, comme celles du cerveau proprement dit.

C'est sans doute à tort que Gall a cherché à prouver que cette dernière méthode d'investigation ne
peut offrir aucun résultat positif; ces résultats sont à
la vérité bien peu nombreux, mais elle pourra un jour
jeter une vive lumière sur les fonctions de l'encéphale
lorsque ses procédés seront perfectionnés. D'un autre
côté, ceux qui ont rejeté la plus grande partie des
découvertes du célèbre cranioscope, et notamment
les preuves anatomiques et physiologiques au moyen
desquelles il démontre la pluralité des organes, ne
devraient point admettre les expériences tentées par
ceux qui ont démontré la localisation des actions
cérébrales, puisque les résultats de ces travaux

tendent également à prouver la spécialité d'action des diverses parties de l'encéphale. Les vivisecteurs ont surtout pour but de découvrir les organes du sentiment et du mouvement; les cranioscopes ont plus particulièrement dirigé leur attention sur les causes organiques des facultés intellectuelles et des déterminations instinctives.

Ainsi, le cervelet a été considéré par les uns, comme l'organe excitateur de l'appareil locomoteur, comme le coordonnateur des mouvemens locaux et partiels en mouvemens d'ensemble; telles sont les opinions de MM. Rolando et Flourens : les autres ont reconnu, au contraire, que cet organe détermine le mouvement de progression en avant, tandis que les corps striés sont les organes du mouvement à reculons, et par conséquent les antagonistes du cervelet. Cette opinion est professée par MM. Magendie et Desmoulins, et étayée également d'expériences sur les animaux vivans. Enfin, Gall, MM. Serres, Larrey, Falret, ont observé des faits qui montrent l'intime sympathie qui lie cet organe à ceux de la génération, et qu'aucune preuve contraire ne peut détruire; nos observations particulières et les recherches intéressantes que M. Voisin a faites récemment dans les bagnes, viennent encore confirmer ce point de doctrine. A la vérité, MM. Desmoulins et Magendie (1) nient cette influence du

---

(1) Anatomie des systèmes nerveux des animaux à vertèbres, appliquée à la physiologie et à la zoologie, t. 2, p. 375 et suivantes.

cervelet sur les organes générateurs ; d'abord, parce que le développement de cet organe chez les cynocéphales, les cobaies et chez certains poissons, ne répond ni à la lubricité des uns, ni à la fécondité des autres ; parce que les grenouilles rainettes, les crapauds, et surtout les couleuvres et les vipères, manquent tout-à-fait de cervelet, et que cependant ces reptiles offrent un véritable accouplement.

En physiologie, les faits négatifs ne peuvent détruire des vérités acquises au moyen de faits positifs. Il faut souvent examiner les derniers, les comparer et les coordonner pour en déduire des principes qui puissent ensuite les expliquer. Quant à la première objection, elle ne saurait être décisive, car nous pensons que l'activité d'un organe n'est pas toujours en raison de son développement, mais en raison de l'action habituelle ou périodique qu'il reçoit des agens excitateurs. Ainsi, si ces causes agissent avec beaucoup plus d'activité sur un cervelet médiocrement développé, dans certaines espèces, que sur cet organe chez d'autres animaux où il est plus développé, il jouira chez les premiers d'une énergie qu'on ne pourra observer chez les derniers. Mais si, comme nous le pensons, le cervelet exécute plusieurs fonctions, sa masse ne doit pas toujours être dans un rapport exact avec l'activité des organes génitaux. Où placer l'organe de l'amour physique dans les animaux qui n'ont point de cervelet, demandent les physiologistes dont nous venons de rapporter les opinions ? Mais où placer la cause du mouvement en avant lorsque les animaux sont dépourvus de cervelet, et du mouvement en arrière chez ceux qui, comme les poissons, les serpens, les batraciens, sont privés des corps striés?... Concluons des faits mêmes que nous ont fournis les observateurs que nous venons de citer, que le cerveau remplace nécessairement le cervelet dans les espèces où ce dernier organe n'existe pas, soit que l'on adopte l'opinion de Gall, soit celles de ces expérimentateurs mêmes. Il suffit de comparer le volume du cervelet, les faisceaux nerveux qui en partent, avec les nerfs de l'appareil générateur, pour être convaincu que cet organe n'est point exclusivement destiné à exciter cet appareil, et qu'il a aussi des fonctions relatives à la locomotion. Il faut donc réunir les faits fournis par l'observation et l'expérimentation; car c'est dans des circonstances semblables que l'éclectisme cesse d'être une méthode trompeuse, et qu'il peut même conduire à des vérités importantes.

On doit faire la même application de ces principes et des notions fournies par l'observation et l'expérimentation aux fonctions du cerveau proprement dit; car il est à la fois organe sensible, intelligent et moteur. Que l'expérimentation ait conduit à des erreurs inévitables, que l'organologie, considérée dans ses détails et dans ses moyens d'exploration, soit vraie ou fausse, peu importe sous ce rapport; il est évident que ces diverses méthodes d'investigation ont également prouvé la pluralité des organes cérébraux ou la spécialité d'action des diverses parties constituantes du cerveau. Les faits anatomiques et pathologiques, les preuves tirées de la physiologie humaine et comparée viennent d'ailleurs étayer cette doctrine et en démontrer la certitude.

Si on voulait absolument considérer le cerveau comme une masse homogène qui, dans ses fonctions, n'éprouve que des mouvemens de totalité, il faudrait donc nier d'abord les résultats de l'observation anatomique, ou il serait indispensable de prouver qu'il est, dans le cerveau, des parties organiques qui ne remplissent aucune fonction, et qu'en un mot la physiologie n'est point une déduction rigoureuse de l'anatomie, soit chez l'homme, soit chez les autres animaux. Si la masse seule du cerveau était à considérer, dit le célèbre Gall, si les parties intégrantes n'entraient pas comme élémens dans le calcul, il n'y aurait d'autres différences entre les animaux doués d'une grande masse cérébrale et ceux pourvus d'un petit cerveau, qu'une intensité plus ou moins grande dans l'exercice des mêmes fonctions.

Il suffit, en effet, de jeter un coup-d'œil sur l'ensemble des actions et des tendances instinctives des animaux pour apercevoir que la variété infinie de ces actions et de ces tendances est due à la diversité d'organisation et de composition chimique des organes, et surtout à la structure compliquée du cerveau. Celui qui chercherait la différence qui existe entre les déterminations instinctives, les aptitudes industrielles de l'abeille et de l'araignée, du cochon et du renard, du lapin et du furet, du pigeon et de la crésserelle, dans la différence que l'on trouve dans la masse de leur cerveau, ne pourrait rien expliquer et donnerait une opinion peu favorable de ses connaissances en physiologie et de son jugement; de même, celui qui rapporterait la variété infinie des phénomènes intellectuels et toutes leurs anomalies à l'action *immédiate* d'un principe immatériel, indivisible, immodifiable, unique dans son essence, uniforme dans son action, se trouverait dans l'impossibilité la plus absolue d'expliquer toutes ces variétés et toutes ces anomalies.

Le nombre et la perfection des facultés de l'intelligence, dans les diverses espèces d'animaux, comme dans les individus de la même espèce, sont en proportion de la masse encéphalique, du développement et du nombre des parties qui la composent. Aucune des méthodes d'exploration que l'on a adoptées pour mesurer en quelque sorte l'étendue des facultés intellectuelles, ne mérite d'une manière exclusive la préférence qu'on leur a successivement accordée. Elles ne peuvent donner, d'ailleurs, qu'une mesure approximative de l'intelligence et des qualités instinctives; car il est des différences inappréciables d'organisation. Cependant, le volume plus considérable du cerveau, comparé à celui de la moelle épinière des autres organes, le développement très-prononcé de ses parties antérieures, le nombre et la profondeur des circonvolutions qu'il présente suivant les âges, les individus et les espèces, sont les rapports anatomiques les plus exacts au moyen desquels on puisse juger de l'étendue des facultés intellectuelles.

Ce dernier rapport a été entrevu par MM. Cuvier, Magendie et Tiedemann. M. Desmoulins a cherché à prouver la supériorité de cette méthode d'exploration, sur celles qui ont été inventées par Camper, et par d'autres physiologistes; mais il a senti qu'il pouvait y avoir aussi des cas où son application cesserait d'offrir des résultats positifs. Nous devons avouer cependant que ces cas doivent être infiniment rares, et que l'on peut juger du degré d'intelligence, et peut-être aussi de sensibilité physique et morale, par le nombre et le volume des circonvolutions cérébrales. Mais doit-on adopter l'opinion particulière de MM. Magendie et Desmoulins, qui pensent que le nombre et la perfection des facultés intellectuelles, dans la série des espèces et dans les individus de la même espèce, *sont en proportion de l'étendue des surfaces cérébrales ?* Nous osons n'être pas de leur avis, et nous pensons que l'anatomie pathologique de même que les expériences qu'ils ont tentées sur le prolongement rachidien, ne démontrent point que les forces nerveuses soient à la surface de ce prolongement, et que les facultés ou les forces intellectuelles, comme ils le disent, résident ou se passent aux surfaces mêmes du cerveau; nous sommes convaincu par l'inspection anatomique, par les effets des épanchemens dans la substance blanche, et enfin par les faits et les expériences mêmes qu'ils ont invoqués, que les circonvolutions cérébrales ne sont qu'une réunion de filets nerveux, qui agissent en quelque sorte comme les fils métalliques formant le galvanomètre, et que les propriétés sensitives de l'appareil organique, le nombre et la perfection de ces actions fonctionnelles, sont en raison directe du nombre et de l'étendue des fibres qui le composent, et que suivent les courans électriques.

Ces rapports anatomiques et physiologiques ne sont point illusoires; un jour peut-être, on en sentira toute l'importance : il suffit en ce moment de remarquer que cette disposition des organes et des nerfs sensoriaux, celle des circonvolutions et des faisceaux qui forment la partie supérieure de l'encéphale, tendent à augmenter la sensibilité et l'étendue des fonctions du galvanomètre organique; que plus on s'élève vers l'extrémité supérieure de l'échelle zoologique, et plus les effets de cette disposition organique acquièrent d'intensité. La partie électromotrice de cet appareil, ne suit point la même loi; elle est beaucoup plus développée et plus énergique comparativement, chez une foule d'animaux, que chez l'homme, qui est plus remarquable par l'étendue et la variété de ses facultés intellectuelles, que par sa force musculaire.

En résumé, les faits nombreux fournis par l'anatomie et la physiologie comparées, la variété infinie, les différences remarquables que l'on observe dans les déterminations intelligentes, et les impulsions instinctives des animaux qui forment l'échelle zoologique, les phénomènes qui accompagnent la lésion d'une portion quelconque de l'encéphale, soit dans les vivisections, soit dans les maladies dont cet organe est si souvent atteint, le développement et la dégradation successifs des facultés intellectuelles et des qualités morales, suivant le développement et la dégradation des diverses portions de l'encéphale, tous ces faits enfin nous portent à conclure avec Gall et quelques physiologistes distingués, parmi lesquels nous comptons les expérimentateurs, 1° que les parties constituantes de l'encéphale, depuis les animaux inférieurs jusqu'à l'homme inclusivement, se multiplient et varient dans la même proportion que les facultés; 2° que l'énergie extraordinaire d'une faculté correspond toujours à un excitement et surtout à un développement remarquable de quelque partie du cerveau; 3° que le dérangement d'une faculté se lie à la lésion, à la perte ou à la maladie de son appareil nerveux; 4° que, puisque l'encéphale, comme le cerveau proprement dit, se compose de divers appareils nerveux distincts entre eux, par la diversité de leur origine, de leurs formes, de leur structure et de leurs complémens, on doit nécessairement admettre la pluralité des organes ou des faisceaux nerveux intra-cérébraux et la spécialité de leur action dans l'exercice des facultés intellectuelles et des actions instinctives. Les faits qui vont être exposés et coordonnés prouveront que nous n'avons pas subordonné l'exercice des sens cérébraux *à la force vitale*, ainsi que Gall l'a admis ; mais à des actions physico-chimiques.

CAUSES ACTIVES DES FACULTÉS INTELLECTUELLES ET DES QUALITÉS MORALES.

Il ne suffit point, en physiologie, d'indiquer les causes organiques des phénomènes de l'intelligence et de l'instinct, ou le siège des actions qui les déterminent ; il importe aussi de connaître la cause active de ces actions ; car, on ne peut supposer que les faisceaux nerveux qui composent l'encéphale, soient inertes dans la production des phénomènes variés qu'ils développent. Que cette cause excitatrice soit physique ou immatérielle, il faut nécessairement en reconnaître l'existence. Mais en physique animale, on ne peut s'occuper, comme nous venons de le dire, des causes médiates ou occultes, de celles qui ne sont point du domaine de l'observation ; on ne doit étudier que les causes physiques évidentes, celles enfin dont l'existence et l'action sont démontrées d'une manière certaine par l'observation et les expériences. Or, l'action de l'oxygène sur les corps, le développement de l'électricité et du calorique, par l'effet de ses combinaisons avec les substances organiques et inorganiques, ne peuvent être révoqués en doute que par ceux qui, à l'exemple de certains philosophes, nient l'existence de la matière, pour admettre celle des causes imaginaires qu'ils ont inventées et qu'ils

transforment en agens physiques, au lieu de reconnaître ceux dont l'action est démontrée à chaque
instant, par l'exercice des sens, et par l'ensemble
des phénomènes de l'organisme vivant.

L'encéphale et les autres portions du système
nerveux, ne peuvent agir de même que les autres
organes, s'ils sont privés d'oxygène, d'électricité et
de calorique. Nous sommes donc obligés de reconnaître que ces agens sont les causes physiques immédiates des phénomènes que présente l'encéphale, comme les causes de ceux qu'offrent les autres appareils organiques. Si l'observation et les expériences démontrent, en effet, que les phénomènes généraux développés par l'action du cerveau ne
peuvent être rapportés qu'à des causes physiques,
on ne pourra attribuer les phénomènes spéciaux
qu'il détermine à des causes différentes ou métaphysiques, quelle que soit d'ailleurs la difficulté
d'expliquer la production de ces derniers phénomènes.

ACTION SPÉCIALE DE L'ENCÉPHALE.

Notre but n'est point d'expliquer des phénomènes
peut-être inexplicables; mais plutôt de soumettre
nos doutes aux physiologistes instruits, de prouver
enfin, qu'aucune doctrine, qu'aucune théorie,
qu'aucun système, n'ont dévoilé jusqu'à ce jour,
les causes spéciales des facultés intellectuelles et des
qualités morales. La psychologie peut sans doute
interpréter et coordonner les phénomènes de l'in-

telligence, pour nous servir de l'expression d'un physiologiste moderne; mais elle ne saurait nous en faire connaître les causes immédiates et la génération. Les animistes et les ontologistes, les réalistes et les matérialistes, enfin les philosophes et les physiologistes de toutes les sectes, ont échoué dans cette entreprise, et n'ont pu découvrir le secret le plus important de la nature de l'homme.

Cependant, ceux qui se flattent d'avoir trouvé la vérité, rapportent les phénomènes de l'intelligence à des causes occultes dont aucun moyen d'analyse ne peut nous indiquer l'existence. Notre ignorance complète sur le mécanisme de l'organe de la pensée et du mouvement volontaire, est la seule raison qu'ils allèguent pour nous démontrer l'excellence de leur doctrine. Mais en physiologie comme en philosophie, est-ce ainsi que l'on doit procéder à la recherche de la vérité ? Espère-t-on pouvoir la trouver lorsque l'on suppose des causes métaphysiques, agissant sur la matière organisée déjà animée par des agens physiques ? Quelle confiance devons-nous avoir dans de semblables suppositions ? avouons plutôt notre ignorance, que d'adopter en physiologie les principes d'une semblable doctrine, puisqu'elle nous ôte la possibilité de pouvoir un jour connaître le mécanisme des fonctions du cerveau.

Dans tous les temps, comme nous l'avons déjà dit, les phénomènes naturels dont les causes échappent à nos moyens d'analyse et d'investigation, ont été rapportés à des forces et à des propriétés occultes, et enfin à des causes métaphysiques ou surnaturelles. C'est ainsi que le mouvement centrifuge a été expliqué par une prétendue impulsion en ligne droite, déterminée, selon les uns, par le hasard, et, selon d'autres, par une cause divine. Les progrès des sciences physiques diminuent donc chaque jour le nombre des entités au moyen desquelles on croyait vraiment expliquer les phénomènes incompréhensibles de la nature. C'est une raison puissante pour n'admettre aucune supposition de ce genre en physique animale.

Dans l'étude des actions spéciales de l'encéphale, faut-il donc admettre les entités force vitale, force individuelle, principe vital, contractilité, irritabilité, irritation ? Comment supposer l'action de ces êtres métaphysiques sur la matière cérébrale ou sur les molécules qui la composent ? comment expliquer la disparition de ces prétendues forces, de ces propriétés imaginaires, lorsque le sang, chargé d'oxygène et de calorique, cesse son action sur le cerveau ? On voit que si les ontologistes peuvent nous adresser des questions auxquelles il nous serait impossible de donner une solution satisfaisante, nous pouvons, à notre tour, les enfermer dans le labyrinthe où ils cherchent à nous entraîner avec eux. Pour prouver que le simple mécanisme *d'organes grossiers* ne saurait dignement expliquer les phénomènes de l'intelligence, il faudrait, avant tout, avoir expliqué ce mécanisme, et dévoilé la structure compliquée d'un organe aussi important que l'encéphale.

Les physiologistes qui admettent une force et des propriétés occultes agissant sur la substance cérébrale, suivent les mêmes principes que les physiciens, qui reconnaissent une force d'attraction et de répulsion agissant, sans l'intermédiaire des fluides électriques, sur les molécules et sur les masses de la matière. Que signifie cette lutte prétendue entre la force individuelle et la force universelle, inventées par M. le baron Massias, pour expliquer les phénomènes de l'ordre physiologique et de l'ordre physique? Qui ne voit dans l'intervention même de ces entités l'impossibilité la plus absolue d'expliquer la production de ces phénomènes? Il faut bien l'avouer, nous ne connaissons point la cause physique de l'attraction des fluides électriques hétérogènes, ni celle de la répulsion des fluides homogènes, ou dont le nom est semblable; mais est-ce un motif pour admettre des forces surnaturelles et de nouvelles entités? Qui peut soutenir que la spontanéité de la matière cérébrale n'est pas due à l'action inconnue des mêmes fluides, puisque aussitôt qu'ils cessent leur action dans l'organisme, ce phénomène incompréhensible cesse de se développer, et les fonctions du système sensible sont à l'instant suspendues? Puisque toutes les lois physiques et organiques ne sont pas encore connues, pourquoi donc inventer des forces et des propriétés qui n'expliquent rien, et qui tendent à prolonger notre ignorance sur les véritables causes des phénomènes de l'organisme vivant? Il est aussi très-évident que les vitalistes, comme les animistes, ne sauraient remonter aux véritables causes des phénomènes intellectuels et moraux, car leur doctrine repose tout entière sur une supposition gratuite, celle des propriétés vitales.

Mais si les causes premières, physiques ou psychologiques, des facultés intellectuelles et des qualités morales ne sont point connues, nous pouvons au moins apprécier les conditions physiques sans lesquelles elles ne peuvent se développer; et, dans cet examen, il sera encore facile de prouver que les causes immédiates de ces facultés résultent de l'action des diverses portions de la masse encéphalique déterminée par les fluides excitateurs qui se dégagent dans la combinaison de l'oxygène avec les élémens qui composent cette substance. Puisque déjà l'observation et les expériences ont démontré que les diverses portions de l'encéphale agissent soit d'une manière isolée ou simultanée, et que cette action est due entièrement à des agens physiques, il est donc impossible de ne pas conclure, vu l'organisation et la composition de cet appareil, que ses fonctions ne soient dues à des actions électro-chimiques qui s'opèrent entre les molécules microscopiques ou intégrantes de la substance nerveuse.

Les faisceaux nerveux qui composent l'encéphale, et qui sont formés eux-mêmes de fibres et filamens d'une excessive ténuité, ne paraissent

pas agir d'une autre manière dans la production
de l'idée, du souvenir, des images, des déterminations de la volonté, dans la comparaison, le raisonnement même, bien que le comment de cette
action nous soit encore inconnu. La variété des
parties organiques et des actions qu'elles éprouvent peut seule expliquer la variété infinie des facultés morale et des déterminations instinctives.
Il importe peu, nous dira-t-on, que l'on attribue
la manifestation de ces facultés, ou de ces divers
phénomènes, à une entité quelconque, à l'irritabilité,
à l'excitabilité, aux nuances de l'irritation, ou à
une action électro-moléculaire, si le comment de
cette action reste inconnu. Il n'est point indifférent,
selon nous, de suivre dans ce cas les conséquences
des vraies ou des fausses doctrines. En suivant les
premières, on pourra arriver un jour à la vérité;
adopter les principes des dernières, c'est rester
dans le cercle vicieux de l'erreur et s'opposer évidemment aux progrès de la science.

On demandera sans doute si l'intelligence, la volonté, le désir et la passion sont dans la nature de la
matière, si une substance organique peut être douée
de la faculté de penser. Nous demanderons à notre
tour comment l'on conçoit qu'une force, qu'un
principe, puissent, par eux-mêmes, penser, ou avoir
de l'intelligence, éprouver des passions, et comment enfin ils peuvent agir sur la matière nerveuse
sans devenir aussitôt des agens physiques? Nous
demanderons pourquoi les fonctions de cette force

intelligente diminuent, augmentent ou cessent entièrement suivant le degré d'excitation ou d'action de la substance cérébrale, ou enfin suivant l'intensité des actions et des combinaisons chimiques ; pourquoi enfin, la pensée, la mémoire, la volonté même, sont entièrement subordonnées au mode d'action de la substance cérébrale, puisque, si cette action est augmentée, diminuée ou abolie, soit d'une manière partielle ou générale, les facultés qui n'en sont qu'un résultat, en suivent invariablement les anomalies.

Il suffit d'étudier les fonctions du cerveau lorsqu'il est sous l'influence de l'irritation, des agens thérapeutiques et hygiéniques qui tendent à les déranger, pour se convaincre que l'action du principe inconnu, dont nous admettons un instant l'existence, est sous la dépendance immédiate des combinaisons et des actions électro-chimiques qui s'opèrent dans l'encéphale. Les aberrations de l'intelligence, qui sont déterminées par l'irritation du cerveau et de ses membranes, dans l'apoplexie, dans la manie et dans les autres affections de la substance cérébrale, sont évidemment le résultat d'une lésion matérielle qui ne peut être rapportée qu'à un mode particulier d'actions et de combinaisons chimiques ; car nous prouverons que l'irritation n'est elle-même qu'une action de cette nature.

Dans l'ivresse et dans le narcotisme, les agens qui déterminent la cessation ou seulement la diminution et l'aberration des facultés intellectuelles et des actions instinctives, agissent nécessairement de la même manière sur la substance nerveuse. Lorsque leur action a cessé, le mécanisme de l'organe de la pensée s'exécute comme dans l'état normal, et on dit alors que le principe intelligent et moteur dont l'action était empêchée, commence de nouveau à régir celles de l'encéphale. Cette manière de raisonner est très-vicieuse, car il est certain que les substances narcotiques ou irritantes, agissent immédiatement sur la substance nerveuse, et par conséquent sur les diverses parties de l'encéphale dont elles altèrent ainsi les fonctions. Nous ne pouvons donc point admettre toutes les suppositions des métaphysiciens en physiologie, nous devons nécessairement nous borner à observer l'effet immédiat des causes physiques ou chimiques sur les molécules et sur les sens nerveux intra-céphaliques. D'après ces faits, on ne peut plus se refuser à admettre que les actions électro-chimiques dont ces parties sont nécessairement douées, ne soient les causes immédiates des facultés intellectuelles et des qualités morales, bien qu'il nous soit impossible d'expliquer, au moyen des lois physiques, comme par le secours d'aucune force, d'aucune propriété occulte, la spontanéité de la matière, ou la cause première de la volonté, soit chez l'homme, soit chez les plus vils animaux.

Les sensations externes ou les mouvemens électro-moléculaires déterminés par les agens extérieurs dans les organes des sens, dans les nerfs conducteurs de ces mouvemens et dans le cerveau qui les reçoit, les sensations sont évidemment les causes excitatrices des phénomènes moraux et intellectuels; on peut en dire autant des sensations internes; elles ne peuvent être déterminées que par des actions moléculaires éprouvées par quelques viscères, et par des courans électriques qui viennent exciter les actions des diverses parties de l'encéphale. Nous pouvons donc acquérir des connaissances positives sur la cause immédiate des sensations : d'un côté, nous avons démontré que les organes des sens n'agissent que d'une manière physico-chimique, ainsi que les nerfs qui s'y rendent; d'un autre côté, il nous sera facile de démontrer que les viscères et les nerfs destinés aux fonctions assimilatrices ne peuvent agir d'une autre manière. Or, si les sensations sont excitées par des actions physico-chimiques, si, d'une autre part, elles déterminent des sensations semblables dans les viscères, on doit nécessairement en conclure que les sensations et les actions cérébrales qui en dépendent, telles que les idées, les souvenirs, l'imagination, le raisonnement et la volonté elle-même, ne sont qu'un résultat d'actions physiques ou de mouvemens électro-moléculaires excités primitivement par le spectacle de la nature, par l'action des sens externes et internes.

Il est en effet probable qu'un organe qui ne peut entrer en fonction que par l'action des causes physiques, et par l'action chimique des appareils sen-

soriaux ou des viscères, qui excite dans ces derniers, après en avoir reçu l'influence, des actions
de même nature, il est probable, nous pourrions
même dire il est certain que cet organe doit éprouver des mouvemens analogues, mais dont la rapidité
et le mécanisme ne peuvent être sans doute qu'im-
parfaitement comparés aux fonctions d'un instrument de physique. Si le cerveau agit d'une manière
chimique sur les muscles dans l'exercice de la volonté,
comme semble le penser M. le baron Cuvier, s'il agit
de la même manière sur les viscères, on est donc forcé
d'admettre que les phénomènes spéciaux qu'il détermine dans ses fonctions, doivent être rapportés à
une cause physique, à une action électro-chimique
du cerveau et des nerfs conducteurs de l'agent excitateur du mouvement. On devra nécessairement
admettre cette doctrine, si l'on remarque l'enchaînement des actions cérébrales et organiques, et la
dépendance réciproque de tous les phénomènes
qu'elles déterminent.

Les effets primitifs des sensations vives, comme la
douleur de tête, la congestion du cerveau, le délire
et leurs effets secondaires ou sympathiques, tels que
les pleurs, les nausées, les vomissemens, les mouvemens accélérés du cœur, l'érection, indiquent
encore que l'organe de la pensée agit alors d'une manière chimique sur les appareils organiques, et que
son propre tissu éprouve une action analogue. On
peut donc penser que dans l'attention, la comparaison, la mémoire, l'imagination, etc. qui suc-

cèdent aux sensations, il s'opère dans le cerveau, des actions électro-moléculaires, dont le nombre, le siège et l'intensité, sont en rapport avec le nombre et la structure des sens cérébraux ou des faisceaux nerveux qui les constituent. L'intermittence des fonctions spéciales du cerveau, le sentiment de lassitude qu'éprouve cet organe après un exercice trop prolongé, les phénomènes d'irritation cérébrale, qui se manifestent pendant la veille après un travail intellectuel ou corporel opiniâtre, nous démontrent évidemment que les causes actives ou immédiates des facultés intellectuelles et des qualités morales ne consistent que dans des actions électro-chimiques déterminées par un agent excitateur, dont la quantité est tantôt en plus, et tantôt en moins dans l'encéphale.

Ces actions, il faut bien le répéter, ne sont appréciables que dans leurs effets locaux et généraux, et on ne peut les révoquer en doute ; mais quant à la manière spéciale dont elles s'opèrent, on ne saurait que l'indiquer, puisque l'observation ne peut nous en dévoiler le plus secret mécanisme. Notre objet est d'ailleurs de constater l'existence de ces actions, non de dire comment elles s'opèrent ici, non de donner des théories plus ou moins hypothétiques, qui nous éloigneraient trop, sans doute, des faits que nous avons constamment pris pour guide. Il est des problèmes absolument insolubles en physique générale, comme en physique spéciale ou en physiologie; dans ces sciences, on peut expliquer la génération d'une foule de phénomènes en les rattachant à l'action des causes physiques ou appréciables; mais il est enfin un terme où l'esprit de l'homme s'arrête, et des limites qu'il ne peut encore franchir. Nous devons donc nous borner, dans l'étude de sciences, à suivre cet enchaînement admirable de causes et d'effets, sans nous flatter de pouvoir toujours découvrir le mode d'action de ces causes, lorsqu'il est entièrement inaccessible à nos sens, et, par conséquent, à notre intelligence. Contentons-nous donc de dire, en ce moment, qu'il est des actions physiques qu'elle ne peut comprendre, et qui, pour cette raison, ne cessent pas d'être déterminées par des causes physiques.

Les sensations vives, comme une nouvelle inattendue, un spectacle agréable, la vue d'un précipice dans lequel on est près de tomber, déterminent une série de phénomènes intra et extra-cérébraux dignes d'attention. Dans le cerveau, elles font naître des souvenirs, développent la joie, la colère ou la crainte, et par conséquent elles déterminent les actions des sens internes ou cérébraux, d'où naissent la comparaison, le jugement, la volonté et les passions; les effets des sensations s'observent simultanément dans les organes avec lesquels le cerveau a des relations intimes. Les pleurs, la sécrétion abondante de l'urine, les déjections alvines, les sueurs, la suppression des menstrues, et d'autres évacuations habituelles, sont également le résultat des sensations vives. Or, s'il est prouvé que les derniers phénomènes soient dus à des actions électro-chimiques, ce que nous espérons avoir démontré dans cet ouvrage, ne doit-on pas admettre que les actions cérébrales sont dues à des causes semblables? L'irritation, qui est la suite des commotions morales, se développe souvent, soit dans les organes de la vie assimilatrice, soit dans le cerveau; les phénomènes qui s'ensuivent viennent encore démontrer que les sensations vives excitent des mouvemens moléculaires dans l'encéphale comme dans tous les viscères, puisqu'il en résulte fort souvent des combinaisons chimiques anormales dans ces différens organes.

Les sensations spontanées, ou les souvenirs, produisent des effets à peu près semblables, quoique moins intenses, soit dans le cerveau, soit dans d'autres organes; elles développent les passions et cette série d'actions cérébrales d'où naissent les phénomènes intellectuels et les déterminations instinctives. Un souvenir agréable fait verser des larmes, provoque la joie, la crainte, la colère, la haine ou l'amour; il excite une action sympathique dans les organes respiratoires, circulatoires, gastriques et génitaux. La pâleur ou la rougeur de la face sont encore des signes qui prouvent l'action physico-chimique du cerveau sur d'autres organes pendant l'exercice des fonctions spéciales dont il est chargé.

Quoiqu'il y ait dans l'encéphale deux sortes d'organes des sens, les uns destinés au développement des facultés de l'intelligence, et les autres à celui des actions instinctives, leurs rapports anatomiques et physiologiques sont si intimes, que les uns ne peuvent agir sans que les autres éprouvent immédiatement l'influence de cette action. Ainsi, les sensations et les fonctions intellectuelles sollicitent celles qui mettent en jeu les passions *et vice versâ*. Les médecins qui s'occupent de recherches sur les causes de l'aliénation mentale savent qu'elle se développe presque toujours sous l'influence des grandes passions, et que l'on trouve le plus souvent dans les cadavres des individus qui succombent à la suite de cette affection, des lésions anatomiques évidentes. Nous avons vu quelquefois débuter la manie, sans qu'elle eût été précédée de l'action d'aucune cause morale ; elle était alors le résultat immédiat d'une irritation des méninges ou d'une congestion sanguine de la portion de l'encéphale qui est la cause organique des phénomènes intellectuels. Cette affection accidentelle ou périodique, cédait comme les autres nuances de l'arachnitis ou de l'encéphalite aux émissions sanguines, locales et générales et enfin aux antiphlogistiques. Ces faits prouvent que les lésions des fonctions de l'encéphale sont l'effet immédiat de l'altération des actions électro-moléculaires, comme les lésions des autres organes, qu'elles cèdent aux mêmes moyens, et enfin que ces altérations purement physiques s'opposent à l'exercice des facultés intellectuelles, au développement des qualités morales, comme à l'exercice des autres fonctions organiques.

Souvent même en excitant les actions chimiques dont ces fonctions sont le résultat, on modifie puissamment celles de l'encéphale. Nous avons parfois administré l'huile de *croton tiglium* (1) dans la manie, non compliquée d'irritation gastrique, après et même avant l'emploi des émissions sanguines, et les actions moléculaires que nous avons déterminées dans le tube digestif ont diminué l'activité, le désordre de celles qui avaient lieu dans le cerveau, et ont ainsi amené la guérison par l'effet d'une déplétion et d'une révulsion salutaires. Il est évident que l'action super-normale primitive ne diffère pas essentiellement de l'action communiquée.

La compression du cerveau, l'épanchement du sang dans les faisceaux fibreux de la matière blanche, l'irritation directe ou sympathique que cet organe éprouve, sont des lésions matérielles qui s'opposent à l'exécution plus ou moins facile des fonctions intellectuelles, et, par conséquent, au mécanisme compliqué de l'organe de la pensée. On peut donc étudier l'influence de ces diverses lésions, et, s'assurer qu'elles déterminent des désordres correspondans dans l'exercice des actions cérébrales, et, par conséquent, dans la manifestation des facultés intellectuelles. Ces preuves suffisent pour montrer que ces facultés sont subordonnées à des actions molécu-

---

(1) Chez les malades indociles on peut administrer ce médicament très-actif dans du thé, du bouillon, de l'eau rougie, etc.

laires intra-céphaliques, mises en jeu par des courans électriques. Ces vérités sont déjà dévoilées par des faits nombreux; elles seront encore démontrées par la théorie du sommeil, et par les phénomènes qui résultent des sympathies de l'encéphale avec les autres organes.

THÉORIE DU SOMMEIL.

Rien ne prouve mieux la pluralité des organes cérébraux, ou la spécialité d'action des sens internes, que les phénomènes qui s'observent souvent dans le sommeil. Cette action spéciale se manifeste pendant la veille, tantôt par l'exercice d'une faculté, ou plutôt d'un appareil nerveux quelconque, et tantôt par l'activité d'un autre appareil, d'où s'ensuit la manifestation d'un ordre différent de phénomènes. Dans les fonctions variées qu'il remplit, l'encéphale est assujetti, comme les autres organes de la vie animale, à l'intermittence d'action. Il est nécessaire qu'il répare ce qu'il perd par le mouvement, de là l'action alternative des diverses parties qui le composent, et le besoin impérieux du sommeil.

Dans l'exercice de ses fonctions, l'encéphale offre des phénomènes que présentent les autres organes dans le même état et qui indiquent l'activité des actions moléculaires. Dans la méditation, pendant qu'on se livre à l'étude sur un sujet difficile, la face rougit, les veines de la tête deviennent plus saillantes, les artères temporales battent par fois avec plus de force, la peau de cette partie devient plus chaude, le cerveau reçoit une plus grande quantité de sang que dans l'état ordinaire, et offre aussi une activité beaucoup plus grande. Si cet état continue, la tête devient le siège d'un sentiment d'embarras et de lassitude; elle est parfois pesante et douloureuse; une sorte d'incapacité intellectuelle, ou d'inaptitude au travail se font remarquer; enfin, une tendance invincible au repos et au sommeil est la suite inévitable de cet état de langueur ou d'inactivité de l'organe de la pensée.

Le spectacle de la nature, l'action du fluide solaire sur les yeux, celle des sons, des odeurs, des corps sapides, les sensations tactiles, et même la douleur, ne peuvent prolonger que de quelques instans, dans les cas ordinaires, l'exercice des fonctions spéciales de l'encéphale et s'opposer au sommeil. Cet état de repos, auquel paraissent assujettis tous les êtres vivans, se manifeste périodiquement, et survient le plus souvent pendant la nuit, à cette époque où le soleil quitte notre horizon, et cesse d'agir avec intensité sur ces êtres. Le réveil est déterminé, non-seulement par le retour du soleil, par les excitans extérieurs, par les sensations qu'ils déterminent, mais aussi d'une manière spontanée, par la cessation de cet état d'épuisement dans lequel le cerveau avait été jeté, par la continuité ou l'intensité de son action.

Le sommeil est en général proportionné, pour sa

durée et son intensité, à la durée de la veille, ou au temps pendant lequel le cerveau exécute les fonctions spéciales dont il est chargé. Après les travaux corporels violens et soutenus, qui ont épuisé le système nerveux, le sommeil est profond et prolongé; le besoin de réparer les forces épuisées se fait vivement sentir à celui que l'on cherche à éveiller dans cet état. Ce n'est que lorsque les pertes que le cerveau a éprouvées, et qui résultent nécessairement de toute action organique ou moléculaire prolongée, ont été réparées, que la cause de la sensibilité physique est en excès, et que l'appareil encéphalique offre une tension électrique suffisante, que se manifestent spontanément les actions cérébrales, que se développent, par conséquent, les facultés intellectuelles et les qualités morales qui sont le résultat immédiat de ces actions. La spontanéité de l'action cérébrale, qui succède au sommeil, paraît donc provenir de l'accumulation graduelle du fluide électrique dans l'encéphale. Le réveil est aussi déterminé par l'action des viscères et par celle du fluide solaire et des excitans externes sur les organes des sens. Les faits sans lesquels les physiologistes, comme les physiciens, ne peuvent donner que des théories trompeuses, les faits prouveront encore que celle que nous avons admise n'est point erronée.

Le sommeil s'empare des hommes qui respirent du gaz acide carbonique, ou qui tombent dans l'asphyxie par la privation de l'oxygène, de ce principe élémentaire qui développe l'électricité et le calorique intra-organiques ; le sommeil succède à l'abaissement de la température lorsqu'elle a enlevé une grande partie de ce dernier fluide, et qu'elle a amené un refroidissement considérable dans l'organisme. L'action spéciale du cerveau, comme celle des autres organes, n'est alors réveillée que par l'introduction d'une certaine quantité de calorique ou d'oxygène dans l'économie animale. Chez les animaux hybernans, la diminution de la température est aussi la cause du sommeil qu'ils éprouvent, et leur réveil est dû à l'action du calorique, à celle du fluide solaire qui le dégage à l'époque où ce dernier fluide a une action plus vive et plus directe sur notre hémisphère : cependant l'action continue du calorique, sous les zones tropicales, pourrait devenir une cause d'épuisement et de sommeil pour quelques animaux. Si l'oxygène ou l'élément résineux et le calorique déterminent, par leur action dans l'organisme, l'état de veille, si leur soustraction amène le sommeil, on doit nécessairement conclure de ces faits, que ces fluides sont les causes excitatrices des fonctions spéciales et générales de l'encéphale, et qu'ils sont même les causes de la spontanéité d'action de cet organe, et des autres appareils, au moment où le cerveau sort de l'état de repos. Chez l'enfant qui vient de naître, l'action de l'air sur le tissu cutané, l'inspiration d'une certaine quantité d'oxygène, sont les causes évidentes qui déterminent le réveil ou l'exercice des des fonctions spéciales et générales de l'encéphale.

Si la respiration reste long-temps suspendue, les mouvemens du cœur ne suffisent point pour exciter l'action du cerveau ; cette action ne devient évidente et durable, et enfin, le sommeil anormal ne cesse que lorsque la respiration est bien établie et que le sang oxygéné vient animer cet organe, ou plutôt exciter des actions et des combinaisons électro-chimiques.

On ne manquera pas, nous le sentons bien, de s'élever contre la doctrine que nous professons, et de nier l'existence des actions électro-moléculaires, comme causes immédiates des facultés intellectuelles et des déterminations instinctives, parce que l'on ne connaît que très-imparfaitement la structure compliquée et admirable du cerveau, et les lois que suivent ses actions spéciales. D'ailleurs, l'homme ne juge que par comparaison, et les instrumens de physique connus ne peuvent lui donner qu'une idée très-imparfaite du mécanisme merveilleux de l'encéphale. Il en est de même des lois chimiques et physiques que nous connaissons, nous ne pouvons nous élever jusqu'à celles qui régissent cet important organe, parce que les nuances et les transitions intermédiaires qui pourraient nous conduire à des connaissances aussi sublimes nous manquent, ce qui nous jette dans le doute et l'incertitude. Néanmoins, nous avons déjà prouvé que les objections les mieux fondées ne peuvent, en aucune manière, anéantir les résultats positifs de l'observation et les faits dont ils ne sont qu'une déduction rigoureuse. Les principes des sciences ne doivent plus être fondés sur des doutes et sur notre ignorance elle-même, mais sur des vérités ou des notions positives déduites de l'observation et de l'expérimentation.

Les rêves et le somnambulisme, qui offrent l'exemple frappant de la spécialité d'action des sens internes ou cérébraux et des sens externes, nous démontrent encore que ces diverses actions sont dues à des causes physico-chimiques, puisqu'une digestion laborieuse, un embarras dans la circulation, une irritation organique quelconque suffisent pour déterminer des rêves ou des souvenirs, d'où résultent souvent des comparaisons, des jugemens, l'exaltation de l'imagination, la manifestation de la volonté, et les actes qui en sont la conséquence. Nulle doctrine, si l'on en excepte celle que nous adoptons, ne peut expliquer ces sympathies, le sommeil incomplet et les phénomènes anormaux qu'il présente. En vain les ontologistes voudraient expliquer tous ces phénomènes au moyen de leurs forces, de leurs propriétés et de leur principe occulte. Il leur est absolument impossible de dire ce que deviennent ces entités pendant le sommeil, pourquoi elles n'agissent que sur une portion du cerveau, pendant les rêves et le somnambulisme, comment elles peuvent se réveiller et s'endormir alternativement, suivant la force physique ou la fatigue, suivant l'action plus ou moins intense de l'oxygène et du calorique. Les forces et les propriétés admises par les métaphysiciens et les vitalistes, peuvent-elles éprouver de semblables anomalies, et être ainsi sous la dépendance immédiate des agens physiques? On voit donc qu'il est impossible de ne pas admettre que les facultés intellectuelles et les qualités morales soient déterminées, d'une manière immédiate, par des actions physico-chimiques des parties qui composent l'encéphale, quel que puisse être d'ailleurs le mode ou le mécanisme de ces actions.

En effet, l'histoire de l'instinct nous a montré que les phénomènes qu'il nous offre sont déterminés par des causes organiques et des causes excitatrices. Le cerveau, dans l'exercice de ses fonctions, est nécessairement soumis aux lois que suivent les autres organes. Ce n'est aussi que lorsque ses parties constituantes sont mises en jeu par les agens externes, par le spectacle de la nature, ou d'une manière spontanée, que les phénomènes moraux et intellectuels peuvent se développer; ce n'est enfin que lorsque les parties organiques destinées à leur manifestation cessent d'agir, que les courans électriques, déterminés par l'action des organes des sens, et par celle des viscères sur ces mêmes parties, sont interrompus, que l'inactivité ou le repos dans lequel elles se trouvent amène le sommeil.

Si, comme nous l'avons déjà exposé, les organes des sens n'agissent que d'une manière physico-chimique sur l'encéphale, c'est-à dire en excitant des actions électro-moléculaires au moyen des courans électriques, si les sympathies qui lient cet organe aux viscères ne peuvent s'exercer qu'au moyen des mêmes actions et des mêmes courans, il devient impossible de ne pas admettre que l'état fonctionnel du cerveau soit dû à leur activité, et le sommeil à leur interruption. L'encéphale agit sans doute sur les autres appareils organiques pendant le sommeil, et les phénomènes de la circulation, de la digestion, des sécrétions, etc., le prouvent évidemment : c'est précisément ce qui démontre encore la pluralité des organes ou des parties dont il est composé, de même que la spécialité et l'indépendance de leur action. Les sens cérébraux, destinés aux fonctions animales ou de relation, peuvent donc cesser d'agir comme les sens externes ; les courans électriques, qui provoquent leurs sympathies, peuvent être interrompus pendant un temps plus ou moins long, tandis que les parties de l'encéphale, qui sont destinées à exciter les fonctions des viscères, sont dans une action continuelle nécessaire au maintien de la vie. Le sommeil périodique des animaux hybernans offre l'abolition des actions spéciales et une grande diminution dans l'action générale du système nerveux.

Le somnambulisme présente des phénomènes trop remarquables pour que nous ne cherchions pas à en découvrir les causes ; ils viennent encore démontrer la spécialité d'action des sens internes et des parties intégrantes de l'encéphale. Pendant l'action irrégulière ou isolée de ces parties, l'homme ressemble en quelque sorte aux animaux qui sont dirigés d'une manière automatique ; et plus cette action devient générale, et plus aussi il se rapproche des animaux d'un ordre supérieur. Ce n'est réellement que lorsque les sens internes ou cérébraux entrent simultanément en action, que le réveil est complet, que le sentiment intime du *moi* existe dans toute sa plénitude, et que les phénomènes de l'intelligence acquièrent un développement remarquable. On peut donc croire que le sentiment du *moi* et celui de la conscience sont, chez l'homme comme chez les animaux, en raison du nombre des organes cérébraux, de l'activité et de la simultanéité de leur action. L'ensemble des mouvemens cérébraux paraît donc constituer l'unité du *moi;* il existe rarement dans le sommeil incomplet ou le repos partiel de l'organe de la pensée.

Dans le sommeil imparfait, dans le cauchemar, dans les rêves déterminés par l'excitation des organes générateurs, il est encore facile d'observer l'action partielle ou incomplète de l'encéphale. Dans le premier cas, l'endormi a des idées, il compare, il juge, il raisonne même, il se détermine et il agit; il éprouve des désirs, de la joie, de la tristesse, de la crainte, de la colère, et enfin des passions plus ou moins énergiques. L'action cérébrale peut sans doute exciter celle des organes générateurs, mais à son tour l'action ou la tension électro-chimique de ces organes détermine des changemens analogues dans les molécules intégrantes du cervelet; de même les alimens accumulés dans l'estomac excitent une action sympathique dans le cerveau de l'endormi qui cher-

che, dans le premier cas, à embrasser l'objet imaginaire qu'il croit posséder, et, dans le second, à repousser l'ennemi qui l'oppresse et qui cherche à l'étouf-
fer. On ne peut nier que, dans ces circonstances,
différentes parties de l'encéphale ne soient excitées
sympathiquement par des organes éloignés, et que
celles qui déterminent des sensations voluptueuses
ne soient autres que celles qui produisent le sentiment de la crainte et de la strangulation. Ces sympathies, ou ces rapports intimes et réciproques des
organes des deux vies, nous font connaître la nature des changemens qui doivent alors s'opérer
dans les parties intégrantes de l'encéphale. Tous
les faits tendent à prouver que, pendant la veille
comme pendant le sommeil, les organes de la vie
nutritive et ceux de la génération n'agissent sur le
système nerveux qu'en y excitant des actions moléculaires ; car, dans les mêmes circonstances,
ce mode d'action est celui que cet appareil exerce
sur ces mêmes organes. Nous verrons bientôt que
lorsque ces actions électro-chimiques augmentent
ou diminuent dans le premier, elles éprouvent les
mêmes changemens dans les derniers, *et vice versâ*.
Le sommeil va encore nous offrir une preuve de la
constance de cette loi.

M. Broussais a remarqué (1) que les principaux
phénomènes qui caractérisent l'état de vie sont con-

---

(1) Traité de physiologie appliquée à la pathologie, t. 1,
p. 241 et suivantes.

sidérablement diminués pendant le sommeil; il admet, contre l'opinion généralement reçue, que le pouls n'est pas plus ample que pendant la veille, que la température de la peau n'est pas augmentée, et même que l'endormi se refroidit alors plus facilement, surtout lorsqu'il n'est pas bien couvert, que pendant l'activité du cerveau; et enfin que la circulation, la digestion, s'opèrent aussi avec plus de lenteur pendant l'état de repos de cet organe. Nous avons fait les mêmes remarques que le célèbre professeur du Val-de-Grâce, et nous pouvons ajouter que la face est généralement plus pâle pendant le sommeil, que pendant la veille; que c'est dans le premier état surtout que le froid atteint avec plus de facilité les membres et détermine plus souvent les douleurs rhumatismales et la congélation.

Le refroidissement du corps pendant le sommeil, la chaleur développée par l'exercice du cerveau, soit pendant la méditation chez certains individus, pour lesquels le travail intellectuel est difficile, soit dans l'exaltation des passions, et enfin la diminution, l'augmentation correspondantes des actions électro-moléculaires qui s'opèrent dans les organes de la vie de nutrition, tous ces phénomènes viennent encore nous démontrer que l'encéphale éprouve des actions analogues, et que leurs anomalies doivent nécessairement le faire ressentir dans les autres appareils organiques.

Le sommeil normal est donc dû à la diminution des actions électro-moléculaires des sens internes ou cérébraux, et même à la cessation complète de ces actions par l'épuisement de la cause excitatrice, et par l'interruption des courans électriques qui déterminent les sympathies très-intimes qui unissent les sens cérébraux aux sens externes. Le sommeil anormal est provoqué au contraire par l'accumulation du sang dans cette partie du cerveau qui est chargée de déterminer les phénomènes intellectuels et moraux, et par la diminution des actions qui résultent de la présence d'une trop grande quantité de ce liquide dans la substance nerveuse.

Dans la première partie de cet ouvrage, nous avons dit que l'affaiblissement des fonctions pouvait dépendre de l'épuisement de la cause excitatrice, ou de l'action trop intense des fluides excitateurs internes ou externes; c'est dans cette dernière circonstance que le sommeil peut être attribué à la dysergie ou à la compression des fibrilles nerveuses qui sont le siège des courans électriques et des actions moléculaires intra-céphaliques. Telle est sans doute la manière d'agir de l'alcool, de l'opium et des autres substances narcotiques, qui paraissent amener le sommeil en déterminant une congestion sanguine au cerveau (1); c'est sans doute ainsi

____

(1) Cependant l'alcool, qui augmente d'abord les forces et qui les détruit ensuite, ne paraît agir ainsi que par la combinaison du principe vitré qu'il contient avec l'élément résineux qui circule dans le système artériel et dans l'appareil nerveux.

qu'il est provoqué dans l'apoplexie, le coma, la catalepsie, la léthargie, dans les fièvres dites ataxiques et enfin dans une foule de nuances de l'irritation cérébrale. Dans la manie, au contraire, l'irritation nerveuse prédomine, et les individus, qui en sont atteints, peuvent rester fort long-temps sans dormir. Alors l'innervation est visiblement augmentée, et peut produire la quantité d'électricité et de calorique qui sont indispensables à l'exercice des fonctions organiques et à l'activité insolite du système nerveux. L'intensité plus considérable des actions électro-chimiques dont il est le siège peut expliquer la mobilité, le désordre et la variété des phénomènes que nous offrent les individus atteints d'aliénation mentale : si dans beaucoup de circonstances le sommeil survient plus difficilement dans cette affection que dans l'état normal, on doit encore attribuer cette anomalie à l'influence de l'irritation, et par conséquent à des causes physico-chimiques.

On pourrait sans doute considérer de cette manière l'influence de ces causes, dans la production du sommeil, suivant les âges, les tempéramens, les dispositions morbides de l'encéphale, et on verrait pourquoi les tempéramens sanguins, les sujets disposés à l'apoplexie, ont une tendance souvent invincible au sommeil, tandis que les sujets éminemment nerveux, ceux dont l'encéphale jouit d'une sensibilité exquise et d'une action énergique, ont un sommeil peu profond et de courte durée ; mais les considérations dans lesquelles nous sommes entré suffisent pour démontrer l'influence des causes physiques et chimiques dans l'exercice de l'organe sensitif et moteur, et par conséquent, dans la manifestation de l'état alternatif de repos et d'activité que nous offre la portion de cet organe qui est destinée à la manifestation des phénomènes de l'intelligence et de l'instinct. Il suffit de remarquer que, chez les animaux hybernans, d'après les recherches de M. Mangili et de quelques autres observateurs, le volume proportionnel des artères carotides et vertébrales est inférieur à celui des artères des autres animaux, pour être porté à croire que le sommeil périodique et prolongé des premiers peut aussi tenir à cette disposition organique, à l'influence moins active du fluide artériel ou excitateur sur le cerveau de ces animaux.

La théorie du sommeil, telle que nous l'avons exposée, est la seule qui puisse expliquer cet état alternatif d'action et de repos de l'encéphale, les rêves et le somnambulisme ou le sommeil imparfait ; celui qui succède périodiquement aux actions spéciales de l'encéphale, et à l'épuisement temporaire qui en est le résultat, comme celui qui est la suite des congestions sanguines déterminées par des irritations encéphaliques et par l'effet de quelques agens thérapeutiques. On conçoit encore, au moyen de cette théorie, l'état de repos dans lequel se trouvent alors les organes des sens externes et l'appareil locomoteur. Le réveil succède à la tension électrique des organes cérébraux, qui est le résultat de l'accumulation du fluide excitateur nécessaire aux actions de la vie animale; il survient aussi lorsque les causes physiques agissent sur les organes des sens, sur les viscères, et déterminent des courans électriques qui excitent le mécanisme compliqué de l'organe de l'intelligence. Enfin, au moyen de cette théorie, on peut encore concevoir pourquoi le sommeil est plus profond après des travaux corporels qui ont amené une perte considérable de principes excitateurs, qu'après des travaux intellectuels prolongés; pourquoi le sommeil survient dans l'asphyxie, pendant l'action du froid, et enfin pour quelle raison les phénomènes de l'intelligence et de l'instinct disparaissent alors et sont subordonnés dans l'état de veille à l'action des causes physico-chimiques qui agissent sur le cerveau. Le vitalisme, ou la science des causes occultes, n'explique aucun de ces phénomènes; il nous laisse dans la plus profonde ignorance sur les causes organiques du sommeil et des phénomènes qu'il présente lorsqu'il est imparfait. Cependant ceux qui professent cette vaine science croient expliquer le mécanisme compliqué de l'organe de la pensée au moyen des abstractions qu'ils ont transformées en agens physiques. N'est-ce pas avouer son ignorance que d'adopter de semblables théories?

Avant de terminer ce qui est relatif aux fonctions spéciales de l'encéphale, nous devons encore remarquer qu'au moment du réveil, lorsqu'il a lieu en sursaut, on éprouve parfois un mouvement général dans les viscères, et dans l'appareil locomoteur, assez semblable à celui que déterminent les courans électriques. Cette commotion soudaine a provoqué parfois le mouvement instantané des membres paralysés, sur lesquels le cerveau, dans l'acte de la volonté, n'avait aucune influence. Le premier phénomène doit sans doute être rapporté au mouvement général du fluide excitateur que le cerveau transmet aux viscères au moment du réveil ; mais le second ne peut être attribué qu'à l'action des viscères sur les nerfs des membres affectés par l'intermédiaire du prolongement rachidien. C'est ainsi que les mêmes mouvemens sont produits chez le fœtus et l'endormi.

Nous eussions sans doute pu rattacher les phénomènes du sommeil artificiel, déterminé par le magnétisme animal, aux causes physiques dont nous venons d'étudier l'action sur l'encéphale ; mais nous n'avons pas cru qu'il fût convenable de soulever des questions, qui méritent sans doute de fixer l'attention des observateurs, mais qui ne peuvent être résolues en ce moment. Il est facile de prévoir qu'on ne pourra expliquer les phénomènes du somnambulisme, qu'au moyen des notions que nous venons d'offrir, des anomalies des actions cérébrales, et notamment de la soustraction, de l'accumulation ou de la déviation des fluides excitateurs dans les diverses parties du système nerveux.

ACTION GÉNÉRALE DE L'ENCÉPHALE ET DE L'APPAREIL
NERVEUX.

Depuis long-temps, beaucoup de physiologistes
ont pensé que le système nerveux contient un
fluide de la nature de l'électricité, et qu'il joue dans
l'économie le rôle d'appareil électromoteur; mais
à côté de cette opinion vague, qui n'a point été démontrée par des faits coordonnés et généralisés, on
trouvait les erreurs de l'ontologie et du vitalisme,
les forces et les propriétés occultes qu'on avait
consacrées. Notre but est d'éviter ces erreurs, et
de montrer la véritable influence du système
nerveux sur tous les appareils organiques, dans
l'exercice de leurs fonctions. Mais avant tout, prouvons que l'opinion des physiologistes modernes,
relative aux fonctions électro - chimiques de cet
appareil, n'était avant nous qu'une hypothèse
inadmissible, et qu'il n'existait aucuns principes
fixes qui pussent diriger les physiologistes dans l'é-
tude des fonctions.

Nous allons rapporter, pour prouver cette assertion, les réflexions que M. Buchez a insérées, à ce
sujet, dans un mémoire intéressant sur la coordination positive des phénomènes qui ont leur siège
dans le système nerveux (1); nous aurons ainsi

______

(1) Journal des progrès et des institutions médicales, t. IX,
1828, pages 178 et 179.

occasion de répondre aux objections qu'il propose. « La doctrine du fluide nerveux, dit ce
médecin, exige des objections déduites plus directement de l'état actuel des sciences : ici, nous ferons observer : 1° que le fluide électrique n'a lui-
même qu'une existence hypothétique; *qu'il a été
imaginé*, non pour expliquer, mais pour coordonner un certain ordre de phénomènes dont il sert à
nous rendre compte; que l'idée de ce fluide a été
déduite des faits physiques et après eux; que ces
faits n'ont pas été déduits de lui; qu'il est possible
que la théorie actuelle de l'électricité éprouve de
grandes modifications en vertu de nouveaux faits
découverts; qu'il paraît probable, *dans l'avenir de
la science*, qu'une théorie analogue à la doctrine
électrique que nous possédons, sera le meilleur
moyen pour rendre compte des affinités et des répulsions des corps à petites distances; alors, il deviendrait la base de ce qu'on appelle *chimie vivante*,
et son rôle ne se bornerait pas à être l'agent des
faits d'innervation , etc. , etc. 2° L'anatomie et la
physiologie elles-mêmes, fourniraient d'autres objections non moins puissantes. Il est de fait que la
tendance actuelle de ces deux branches de la science
est de montrer, dans les diverses portions du système nerveux, autant d'aptitudes d'organisations
diverses, que nous avons non-seulement de facultés,
mais encore de sensations et d'actions. Elles font
voir que les propriétés des nerfs des sens, sont indépendantes des appareils; que toutes les fois qu'une

partie reçoit plusieurs nerfs d'origine différente, elle est douée d'autant de fonctions diverses qu'elle reçoit de rameaux hétérogènes. Or, dans la méthode de raisonnement adoptée par les partisans mêmes de l'électricité, cette diversité indépendante des appareils, ne permet point d'admettre un agent identique, tel que le galvanisme, etc. 5° Enfin, l'adoption des fluides impondérables, comme moyen d'explication des phénomènes nerveux, ne dispense nullement de l'usage des théories idéologiques, que nous avons critiquées plus haut, car elles ne s'appliquent pas aux faits que celles-ci ont en vue. Ainsi, outre que ce système n'est point directement déduit de l'observation du sujet auquel il s'applique, outre qu'il n'est aujourd'hui autre chose, que l'essai d'une doctrine physique dans l'explication de la vie, *ce système*, disons-nous, *est encore incomplet, et n'embrasse que la plus petite partie des faits*; il y a donc des raisons suffisantes pour l'abandonner. »

Telle a été en effet, jusqu'à ce jour, la théorie de l'électricité intra-organique, et telles sont les objections fondées qu'on a dû présenter contre ce système incomplet. Il est sans doute inutile de répondre à la première objection, car nous avons suffisamment prouvé l'existence du fluide électrique, soit *à priori* par les impressions qu'il détermine sur tous les organes des sens, soit par des faits décisifs et des expériences concluantes. Un agent qui, dans son mouvement rapide, écarte les molécules et les masses de la matière (1) pour remplir l'espace qu'elles laissent entre elles, qui tue les animaux et amène la désorganisation, ne nous paraît pas être un être imaginaire; nous pensons même qu'il est tout aussi impossible de révoquer en doute l'existence des fluides impondérés que celle de la matière pondérable. D'un autre côté, nous avons suffisamment établi en principe que ces fluides agissent dans l'appareil nerveux d'une manière électro-chimique; on pourrait donc induire de ce fait que chaque nerf a une action dépendante de son organisation, de sa composition et de la quantité de fluide électrique qu'il contient, indépendamment des rapports de ses deux extrémités, et de la spécialité de fonction qui doit en être le résultat. Bichat a remarqué que la substance médullaire est très-différente dans le cerveau, dans la protubérance,

---

(1) Vers l'époque où nous apprîmes que quelques physiciens allemands niaient l'existence du fluide électrique, nous nous transportâmes dans un parc voisin de notre habitation, afin d'y voir un chêne énorme que la foudre venait d'abattre. Son tronc se trouvait, pour ainsi dire, réduit en lattes et en allumettes depuis sa partie supérieure jusqu'aux racines; on apercevait facilement les passages des effluves électriques; les débris de ce végétal se trouvaient à une distance considérable du tronc principal. Quelle est la cause matérielle de ce phénomène terrible? Quel est l'agent qui a sillonné et mutilé de toute part un corps aussi dur, et qui a détruit la cohésion de ses molécules?... Il est facile de répondre à de semblables questions.

dans ses prolongemens et dans la moelle épinière; il fait la même remarque relativement à la substance dont chaque nerf est composé. Ces différences de couleur, de consistance, indiquent non-seulement des différences d'organisation, mais aussi des dif-férences de composition. Les actions électro-chimiques des diverses parties du cerveau, de ses prolongemens et de la moelle épinière doivent différer nécessairement suivant la portion nerveuse qui est mise en action. C'est surtout aux fonctions spéciales de ces parties que l'on doit la spécialité d'action de chaque nerf. MM. Magendie et Desmoulins, qui ont adopté cette dernière opinion, ont remarqué que les nerfs des sens aboutissent à des lobes spéciaux, que la moitié dorsale de la moelle épinière à laquelle répondent les racines excitatrices de la sensibilité, a d'autres propriétés que la moelle abdominale. La dernière objection perdra sans doute de sa force si l'on considère les fonctions du cerveau comme le ré-sultat de mouvemens électro-chimiques infiniment variés et déterminés par des mouvemens analogues dans les organes des sens et dans les viscères; mais on devra encore préférer cette théorie à celle qui ne repose que sur des abstractions, parce que la première est fondée sur la coordination des faits et qu'elle peut conduire un jour à des notions plus étendues. Les ob-jections de M. Buchez étaient donc fondées, et l'on doit reconnaître avec lui que le système incomplet des physico-vitalistes n'embrasse que la plus petite partie des faits dont se compose la physiologie.

L'épuisement qui succède à des évacuations excessives, à des travaux corporels soutenus, à un coït trop souvent répété, à la déplétion du système sanguin, etc., annoncent encore que l'appareil nerveux contient un fluide excitateur ou électrique, dont la quantité est tantôt en plus et tantôt en moins, soit dans toutes les parties qui le composent, soit dans chacune d'elles en particulier. On peut donc concevoir la diversité des phénomènes de l'innervation en admettant que, dans chaque partie du système sentitif, l'oxygène détermine des combinaisons qui diffèrent suivant la nature du névrilème et du tissu nerveux. Le rapport remarquable qui existe entre l'action de cet agent et l'intensité des actions, des combinaisons moléculaires et des phénomènes vitaux, l'influence du calorique animal sur les fonctions organiques nous donnent des preuves irrécusables, et en quelque sorte matérielles, de l'action physico-chimique du système nerveux sur tous les organes. L'exposition des fonctions qu'ils remplissent achèvera de démontrer cette importante vérité.

On doit reconnaître maintenant, comme tous les faits le démontrent, que les nerfs du sentiment, qui forment les conducteurs du galvanomètre organique, transmettent, des organes des sens et des viscères à l'encéphale, les courans concentriques déterminés par des actions chimiques, tandis que, par les courans excentriques, cet organe excite les autres appareils, et devient ainsi l'agent des actions et des combinaisons moléculaires, de l'endosmose et de l'exosmose, etc., etc. Les courans électriques généraux excitent des actions subordonnées, suivant les physiologistes modernes, à *la sensibilité* et à *la contractilité animales* ; les courans partiels déterminent les phénomènes attribués, par le célèbre Bichat, à *la sensibilité* et à *la contractilité organiques;* enfin, les actions thermo-électriques, qui ont lieu entre les molécules intégrantes des muscles, donnent lieu à des mouvemens alternatifs d'attraction ou de répulsion, de contraction et de relâchement que l'on a rapportés à *la motilité*, à *la tonicité* et à *l'irritabilité*. Il est certain que, puisque tous ces phénomènes se succèdent et s'enchaînent, pour ainsi dire, ils augmentent, ils diminuent ou disparaissent, suivant que les fonctions respiratoire et nerveuse sont en pleine activité, qu'elles diminuent ou qu'elles sont abolies; il est donc certain que tous les phénomènes que l'on a rapportés aux entités du vitalisme doivent être exclusivement attribués à l'action électrique du système nerveux sur tous les appareils organiques, et par conséquent sur les molécules intégrantes qui les composent.

En adoptant ces principes, on explique donc maintenant la succession, la dépendance mutuelle, et enfin l'enchaînement de tous les phénomènes vitaux ; on voit comment la sensibilité dite latente ou organique peut devenir sensibilité animale ou cérébrale, lorsque la stimulation locale est vive ;

que des courans généraux succèdent à des courans partiels et à des actions électro-chimiques locales. On voit enfin comment une impression sensoriale peut provoquer à la fois des actions cérébrales, musculaires et viscérales, attribuées aux entités, sensibilité et contractilité animales et organiques. Les phénomènes rapportés à ces causes occultes dépendent donc de l'action des agens physiques et chimiques sur la matière organique, différemment modifiée suivant les appareils; on ne peut donc concevoir maintenant leur production, leur succession et leurs anomalies qu'en adoptant les principes de la doctrine physico-chimique. L'histoire des sympathies, dont le système nerveux est l'intermédiaire, démontre que l'encéphale est soumis aux mêmes lois que les autres organes, soit dans l'état normal, soit dans l'état morbide. Pour s'assurer en effet que cette suite d'actions et de réactions dont il est le terme, s'opèrent par l'intermédiaire d'un agent physique, il est nécessaire d'examiner leur enchaînement dans l'orage des passions et dans les maladies violentes. Dans le premier cas, les actions et les combinaisons moléculaires qui s'opèrent dans les viscères acquièrent une activité insolite; les mouvemens précipités du cœur, la douleur et les contractions de l'estomac, les mouvemens péristaltiques ou antipéristaltiques du tube digestif, le dévoiement, les sueurs, etc., indiquent évidemment une action électro-chimique de l'encéphale et du système nerveux sur les autres appareils organiques. Dans les inflammations aiguës, dans les irritations chroniques des viscères, et surtout du tissu muqueux gastro-intestinal, les facultés intellectuelles sont souvent dérangées, les affections sympathiques finissent souvent par déterminer des lésions profondes de l'encéphale, et par conséquent des lésions durables dans les fonctions dont cet organe est le siège.

La douleur développe souvent une foule de sympathies, et augmente l'action de la plupart des appareils organiques en mettant en jeu celle de l'encéphale. « Un nerf étant affecté d'une manière quelconque, dit Bichat (1), une foule de phénomènes sympathiques naissent dans l'économie. C'est ainsi que dans le tic douloureux et dans les maladies analogues, où le tissu nerveux est spécialement affecté, tantôt la *sensibilité animale* est exaltée dans diverses parties éloignées, de là les douleurs que l'on éprouve souvent à la tête, dans les viscères intérieurs, douleurs qui cessent quand la cause qui les entretenait a disparu ; tantôt c'est la *contractilité animale*, de là les convulsions qui surviennent quelquefois dans les muscles différens de ceux qui reçoivent les branches du nerf affecté. Dans certains cas c'est la *contractilité*

---

(1) Anatomie générale, t. 1, p. 185 et 186.

organique sensible qui est excitée sympathiquement par ces affections nerveuses. Ainsi, dans les accès des douleurs névralgiques, souvent il y a des vomissemens spasmodiques, le cœur précipite son action, etc. On peut dans les expériences déterminer les mêmes phénomènes. Ainsi, en agissant sur les nerfs des membres inférieurs ou supérieurs, en les irritant d'une manière quelconque, après qu'ils ont été mis à nu, j'ai fréquemment occasionné des vomissemens, ou des convulsions dans les muscles absolument étrangers aux nerfs que j'irritais. »

Supposer l'action de l'irritation sur la sensibilité animale, de celle-ci sur la contractilité animale et sur l'organique, c'est évidemment faire agir des abstractions les unes sur les autres et tomber enfin, avec Bichat, dans les erreurs de l'ontologie. Il est donc impossible de remonter à la cause immédiate de toute action organique et de toute sympathie sans admettre l'action d'un fluide nerveux, d'un fluide produit par l'oxygène, d'un fluide sans lequel le calorique, dont l'appareil nerveux et les viscères sont pénétrés, ne saurait se développer, et sans lequel enfin les phénomènes de la vie cessent entièrement et sans retour.

En résumé, si l'on considère la composition chimique du cerveau et du système nerveux en général, si l'on calcule combien les animaux peuvent consommer chaque jour d'oxygène, combien ils dégagent de calorique; si l'on considère que l'intensité des actions cérébrales, des phénomènes intellectuels et moraux, qui en résultent, sont entièrement subordonnés à l'oxygénation du sang, et à l'action plus ou moins considérable de ce liquide sur la substance nerveuse ; si l'on envisage que les fonctions des organes de la vie de nutrition consistent dans des actions et des combinaisons moléculaires, dans une série de mouvemens électro-chimiques que l'on doit rapporter à l'absorption et à l'exhalation ou à l'endosmose et à l'exosmose ; si l'on considère enfin les sympathies intimes et réciproques de l'encéphale et des autres viscères, il ne pourra rester aucun doute alors sur le mode d'action des diverses portions de l'appareil nerveux, soit entre elles soit sur tous les organes.

Les phénomènes de l'innervation, de la digestion, de la respiration, de l'absorption, etc., sont dans une telle dépendance entre eux, qu'il est tout à fait impossible de les isoler pour les rattacher à des causes essentiellement différentes. La succession et l'enchaînement de ces phénomènes et de ces fonctions nous démontrent, avec une entière évidence, que l'on ne peut les attribuer qu'à des causes chimiques. Lorsque la doctrine positive, sera perfectionnée à la fois par les travaux des physiologistes, des chimistes, des physiciens, et des naturalistes, on aura des idées plus étendues et des théories plus précises sur le mécanisme des fonctions animales et organiques, et la physiologie pourra alors jeter de vives lumières sur les autres parties de la science de l'homme.

Dans l'examen des fonctions spéciales et générales de l'appareil nerveux, nous ne nous sommes point occupé de l'action du principe immatériel, ou de la cause médiate et inconnue à laquelle on attribue le développement des phénomènes intellectuels; car, nous devons le redire, le physiologiste ne doit considérer que les causes organiques, ou les conditions matérielles sans lesquelles ces phénomènes ne peuvent se développer. Nous devions nécessairement bannir toutes les causes occultes de la physiologie de l'encéphale et rester fidèle à la méthode positive, afin de faire connaître l'action physico-chimique de cet important organe sur les autres appareils, *et vice versâ.* Ces motifs puissans seront appréciés par les savans dont l'esprit juste et sévère embrasse l'universalité les sciences physiques, et qui rejettent du domaine de ces sciences tout ce qui n'est pas démontré par l'observation. Il est sans doute un autre ordre de vérités, que notre raison doit admettre; il est des dogmes consolateurs étrangers à la physiologie, que cette science ne peut consacrer, et qu'elle ne saurait non plus atteindre. On peut donc suivre maintenant les principes scientifiques sans élever des discussions interminables, qui sont nuisibles au progrès de la physiologie, et sans être exposé au grave reproche d'avoir attaqué des dogmes sur lesquels sont fondées la morale et la religion. Ceux dont les

travaux importans tendent sans cesse à améliorer
la condition humaine doivent admettre ces deux
puissans auxiliaires des lois, si nécessaires au bonheur des peuples et au repos des empires.

FONCTIONS DE LA MOELLE ÉPINIÈRE.

La moelle épinière ne diffère pas essentiellement,
sous le rapport de l'organisation, de celle de l'encéphale dont cette portion nerveuse semble n'être
que le prolongement. Elle est composée, chez
l'homme, de deux substances, l'une blanche qui
en forme la partie excentrique, l'autre grisâtre
qui occupe le centre de ce prolongement. Cette
dernière n'existe pas chez les poissons, ce qui tend
à prouver qu'elle n'est point indispensable à l'action
nerveuse, qu'elle n'est pas essentiellement le siège
des actions moléculaires, ou des courans électriques
destinés aux appareils des deux vies. On doit donc
restreindre l'opinion que Gall a émise sur la destination spéciale de cette substance; on doit admettre,
par conséquent, que les artères portent les matériaux
nutritifs à la substance blanche, soit d'une manière
immédiate, soit par l'intermédiaire de la première.

Les expériences tentées par MM. Desmoulins et
Magendie (1), et qui consistent à détruire, au
moyen d'un stylet introduit suivant l'axe de la

______

(1) L. C. P. 550, 551, 552.

moelle, la partie centrale de ce prolongement, indiquent encore que sa portion la plus excentrique est le siège d'une action électromotrice très-remarquable, puisque la destruction de la partie centrale n'a aucune influence appréciable sur cette action et sur les phénomènes qu'elle détermine. Nous exposerons d'abord les réflexions de ces physiologistes, et nous rapporterons textuellement les résultats de ces expériences, parce qu'elles sont d'une grande importance dans le sujet qui nous occupe.

«La volonté et l'excitation des mouvemens d'une part, et les sensations de l'autre, sont-elles transmises par tout le calibre de la moelle épinière, se demandent ces expérimentateurs habiles, ou bien ces transmissions se font-elles par les surfaces seulement? et alors l'une et l'autre transmission peuvent-elles se faire par toutes les lignes de la surface, ou bien un même côté serait-il affecté à une de ces transmissions, et l'autre côté à une autre, de sorte que les *forces* ainsi transmises fussent en quelque sorte polarisées?

» L'induction résout encore ce problème. A partir de la huitième paire inclusivement, les centaines de nerfs spinaux de la lamproie se terminent à l'enveloppe, partout distante du système cérébro-spinal d'environ la moitié de son épaisseur. Non-seulement la *force* du mouvement doit ici émaner de la surface le long de laquelle elle se transmet, mais encore la transmission au nerf s'en fait nécessairement *à distance*, et réciproquement pour la transmission de la *force* qui doit produire la sensibilité. Enfin, les différences physiques ou chimiques du système cérébro-spinal de ces animaux prouvent, sans réplique, que l'existence et la production des *forces nerveuses* sont indépendantes de la composition de l'organe *où elles résident.*

» Voici, à ce sujet, ce que prouve l'expérience :

» L'introduction d'un stylet tout le long de l'axe de la moelle n'altère notablement ni la sensibilité, ni les mouvemens de l'animal. Ce qui implique que toutes les parties détruites par le stylet et toutes les parties voisines tiraillées ou contuses par lui n'ont exercé que peu ou point d'influence sur les phénomènes persistans ; d'où suit que puisque ces parties n'agissent pas alors, il est très-probable qu'elles n'agissent pas non plus dans l'état ordinaire. Les transmissions ne se font donc pas par toutes les profondeurs du calibre de la moelle.

» En outre, la face inférieure de la moelle est beaucoup moins sensible aux piqûres et aux irritations que la face supérieure ; chaque genre de transmission ne se fait donc pas indifféremment par l'une et par l'autre face. L'une transmet mieux les sensations que l'autre.

» Enfin, *l'activité morale, l'exercice voluptueux du coït, le libre mouvement et la sensibilité des membres inférieurs*, persistaient malgré la destruction de toute la matière nerveuse, répondant à toute la moitié inférieure de la région cervicale et au commencement de la région dorsale de la moelle, intervalle où il ne subsistait plus sur la face antérieure qu'une lame mince, *à peine large de deux lignes*; de l'eau remplissait tout le tube formé par les membranes restées dans leur intégrité. Comme on ne dira pas sans doute qu'aucune transmission se faisait par l'eau; car alors pourquoi la moelle épinière n'est-elle pas ordinairement pleine d'eau? et comme l'expérience précitée, et en outre les faits que nous dirons plus tard, prouvent que la sensibilité ne se transmet que par la surface supérieure; il suit que, dans ce cas, *la transmission des mouvemens et celle des sensations se faisait à la surface correspondante des membranes restées dans leur intégrité.*

» L'expérience se divise d'une autre manière. *La section des cordons supérieurs seuls* paralyse la sensibilité en laissant le mouvement, et réciproquement pour la section des cordons inférieurs.» Il est facile de voir ici que l'action électromotrice ou les courans électriques sont transmis immédiatement des cordons de la moelle épinière aux nerfs correspondans *et vice versâ.*

Ces expériences, malgré tout l'intérêt qu'elles nous présentent, manquent cependant de quelques détails fort essentiels sur la durée et l'intensité de l'activité morale, sur la persistance de la sensibilité et du mouvement des membres inférieurs, et enfin sur les faits qui ont prouvé aux observateurs, dont nous venons d'emprunter le langage, qu'un animal ainsi mutilé, et dont on n'a désigné ni l'âge, ni la force, ni l'espèce, peut encore se livrer à l'exercice voluptueux du coït. Quoi qu'il en soit, la dernière expérience, les dispositions anatomiques que M. Desmoulins a observées sur plusieurs espèces de poissons, ne laissent aucun doute sur le mode d'action du système nerveux, sur le siége véritable des courans électriques, enfin sur l'influence réciproque du prolongement et des nerfs qui s'y implantent. Dans le cycloptère, le nerf optique (1) n'est que juxta-posé à la moelle, par l'intermédiaire du névrilème, et est sans continuité avec la matière médullaire ; de même ce nerf, à son extrémité oculaire, ne s'identifie point avec la rétine, mais il s'unit par une troncature nette, et sur laquelle, suivant l'expression du même observateur, se voient les extrémités de chaque filet. M. Desmoulins a fait des observations analogues sur le nerf acoustique (2), sur le pneumo-gastrique (3), et enfin sur les nerfs spinaux (4) des poissons osseux, excepté les gades ; il a encore reconnu la discontinuité de la matière contenue dans les nerfs et de la matière nerveuse dont la moelle est formée. La continuité, suivant cet observateur, n'existe qu'entre le névrilème et les enveloppes.

Ces faits anatomiques méritent de fixer toute l'attention des physiologistes ; car ils prouvent d'une manière positive que, chez les poissons, la

---

(1) L. C. P. 332.
(2) P. 421.
(3) P. 452 et 453.
(4) P. 488.

cause physique du mouvement et de la sensibilité, et enfin la cause de tous les phénomènes vitaux peuvent se communiquer, *à distance*, du prolongement rachidien aux nerfs, *et vice versâ*. Il est inutile, sans doute, de démontrer que *les forces nerveuses*, comme les forces physiques et chimiques, ne sont que des abstractions, et que la transmission des fluides impondérables peut expliquer seule le développement des phénomènes dont le système nerveux et les autres appareils organiques sont le siège. Ici, nous trouvons encore une immense lacune dans le système des vitalistes et des physico-ontologistes; ils sont réduits à admettre la transmission des forces occultes d'un tissu à un autre, lorsqu'ils cherchent à expliquer l'action nerveuse, à distance, tandis que d'autres avouent qu'il est absolument impossible de concevoir les phénomènes de l'innervation et d'en découvrir les causes.

C'est aussi par l'action des fluides électriques, contenus dans les parties organiques qui ne reçoivent point de nerfs, sur celles qui sont munies de ces conducteurs, que, dans l'inflammation, par exemple, les premières parties deviennent sensibles, et qu'elles provoquent la douleur; c'est ainsi, enfin, que l'on peut expliquer l'atmosphère nerveuse de Reil et des magnétiseurs. Assurément, les deux premiers phénomènes offrent une analogie fort remarquable, et l'on ne pourra nous accuser d'avoir tiré des faits observés des conséquences erronées. Les observateurs, qui nous ont fourni ces faits, n'ont pu à la vérité en déduire les mêmes conséquences ; mais, alors les théories et les principes, au moyen desquels on aurait pu expliquer les phénomènes importans de l'innervation, étaient tout-à-fait inconnus.

Chez l'homme et chez les mammifères, le prolongement rachidien agit-il de la même manière sur les nerfs, et réciproquement, que chez les poissons? peut-on dire que chez les uns, les fluides impondérés produisent les phénomènes de la sensibilité, de la contraction, de l'instinct et enfin tous les phénomènes vitaux, tandis que, chez les autres, les mêmes sensations, les mêmes actions, les mêmes mouvemens, seraient dus à des causes *sui generis*, occultes ou métaphysiques ? Peut-on inférer enfin, des observations qui précèdent, que chez l'homme, le fluide excitateur, qui peut seul déterminer les actions moléculaires et organiques, agit aussi à distance du prolongement rachidien aux nerfs qui s'y implantent, et réciproquement ? Quant à cette dernière question, elle nous paraît devoir être résolue négativement; car, chez l'homme et les autres espèces analogues, on observe une véritable continuité entre la matière qui compose les nerfs, et celle qui forme la moelle épinière; et les expériences décisives démontrent, d'ailleurs, que la destruction partielle, et même la section de ce prolongement, suffisent pour anéantir les phénomènes attribués à la sensibilité et à la contractilité. D'autres faits prouvent, d'ailleurs, que la substance nerveuse est le siège de ces courans électriques, qui ne paraissent s'établir à

distance chez certains poissons, que par la sura-
bondance des fluides qui forment ces courans.

Ce qui tend encore à prouver la vérité de cette
assertion, ce qui démontre que chez les animaux,
les phénomènes, qui dépendent de la sensibilité physique et des mouvemens musculaires, sont déterminés par des courans électro-chimiques, qui s'établissent dans la substance nerveuse elle-même, bien
qu'ils puissent aussi avoir lieu, à distance, d'une
portion nerveuse à une autre portion plus éloignée,
c'est que la section et l'ablation des membranes
cérébrales et rachidiennes ne déterminent immédiatement aucune anomalie remarquable dans la
succession de ces phénomènes ; tandis que des lésions semblables des portions essentielles de l'encéphale ou du prolongement rachidien, amènent
promptement des douleurs vives, des contractions
des muscles et des convulsions. L'enveloppe particulière des nerfs jouit aussi d'une sensibilité physique obscure, si on la compare à la sensibilité de la
substance nerveuse proprement dite.

Deux sortes de preuves, les unes organiques et
les autres physiques, viennent donc nous convaincre que, dans quelques espèces de poissons,
la moelle épinière agit sur les nerfs à la manière d'un
appareil électromoteur. Les faits anatomiques que
nous venons de rapporter ne paraissent laisser aucun doute à ce sujet ; mais les phénomènes offerts
par les poissons électriques dont les noms suivent :
Torpedo narkerisso, T. marmorata, T. unimaculata, T.

Galvanii, *Silurus electricus*, *Tetraodon electricus*, *Gymnotus electricus*, mettent cette vérité à l'abri de toute objection sérieuse. En effet, la torpille, dont les propriétés électriques ont été étudiées avec soin, en 1772, par Walsh, donne une commotion vive lorsqu'on touche immédiatement une partie quelconque de sa peau; on reçoit également des commotions lorsque le contact a lieu par l'inter—médiaire d'une tige de métal, tandis qu'elles sont arrêtées par de mauvais conducteurs, tels que le verre et la résine. Un assez grand nombre de per-sonnes non isolées, qui se tiennent par la main, peuvent instantanément recevoir la commotion électrique, quand la première touche la torpille sur le dos, et la dernière sous le ventre ou dans l'ordre inverse; enfin, selon Walsh, la torpille peut agir, à distance, sur d'autres animaux et foudroyer ainsi de petits poissons. Le fluide qu'elle dégage a aussi une action sur le galvanomètre.

Mais ce qui est digne surtout de fixer l'attention des physiologistes, c'est que, dans tous les cas, la commotion déterminée par la torpille paraît être le résultat d'une *action soumise à la volonté*. On peut la toucher assez souvent sans rien ressentir; mais lorsqu'on l'irrite, d'une manière quelconque, on reçoit des coups violens et redoublés, qui finissent par épuiser la propriété électrique de cet animal, comme les excitations nerveuses épuisent la sensi-bilité physique de l'homme et des autres animaux! Au moment de l'action électromotrice, le corps de ce poisson reste immobile ; mais on remarque dans les nageoires pectorales, dans les yeux, un mouvement particulier et dans l'organe électrique une sorte de compression qui sont le prélude du mouvement qui résulte de l'action cérébrale. On peut donc croire que cette action volontaire transmet à la fois le fluide électrique dans la paire vague , comme dans les nerfs qui vont se distribuer aux faisceaux musculaires soumis également à l'influence volontaire du cerveau. C'est donc avec raison que l'on a pensé que, chez les animaux, cet organe agit d'une manière chimique sur les muscles dans l'acte de la volonté.

Le gymnote électrique , ou l'*anguille de Surinam,* est doué d'une propriété électromotrice encore plus remarquable que celle de la torpille. Non-seulement on obtient, en l'excitant, les effets que celle-ci détermine , mais, de plus, Walsh observa que la commotion du gymnote se transmet facilement d'un conducteur à un autre , séparés par un court intervalle , et qu'au même instant on voit une petite étincelle semblable à celle de l'électricité des autres corps. La température élevée des eaux où cet animal est habituellement plongé , et qui est de 26° à 27°, paraît indispensable à la manifestation de sa force électrique , car elle diminue dans les eaux plus froides. C'est de même par la diminution du calorique , ce puissant agent d'excitation , que les serpens et d'autres animaux s'engourdissent pendant l'hiver, dans les zones tempérées, et sont perpétuellement actifs sous les zones des tropiques.

Nous avons rapporté ces faits, déjà consignés dans plusieurs ouvrages modernes, parce qu'ils jettent de vives lumières sur les phénomènes de l'innervation et sur les causes physiques qui les déterminent, non-seulement chez les poissons, qui les offrent à un haut dégré de développement, mais chez les animaux dont le système nerveux a beaucoup moins d'énergie comparativement à sa masse, chez l'homme, les mammifères et les autres espèces. Ceux qui ont l'habitude d'étudier les lois dé l'organisme vivant, dans la généralité des êtres qui composent l'échelle zoologique, qui savent que les conditions essentielles de l'animalité sont les mêmes dans les diverses espèces, que l'unité des causes excitatrices répond à la variété des phénomènes, verront que tous les animaux sont également animés par les fluides électriques, quelle que soit la classe dans laquelle ils seraient placés, et quelle que soit la variété des actions et des mouvemens qu'ils nous offrent. Ces faits authentiques sont sans doute convaincans et décisifs pour les hommes qui préfèrent les preuves tirées de l'observation aux abstractions de l'ontologie. Quant à ceux qui prennent leur imagination pour guide, et qui refusent de coordonner les faits pour en déduire des principes généraux, ils ne seraient point convaincus de ces vérités, lors même que l'homme et les animaux offriraient les mêmes phénomènes que les torpilles et les gymnotes électriques, puisqu'ils nient l'existence des fluides, qui déterminent ces phénomènes.

Cependant, si l'expérimentation démontre que la moelle épinière et les nerfs qui viennent s'y implanter, sont d'excellens conducteurs du fluide électrique; si ce fluide dégagé d'une pile galvanique produit, sur l'appareil locomoteur, les mêmes phénomènes que ceux qui résultent de l'action des nerfs soumis à des courans de sang oxygéné et de calorique, alors, en réunissant tous ces faits, il ne restera aucun doute à ce sujet, et on demeurera convaincu que l'appareil nerveux ne peut agir sur les autres organes qu'au moyen du fluide que lui fournit l'oxygène. Sur cette question, comme on va le voir, les expériences sont encore décisives. Le docteur Ure, de Glasgow, fit, il y a quelques années, sur un pendu, des expériences galvaniques dont on connaît déjà les résultats. Les conducteurs d'une batterie de cent soixante-dix pièces de plateaux ayant été mis en rapport avec les reins et le talon, ce mouvement électrique détermina l'extension de la jambe, ployée à dessein, avec tant de force, qu'une personne qui tenait cette extrémité faillit d'en être renversée. Le conducteur ayant été ensuite appliqué sur la partie supérieure de la moelle épinière, à l'origine des nerfs du col, une respiration laborieuse se fit entendre, et le diaphragme commença à s'élever. A la troisième expérience, les bras et les doigts furent mis en mouvement, avec tant de rapidité que les assistans crurent un instant à la résurrection du criminel; le docteur prétendit même que si les vaisseaux sanguins et la moelle n'avaient point été déchirés cette résurrection eût eu lieu infailliblement. Ce qu'il y a de positif, c'est que des lapins, des chats et d'autres animaux que l'on avait asphyxiés par la strangulation, ont été ressuscités par l'action de la pile, tandis que ceux qui ont été étranglés au même instant, et qui n'ont point été soumis aux courans électriques sont restés sans vie.

Exposons les principaux résultats d'expériences semblables à celle du docteur de Glasgow; elles ont été tentées en 1824, par M. Noble, médecin en chef de l'hospice de Versailles, sur le cadavre du nommé Léger, exécuté le 3 décembre de la même année. Le docteur Noble lui-même a bien voulu nous transmettre ces documens.

Léger, âgé de vingt-six ans, était d'une constitution très-robuste, ses muscles avaient acquis un grand développement. Il fut condamné à mort, pour avoir commis un homicide sur une jeune fille, avec des circonstances qui inspirent l'horreur, et qui font présumer que ce criminel était alors dans un état voisin du satyriasis. Son cadavre fut apporté, un quart d'heure au plus, après la décapitation, dans un cimetière où l'on fit, à l'instant même, les expériences dont voici les résultats les plus remarquables. Une incision fut pratiquée sur la partie moyenne de chaque mollet, dans laquelle on plaça un des fils conducteurs d'une pile voltaïque de cent séries de disques, de la grandeur d'une pièce de cinq francs; l'autre conducteur fut mis en rapport avec l'extrémité récemment divisée de la moelle épinière. A l'instant même, tous les muscles soumis au courant électrique, éprouvèrent des contractions violentes; elles furent réitérées avec une égale intensité toutes les fois qu'on répéta la même expérience. Les contractions musculaires étaient alors si considérables, que le docteur Noble pense que le cadavre du criminel eût pu exécuter des mouvemens de progression, et même porter des fardeaux dans ses extrémités supérieures violemment contractées contre sa poitrine.

Un des fils conducteurs de la pile étant toujours maintenu à l'extrémité divisée du rachis, l'autre fut porté dans une incision profonde, pratiquée dans l'épaisseur des muscles pectoraux : alors, les muscles chargés de dilater et de resserrer les parois de la poitrine, se contractèrent; on vit des mouvemens bien marqués d'inspiration et d'expiration; on entendit l'air se précipiter dans les poumons, et sortir ensuite par l'extrémité divisée de la trachée artère. Le bruit que produisait l'air expulsé par le mouvement d'expiration, était semblable à celui que détermine ce fluide, lorsqu'il sort d'un soufflet d'une assez grande dimension. Des effets analogues, mais moins marqués, ont été obtenus en plaçant un des conducteurs sur la partie antérieure et moyenne du diaphragme mis à nu.

La tête, soumise aux mêmes expériences, offrit aussi des phénomènes fort remarquables. On mit un des conducteurs de la pile, en rapport avec la moelle alongée, et l'autre avec la langue, ou les portions musculaires correspondantes divisées à l'instant de la décapitation; alors, les muscles destinés à la mastication se contractèrent convulsivement; les deux mâchoires furent rapprochées avec force; on vit des mouvemens latéraux que la mâchoire inférieure exécutait; on entendit le craquement répété des dents, qui eussent pu broyer sans doute des corps placés dans leur intervalle; enfin, les yeux devinrent saillans, se mouvaient rapidement dans l'orbite, lorsque l'un des fils conducteurs touchait les diverses parties de la conjonctive, ou la face interne des paupières.

L'action galvanique fut moins prononcée sur le tube digestif, que sur l'appareil locomoteur; les mouvemens péristaltiques des intestins furent faiblement excités par cette action. A la vérité, ces tentatives ont été faites après les autres expériences qui ont duré environ trois-quarts d'heure. Les effets obtenus, dans cet intervalle, offrirent une intensité presque égale; leur diminution a cependant paru correspondre au refroidissement du cadavre; alors les contractions sont devenues à peine sensibles et ont cessé ensuite inopinément.

Des phénomènes semblables ont été déterminés, en 1826, par l'action galvanique, sur le cadavre d'un supplicié, moins fortement constitué que le précédent, et épuisé par un long séjour dans les prisons; mais ils ont été aussi beaucoup moins intenses et bien moins prolongés, que ceux qui ont

été produits sur le cadavre de Léger, qui n'est
resté que trois mois dans la prison, et qui
était encore plein de vigueur au moment de son
exécution.

Ces expériences ont été tentées, avec un succès
non équivoque, en présence de MM. Laurent, Vitri,
Leroy, Navarre, Penard, médecins à Versailles, et
de M. Demonferrant, professeur de mathématiques
au collége de cette ville. Il résulte de toutes ces expériences, 1° que le prolongement rachidien, la moelle
alongée et les nerfs qui vont s'y rendre, sont de
très-bons conducteurs du fluide électrique; 2° que
ce fluide agit sur l'appareil musculaire, comme celui
qui circule dans le système nerveux; 3° que cette
action est d'autant plus intense, que le sujet est
plus fort, plus excitable, et que le cadavre conserve
une plus grande quantité de calorique. On voit donc
encore que les phénomènes attribués à la contractilité
s'évanouissent avec le refroidissement du cadavre, ou
plutôt, que les molécules intégrantes qui composent
les muscles, ne peuvent éprouver des mouvemens
alternatifs d'attraction et de répulsion, lorsque le
calorique lui-même s'est dégagé des tissus organisés
pour se combiner avec les corps ambians, et se
mettre ainsi en équilibre. On voit enfin, que la
force physique et l'intensité des phénomènes nerveux et musculaires, sont en rapport avec l'intensité d'action du fluide électrique intra-organique et
du calorique, comme ceux qui sont observés sur le
cadavre, sont en raison directe de l'accumulation

de ce dernier fluide dans les tissus, et de l'intensité d'action de la pile.

FONCTIONS DU GRAND SYMPATHIQUE.

Un voile épais cache encore le mode d'action des nerfs ganglioniques sur les tissus et sur les organes qui en reçoivent les rameaux. Les expériences que l'on a tentées pour découvrir sa sensibilité et son influence sur les fonctions nutritives ont été sans résultat. On conçoit la cause de l'insuccès des expériences que l'on a entreprises à ce sujet, car, d'une part, le grand sympathique pourrait n'être formé que par des nerfs excitateurs du mouvement, et de l'autre, comme il est presque exclusivement destiné aux parois artérielles, très-peu contractiles, il était donc à peu près impossible d'exciter des sensations, et de provoquer dans leurs parois un mouvement moléculaire quelconque.

D'après ces expériences négatives, et aussi d'après les différences d'organisation, de couleur, de densité, de composition intime, etc., quelques physiologistes avaient même pensé qu'on ne pouvait le considérer comme un nerf. Nous avons déjà montré que les expériences dont les résultats sont négatifs, ne prouvent rien en physiologie et en physique. Quant aux différences que l'on a remarquées entre l'appareil nerveux ganglionique et les nerfs rachidiens, Bichat et d'autres physiologistes, ont fait la même observation relativement à ces derniers conducteurs, et nous avons reconnu que la différence que l'on trouve entre les nerfs, en général, peut fort bien expliquer la spécialité de leur action ou de leur fonction.

Les rapports étendus du trisplanchnique avec les nerfs qui se distribuent aux organes des sens, avec ceux qui naissent du prolongement rachidien, leurs anastomoses entre eux, leur distribution aux artères principales destinées aux organes des deux vies, mais surtout à ceux de la vie nutritive, annoncent qu'il est, comme son nom l'indique, un agent important des sympathies. M. Magendie a coupé à un animal deux nerfs pneumo-gastriques au-dessus du diaphragme, puis lui a fait avaler quelques grains d'émétique, et peu d'instans après le vomissement s'est manifesté. Ce physiologiste pense avec raison que ce phéno-mène ne peut dépendre de l'absorption, et qu'on doit plutôt l'attribuer à l'impression transmise au cerveau par le grand sympathique, à la suite de l'ac-tion chimique, déterminée par le sel d'antimoine sur la membrane muqueuse de l'estomac. Nous ferons d'ailleurs remarquer avec lui et d'autres physiolo-gistes, que sans l'intervention de ces nerfs on ne pourrait expliquer l'exquise sensibilité des intestins dans l'état morbide, puisqu'ils ne reçoivent point, pour ainsi dire, de nerfs cérébraux.

Quelle peut donc être la cause de l'insensibilité des nerfs organiques, dans l'état normal? Nous avons cherché à démontrer que, chez les hommes et les mammifères, l'action de l'appareil nerveux est générale ou locale, que le premier mode d'action est déterminé par des courans partiels et le second par des courans généraux; que la substance grise destinée d'une manière plus spéciale à sécréter le fluide électrique est aussi destinée à arrêter la rapidité de ces courans, à les localiser en quelque sorte, et jouit jusqu'à un certain point de la propriété cohibante. Si l'on étudie attentivement les fonctions du ganglion ophthalmique, on verra que ce petit corps, qui est en rapport avec un nerf excitateur du mouvement, est un réservoir du fluide nerveux, et le siège de courans locaux destinés à l'iris dans laquelle ils déterminent des actions et des réactions moléculaires. Ceux qui forment en partie le trisplanchnique suivent les mêmes lois dans leur action et sont nécessairement le terme de deux courans électriques opposés; d'un côté ils sont électrisés négativement et reçoivent le fluide excitateur des parties chargées de fluide positif, et de l'autre ils offrent une électricité contraire et transmettent à d'autres parties le fluide qu'ils ont reçu en excès. On peut donc considérer les ganglions comme des corps électromoteurs, et en quelque sorte comme de petites bouteilles de Leyde, offrant toujours deux électricités opposées.

Cette théorie physico-chimique, à laquelle d'ailleurs nous ne pouvons accorder une grande importance, explique cependant l'action spéciale et isolée des ganglions et des différens faisceaux nerveux qui composent le trisplanchnique, suivant que tel ou tel autre organe est dans l'exercice de ses fonctions ; elle explique encore pourquoi les courans généraux transmis par le cerveau à l'appareil locomoteur, dans l'acte de la volonté, ne sont point dirigés vers les viscères, pourquoi les impressions faibles sensoriales ou morales ne les influencent pas, tandis que les sensations vives portent le désordre dans ces organes ; on conçoit encore pourquoi les mouvemens organiques du cœur et des autres viscères ne déterminent point de sensations dans l'état normal, et enfin pour quelle cause les inflammations viscérales légères ne déterminent pas de douleurs, tandis que celles qui sont circonscrites et violentes causent des souffrances intolérables.

On peut donc remonter maintenant aux causes physiques de toutes les actions organiques, on peut expliquer les sympathies, et l'ensemble des phénomènes vitaux sans avoir recours aux entités, sensibilité animale, sensibilité organique, contractilité animale, contractilité organique, etc. Nous avons prouvé, et Bichat a démontré avant nous, que les phénomènes subordonnés à ces prétendues propriétés peuvent être développés simultanément dans plusieurs organes par une action physique ou chimique, sur un point quelconque du système nerveux ; eh bien ! on ne peut expliquer la succession et la simultanéité de ces phénomènes qu'au moyen des courans électriques portés par les nerfs rachidiens soit aux organes de la vie de relation, soit à ceux de la vie nutritive par l'intermédiaire du trisplanchnique : toute autre théorie est inadmissible. Nous examinerons, dans un autre article, l'action du pneumogastrique sur ces derniers organes.

ACTION MUSCULAIRE.

Il n'entre point dans le plan que nous nous sommes tracé, d'offrir ici un traité sur l'action des muscles considérés dans la série animale; le mécanisme de la locomotion ne peut être rattaché qu'aux lois physiques; il est d'ailleurs trop bien exposé dans les traités connus de physiologie pour que nous l'envisagions d'une manière spéciale. Nous nous bornerons donc à présenter des notions générales sur les causes physiques ou chimiques des mouvemens des muscles. Nous avons déjà montré, dans la première partie de cet ouvrage, la tendance des molécules intégrantes à se réunir d'une manière plus ou moins intime sous l'influence de certains agens chimiques; celles qui composent les muscles vont encore nous offrir ce phénomène remarquable, sous l'influence des agens chimiques, physiques et sous celle des agens appelés vitaux, qui ne diffèrent pas essentiellement des premiers.

Les molécules intégrantes des muscles ont été observées par tant de micrographes habiles, qu'il est inutile de reproduire ici les résultats de leurs expériences, et de montrer l'inanité des recherches et des opinions contraires. D'ailleurs, on peut observer la formation des solides en favorisant l'agré-

gation des molécules qui composent les liquides, et
ces faits incontestables sont un argument irrésistible contre ceux qui s'étaieraient en vain des résultats négatifs de leurs propres expériences. En étudiant
la formation des solides organiques, nous avons vu
qu'ils ne sont qu'un effet de la combinaison ou de
la concrétion des fluides. M. Dutrochet a montré
le rapport de la coagulation et de la contraction,
dans la formation des membranes qui résultent de
l'agglomération des globules sanguins. « J'ai voulu
voir, dit cet observateur habile, si cette espèce de
solide organique était susceptible de se contracter
comme le tissu musculaire. J'ai mis une goutte de
sang de grenouille dans l'eau que contenait un
cristal de montre ; cette goutte de sang s'est coagulée en formant une membrane diaphane qui ta-
pissait le fond du cristal ; on pouvait enlever la membrane et l'agiter dans l'eau sans que ces corpuscules
quittassent leur adhérence mutuelle ; ayant ajouté à
l'eau une goutte d'acide nitrique, je vis au microscope, la membrane se resserrer sur elle-même,
par le rapprochement plus considérable des corpuscules dont elle était composée ; ainsi le solide formé
par la coagulation du sang est susceptible de présenter seulement le mode primordial de contraction, c'est-à-dire, le resserrement par rapprochement général des corpuscules ; il ne présente jamais le mode secondaire de contraction, c'est-à-dire
l'incurvation sinueuse qui résulte du rapprochement
corpusculaire opéré d'un seul côté ; ce mode secon-

daire de contraction paraît dépendre essentiellement *de la puissance nerveuse*, laquelle est étrangère
au solide formé par la coagulation (1).

» *Les propriétés vitales des liquides organiques*, ajoute
ensuite M. Dutrochet, sont peu connues : d'après ce
que nous en avons dit plus haut, il paraît que la répulsion corpusculaire, ou plutôt que la faculté que possèdent les corpuscules des liquides de se tenir éloignés
les uns des autres, est *la principale propriété vitale
des fluides*, puisque l'isolement de ces corpuscules
cesse généralement avec la vie. La contractilité est
nécessairement étrangère aux fluides ; elle ne peut
appartenir qu'aux solides. »

Tout en tenant compte de l'époque à laquelle
M. Dutrochet a émis cette opinion, nous ne pouvons admettre avec lui ce mélange de chimisme et
de vitalisme ; nous pensons que lorsqu'on ne peut
expliquer la causalité de certains phénomènes en
suivant les lois physiques, il ne faut point se jeter
aussitôt dans l'ontologie, et admettre l'intervention
de la force et des propriétés vitales. Puisque des
agens chimiques rapprochent les molécules intégrantes des liquides pour les convertir en solides,
puisque cette action détermine le mouvement de
contraction dans ces pseudo-membranes comme
dans le tissu musculaire, qui n'est que la réunion
de semblables molécules, on ne peut attribuer ces

---

(1) Recherches anatomiques et physiologiques sur la structure intime des animaux et des végétaux, p. 213.

phénomènes qu'à des causes chimiques. Il est, en effet, assez étonnant qu'on cherche à expliquer le rapprochement lent ou instantané des molécules organiques par l'action de ces causes, et la répulsion des mêmes corpuscules par des causes vitales. Il n'est sans doute pas impossible de démontrer que dans l'action moléculaire ces deux phénomènes sont inséparables, et qu'ils sont soumis aux mêmes lois.

Une fois que l'on a admis l'électricité comme cause des phénomènes organiques généraux, et enfin comme cause d'un phénomène quelconque, on ne peut plus ensuite subordonner à une cause vitale un phénomène qui n'est en quelque sorte que la conséquence du premier, lors même qu'il serait actuellement impossible d'indiquer, d'une manière précise, l'action physique qui en détermine le développement. Ainsi, s'il est prouvé, par les faits que nous allons bientôt exposer, et par ceux qui précèdent, que la contraction des muscles n'est qu'un effet de l'attraction instantanée de leurs molécules intégrantes, on sera bien forcé d'admettre que le relâchement subit des mêmes corpuscules dépend d'un mouvement de répulsion également déterminé par des causes physiques. D'après un très-grand nombre de faits, on peut admettre que l'attraction moléculaire est due au rapprochement des corps et des molécules, dont les extrémités correspondantes offrent des électricités de nom contraire, et deux courans inégaux en force; tandis que la répulsion n'est qu'un effet du rapport inverse des mêmes corps et des mêmes molécules. Une polarité identique, le choc de deux courans d'une égale intensité, et enfin l'action expansive du calorique, sont des causes évidentes de répulsion.

L'observation nous prouve que la présence de ce dernier corps entre les molécules intégrantes des muscles est la seule cause qui tend sans cesse à les éloigner les unes des autres. Le refroidissement des cadavres détermine cette rigidité que l'on observe dans les membres peu après la mort, et que l'on ne peut attribuer qu'à la disparition du calorique; la coagulation du sang et des autres liquides, que l'on attribue à une cause vitale, il faudrait dire à une cause physique inconnue, n'est aussi qu'un effet de l'attraction moléculaire mise en jeu après le dégagement du calorique. A la vérité, les plus habiles expérimentateurs n'ont pu constater le dégagement de cet agent dans ce dernier cas, et ils ont même remarqué qu'une température élevée n'était pas toujours une condition défavorable à la coagulation. Mais pour tirer d'une expérience, dont les résultats sont négatifs, des preuves qui puissent renverser l'opinion contraire, il faudrait connaître les lois que suit le calorique lorsqu'il devient *latent*; il faudrait savoir si les vases dans lesquels on a extrait le sang du système vasculaire n'ont point absorbé une quantité quelconque de calorique, et si enfin les thermomètres peuvent être, dans tous les cas, un moyen infaillible d'apprécier le dégagement insensible de cet agent. Mais d'ailleurs la cause de l'anomalie de certains phénomènes peut rester quelque temps inconnue, sans qu'on puisse l'attribuer à des propriétés imaginaires, à des forces occultes, dont toutes les actions organiques prouvent la non-existence.

Ainsi donc, sans chercher à découvrir comment le calorique animal disparaît après la mort, il nous suffit d'observer que la rigidité des membres et la contraction permanente des muscles (contractilité de tissu), soit un effet constant du dégagement de ce fluide des parties organiques dans lesquelles il était contenu, pour avoir une preuve suffisante de son influence puissante dans la production du phénomène de relâchement des muscles, du mouvement de répulsion moléculaire ou d'expansion qui le détermine. On peut même, pendant la vie, se convaincre que la rigidité des tissus organiques et le rapprochement des molécules solides et fluides qui les constituent dépendent de la soustraction d'une quantité plus ou moins considérable de calorique; car avant la congélation des membres, par un froid rigoureux, leur rigidité comme leur souplesse coïncident parfaitement avec la diminution et l'accroissement de leur température.

Lorsque, après la mort, le calorique ou la cause répulsive diminue dans les solides et dans les liquides organiques, leurs particules intégrantes tendent à se rapprocher et à s'agglomérer, en vertu de l'affinité dont elles sont douées; mais bientôt d'autres combinaisons chimiques s'opèrent entre les molécules com-

posantes des corps organisés, et la disgrégation des
molécules intégrantes en est le résultat inévitable.

Nous n'avons exposé ces faits qu'afin de démontrer
que les changemens qui surviennent, après la mort,
dans les solides et les liquides organiques, ne peuvent être rapportés ontologiquement à la vie, ainsi
que le prétendent quelques physiologistes modernes;
mais que ces changemens, ainsi que la contraction des tissus, sont la suite du dégagement ou
de la décomposition du calorique et des combinaisons chimiques qui s'opèrent dans les organismes,
lorsque les fonctions des principaux organes ont
complètement cessé de s'exercer.

En suivant les mêmes principes, on admettra
facilement, ainsi que tous les faits l'annoncent, que
le relâchement des muscles, qui succède à leur
contraction, pendant la vie, et par suite de l'acte
de la volonté, est dû aussi à l'action répulsive ou expansive du calorique, répandu entre les molécules
qui les composent, et qui tend sans cesse à les
éloigner les unes des autres. On doit remarquer en
effet, que les courans que l'électromoteur animal
transmet aux viscères et à l'appareil locomoteur,
tendent sans cesse à former une nouvelle quantité de
calorique, soit par le mouvement, soit par la combinaison du fluide électrique contenu dans le système
nerveux, avec celui qui anime ces organes et le système
musculaire. Les courans électriques soumis à l'action volontaire du cerveau sont donc, chez l'homme
et les autres animaux, comme chez la Torpille, la

cause évidente de la contraction musculaire, tandis
que la formation continuelle du calorique et son
action expansive sont la cause du relâchement qui
est la suite immédiate du premier mouvement.
Voilà donc pourquoi la contraction est le seul
mouvement actif des muscles, celui qui épuise l'a-
nimal, qui diminue la sensibilité, et voilà enfin,
pourquoi le relâchement est l'état passif ou celui
du repos, pendant lequel l'animal récupère les
forces et la sensibilité qu'il avait perdues.

Cependant, malgré la coordination rigoureuse des
phénomènes organiques, malgré les efforts que nous
avons faits pour rester constamment dans les limites de
l'observation, on pourrait croire que les propositions
que nous venons d'émettre ne sont pas une déduction
rigoureuse des faits; quelques personnes pourraient
penser que l'on ne doit point considérer l'action du
cerveau sur les muscles, dans les mouvemens volontaires, comme une action électro-chimique, et
la contraction, comme une attraction moléculaire.
Nous allons d'abord exposer l'opinion d'un illustre naturaliste, avant de rapporter les faits qui
démontrent que ce dernier phénomène ne peut
être atribué à une autre cause. « Il est certain,
dit M. le baron Cuvier (1) que les nerfs sont
l'organe par lequel la volonté contracte les muscles, et il est probable que cette contraction a

---

(1) Leçons d'anatomie comparée, t. 11, p. 111.

lieu par un changement chimique que le nerf occasionne dans la fibre... La physiologie nous montre
qu'il y a un certain ordre de mouvemens corporels
qui correspondent exactement à ces mouvemens,
à ces combinaisons d'idées... D'ailleurs, l'imagination, la volonté, ont *des effets physiques* sur le corps,
qui semblent, pour ainsi dire, une répercussion
des effets que les changemens physiques du corps
ont sur elles !... » Or, si les nerfs agissent sur les
muscles, comme des agens physiques ou chimiques,
le cerveau, pendant l'acte de la volonté, ne peut
évidemment agir d'une autre manière sur ces derniers organes. La difficulté d'expliquer le mécanisme
dans cette action ne peut, en aucune manière,
nous engager à recourir aux fictions de l'ontologie,
pour rendre la question tout-à-fait insoluble, et
pour jeter ensuite une nouvelle obscurité sur le
mécanisme des fonctions les plus compliquées de
l'organisme. Les erreurs dans les théories sont bornées, et, en général, peu durables, mais les erreurs
dans les principes sont plus difficiles à détruire, et
ont des conséquences plus étendues et bien plus
funestes que les premières sur les progrès des
sciences.

Les expériences de Galvani, répétées par beaucoup de physiciens et de physiologistes, ont fait
connaître la propriété éminemment conductrice
de la substance nerveuse. L'exposition sommaire
des résultats de ces expériences va encore démontrer que les diverses parties de l'appareil nerveux

sont animées, pendant la vie, par un fluide dont ia
nature ne peut être un instant révoquée en dout
Un arc métallique, composé de deux métaux hét
rogènes, en rapport, d'une part, avec les muscle
et de l'autre, avec les nerfs, produit instantanéme
des contractions du tissu musculaire compris da
ce circuit. Il s'établit donc dans le conducteur form
par le tissu nerveux, comme dans le conducteu
métallique, un double courant provenant de l'ac
tion des électricités de nom contraire, et qui s
dégagent des métaux. On doit remarquer qu
ces courans produisent *la contraction* des muscles
lorsqu'on agit sur un nerf excitateur du mouvement
et *la sensation* lorsqu'ils déterminent une actio
dans les nerfs excitateurs du sentiment, ou dan
ceux qui se rendent au prolongement rachidien e
à l'encéphale.

M. de Humboldt a d'ailleurs prouvé que la con
traction musculaire a lieu lorsque la communica
tion entre le muscle et le nerf se trouve établie pa
un arc métallique homogène. Un semblable résul
tat démontre incontestablement que le métal e
le muscle prennent des électricités contraires, don
la neutralisation s'opère dans le tissu nerveux lui
même. « Si l'on adapte aux deux bouts des branches
d'un galvanomètre de Schweigger, des lames de
platine semblables, dit M. Edwards (1), (qui rap
porte aussi ces expériences), que l'on fixe autour

____

(1) De l'influence des agens physiques sur la vie, p. 569.

de l'une d'elles une masse musculaire de quelques
onces, récemment enlevée à un animal vivant, et
qu'on les plonge alors dans le sang, ou de l'eau légère-
ment salée, l'aiguille aimantée se déviera et le courant
ira du métal aux muscles. Des résultats semblables, obtenus dans d'autres expériences, les états électriques
contraires qu'acquièrent deux matières animales
mises en contact, l'électricité libre qui s'accumule sur
deux personnes isolées et qui suffit pour dévier
l'électroscope de Coulomb, indiquent évidemment,
suivant le même observateur, l'influence de l'électricité sur le tissu musculaire. Ces faits, comme
ceux que nous avons rapportés précédemment, sont
encore des preuves incontestables de l'action de l'é-
lectricité dans la production des phénomènes qu'on
observe dans l'organisme, et notamment dans l'action des nerfs sur les muscles.

L'électricité intra-organique, comme celle qui
est communiquée, paraît suivre les conducteurs
nerveux, dont la disposition anatomique mérite
d'être examinée un instant. Le même observateur a
constaté que, dans le cas où les troncs nerveux sont
parallèles aux fibres des muscles, comme dans celui
où ces conducteurs sont d'abord perpendiculaires à
ces fibres, elles affectent deux dispositions qui paraissent constantes : la première est cette direction per-
pendiculaire des dernières ramifications nerveuses,
relativement à celle des fibres musculaires, quelle
que soit la direction primitive du tronc nerveux;
la seconde est l'anastomose de toutes les extrémités

nerveuses entre elles ou avec un tronc voisin, de manière qu'elles ne se terminent pas dans la substance musculaire, et que leurs rapports offrent de l'analogie avec ceux du système sanguin. Suivant M. Edwards, si l'on examine la contraction d'un muscle, à l'instant où il est traversé par un courant électrique, on voit que les sommets des angles formés par la flexion de la fibre correspondent précisément au passage de ces filamens nerveux; il devient donc très-probable, selon lui, que ce sont les nerfs qui se rapprochent et qui déterminent ainsi le phénomène de la contraction; que, d'après ses expressions, les rameaux de ceux-ci se trouvant parallèles entre eux et placés à de très-petites distances s'attirent réciproquement et déterminent ainsi la flexion de la fibre, et le raccourcissement du muscle (1). Examinons un instant cette théorie.

Si, d'après la loi découverte par M. Ampère, deux courans s'attirent lorsqu'ils vont dans le même sens, et se repoussent lorsqu'ils vont en sens contraire, les deux courans, dont les mêmes troncs nerveux sont le siège, devraient se repousser, puisque l'un est excentrique, et l'autre concentrique. Mais d'ailleurs, ces deux courans peuvent-ils s'influencer dans l'état complet d'isolement où ils se trouvent, suivant M. Edwards lui-même? Cet observateur

______

(1) L. C. P. 568, 621.

fait la remarque (1), que les fibres nerveuses sont isolées par une matière grasse abondante, dont on doit la connaissance à M. Vauquelin, que cette substance entoure chacune des fibres, et ne permet pas au fluide électrique de passer de l'une à l'autre. D'après la même théorie, le tissu musculaire serait passif dans la contraction, les nerfs seuls seraient les agens actifs, et par conséquent plus les muscles seraient volumineux, plus ils offriraient d'obstacles à la contraction, plus l'appareil musculaire serait développé relativement au système nerveux, et moins les hommes et les animaux auraient de force et d'énergie. Les enfans et les individus émaciés, ceux qui n'offrent qu'un appareil locomoteur peu développé, dont les nerfs ont, sous le rapport du volume, une prépondérance marquée sur les muscles, ces individus devraient jouir d'une force physique considérable, car la puissance l'emporterait singulièrement sur la résistance, tandis que les athlètes offriraient précisément un phénomène opposé.

Ces raisons suffisent, je pense, pour démontrer que la théorie proposée par M. Edwards est inadmissible. L'observation prouve que l'énergie de l'appareil locomoteur et la force athlétique sont en raison du développement des muscles; elle prouve encore que la contraction de ces organes et les

---

(1) L. C. P. 574.

phénomènes attribués à l'irritabilité sont déterminés par l'action immédiate des excitans physique[s]
et chimiques sur la substance musculaire elle-même
comme par celle qu'ils déterminent sur les conducteurs qui s'y rendent. Les expériences galvanique[s]
démontrent enfin que les contractions musculaire[s]
sont plus énergiques, lorsque les nerfs et les muscles sont compris dans l'arc formé par les métaux que lorsque les premiers, seuls, servent de
conducteurs. Enfin il faut encore remarquer que
la contraction détermine des anomalies dans la circulation capillaire du tissu musculaire, et que la
nutrition de ce tissu est en raison directe de l'exercice de l'appareil locomoteur. Tout indique donc
que les nerfs ne sont pas isolés lorsqu'ils se trouvent
en contact avec la substance musculaire, que le
fluide électrique, qui les parcourt, peut la pénétrer
et exciter l'action intime et réciproque des molécules qui la composent. Le développement du calorique, l'épuisement du système nerveux, par suite
des actions musculaires prolongées, attestent encore que le fluide électro-nerveux s'échappe en partie des conducteurs qui le transmettent aux organes
locomoteurs. Le fluide qui n'a pas été employé à
l'action musculaire doit nécessairement retourner
dans le réservoir commun, au moyen des anastomoses si bien indiquées par M. Edwards.

On ne peut donc douter un seul instant, que la
contraction musculaire ne soit l'effet de l'action du
fluide électrique, transmis par les nerfs aux mo-

lécules qui composent les muscles. L'hétérogénéité des substances nerveuses et musculaires indique qu'elles offrent deux électricités contraires. La semi-fluidité de la substance nerveuse et la densité des muscles annoncent que le courant électrique se dirige de la première vers les organes dont les molécules tendent alors à se rapprocher par un mouvement instantané d'attraction. L'on sait que les courans de la pile, comme ceux de l'électromoteur animal, tendent également à augmenter les actions et les combinaisons moléculaires; l'on sait aussi que le calorique produit un effet analogue, et qu'il est indispensable à l'action des muscles comme à l'endosmose et à l'exosmose. (Voyez l'article absorption et exhalation.) Ces faits nous prouvent donc que les actions et les combinaisons moléculaires intra-organiques sont sous l'influence des agens physiques, que les muscles sont actifs pendant la contraction, qu'elle n'est que l'effet de l'action instantanée des molécules qui les composent, que les nerfs ne sont enfin que des conducteurs du fluide électro-nerveux. Le calorique agit non-seulement comme cause répulsive, il empêche l'agrégation très-intime des molécules des solides, il s'oppose à la concrétion ou à la solidification des fluides, et favorise ainsi le jeu des affinités; mais il paraît aussi agir comme cause chimique, il communique à la fibre musculaire, cette sensibilité électrique, appelée irritabilité, excitabilité, qui lui donne la faculté d'entrer en contraction, sous l'influence de

agens physiques et chimiques de l'électricité nerveuse, de celle qui lui est communiquée par la
pile. L'identité d'action de ces deux agens, la propriété qu'ils ont de réveiller les actions organiques,
d'augmenter et d'entretenir l'activité des combinaisons moléculaires, annoncent encore l'analogie et
même l'identité de leur nature. Il suffit d'ajouter
que les courans galvaniques et les courans électro-
nerveux déterminent absolument les mêmes changemens dans les muscles en contraction, pour acquérir la conviction que les fluides, qui forment ces
courans, ne peuvent avoir une nature essentiellement différente, puisque leur action est absolument
semblable.

Si, malgré l'évidence de ces preuves, on pouvait
encore douter que la contraction des muscles fût
due à l'action d'agens physiques, si l'on pensait
qu'il y ait, dans cette action, quelque chose de *vital*,
c'est-à-dire d'inconnu, il nous suffirait d'exposer les
effets des agens physiques et chimiques sur le tissu
musculaire après la mort, lorsque le calorique n'a
point encore abandonné l'organisme ; alors on
verrait que le mouvement moléculaire déterminé
par le contact de ces agens est le même, si l'on en
excepte l'intensité et la durée de ce phénomène,
qui sont dans ce dernier cas moins considérables.
L'action des acides concentrés, des chlorures, du
calorique sur les nerfs et sur les muscles, l'irritation mécanique de ces parties, peuvent-elles être
considérées autrement que comme des causes

physiques, déterminant dans les muscles des effets électro-chimiques opposés, la contraction et le relâchement? Peut-on enfin voir encore des propriétés vitales, là où l'on n'observe que des phénomènes thermo-électriques? Non assurément : nous avons surabondamment prouvé peut-être, que les mêmes phénomènes ne peuvent être rapportés qu'à des causes physiques ou chimiques différentes, dont l'action produit des effets analogues.

Les faits que nous avons rapportés, comme ceux qui sont indiqués dans l'exposition des fonctions nutritives, ne laissent aucun doute sur le mode d'action de l'appareil nerveux sur les organes auxquels il donne des rameaux; ils prouvent la coïncidence de ces trois phénomènes : 1° action nerveuse; 2° développement des actions et des combinaisons moléculaires; 3° dégagement d'une quantité de calorique proportionnée à ces actions et à ces combinaisons. Ainsi, soit qu'on étudie ces phénomènes dans les fonctions du cerveau, des poumons, de l'estomac, des glandes, des muscles, etc., soit enfin dans l'état morbide, et dans l'inflammation surtout, on remarque la fréquence et, on peut même dire, la constance de leurs rapports. Les faits et les expériences démontrent donc l'existence des courans électriques dans la substance nerveuse : la section de la septième paire, pratiquée par M. Charles Bell, à l'école d'Alfort, a été suivie d'un refroidissement du côté correspondant de la face, tandis que la section des rameaux excitateurs de la sensibilité, n'ont déterminé aucun changement de la température au côté opposé de sa face. Dans certaines paralysies, et notamment dans les névralgies profondes ou invétérées, le refroidissement des parties affectées est le résultat de l'inflammation du névrilème. La physiologie expérimentale doit donc admettre l'existence des courans thermo-électriques dans la substance nerveuse, ou au moins, elle doit reconnaître, comme une vérité étayée de tous les faits, de toutes les expériences et de l'ensemble de tous les phénomènes, qu'il existe dans les conducteurs nerveux des courans électriques qui peuvent seuls développer le calorique et exciter les actions organiques.

DE LA VOIX.

Les fonctions du larynx, dans la production de la voix, comme dans l'acte de la respiration, sont assez connues, pour que nous soyons dispensé d'entrer à ce sujet, dans un long examen, afin de démontrer que cet organe n'est qu'un instrument de physique animale. L'observation nous montre que son mécanisme est le même que celui des instrumens à vent et à anches, tels que la clarinette, le hautbois, le jeu d'orgues à voix humaine et le basson. Il est évident, que, dans les mouvemens du larynx, relatifs à la production de la voix, la poitrine sert de soufflet, la trachée de porte-vent, la glotte d'anche, et la bouche de tuyau pour l'écoulement de l'air (1).

Pour remplir les fonctions qui lui sont dévolues, le larynx est composé de diverses pièces plus ou moins mobiles, qui déterminent par leurs mouvemens variés les inflexions et les modulations de la voix. Les cartilages et les fibro-cartilages, qui le

(1) M. Biot, Précis élémentaire de physique expérimentale, t. 1, p. 398.

composent, sont mis en mouvement par des muscles
nombreux qui sont destinés à élever ou à abaisser
le larynx, à diminuer ou à augmenter l'ouverture
de la glotte, à tendre ou à relâcher les ligamens
inférieurs dont les vibrations constituent la voix.

Lorsque l'on pratique une ouverture à la trachée-
artère, immédiatement au-dessous du cartilage
cricoïde, chez l'homme et chez les animaux, on les
prive de la voix; elle se manifeste instantanément
lorsque cette ouverture est oblitérée; quand la bles-
sure intéresse l'épiglotte, les ligamens supérieurs de
la glotte et même le sommet des cartilages aryténoïdes, elle peut encore se manifester, suivant les expériences de Bichat et de M. Magendie; mais elle cesse
lorsque ces cartilages sont divisés dans leur milieu,
que l'on a enlevé les muscles thyro-aryténoïdiens
ou coupé les nerfs laryngés qui s'y distribuent; car
alors les ligamens de la glotte ou les cordes vocales,
qui ne peuvent éprouver de vibrations sonores s'ils
ne sont tendus par l'action de ces muscles, ne
reçoivent plus ces mouvemens. Suivant ce dernier
physiologiste, la glotte mise à découvert chez un
animal vivant laisse aisément apercevoir, au moment où il crie, les vibrations des ligamens inférieurs dont la voix est le résultat non équivoque.

L'air étant chassé dans les poumons par l'effort
des puissances expiratoires est donc porté avec plus
ou moins de vélocité dans la trachée-artère et dans
le larynx où il fait vibrer les cordes vocales, comme
il fait vibrer l'anche des instrumens à vent. Plus le

son vocal est grave, moins la tension de ces ligamens est considérable et moins la glotte est resser-
rée : l'acuité des sons paraît être due au contraire
à la tension plus considérable des cordes vocales,
qui, en raison même de la pression qu'elles éprouvent par l'effet de l'action musculaire, vibrent dans
une moindre étendue. La force ou la faiblesse de la
voix dépend plus spécialement du développement
du poumon ou du larynx, du volume de la colonne
d'air et de la vitesse avec laquelle elle franchit l'ouverture de la glotte.

Si, au moyen d'un soufflet, on pousse l'air dans
la trachée-artère et dans le larynx, en rapprochant
les cartilages aryténoïdes, de sorte que leur surface
interne soit en contact, on produira un son qui
aura quelque analogie avec la voix de l'animal dont
le larynx a été soumis à l'expérience (1).

Tous ces faits ne laissent aucun doute sur le mode
d'action du larynx dans la production des sons vo-
caux ; on reconnaît évidemment qu'ils ne sont dus
qu'à une action physique, et que ce n'est qu'à l'é-
tendue et à l'intensité variables des mouvemens vibratoires des cordes vocales que l'on doit rapporter
les diverses inflexions de la voix. C'est encore d'après
les lois physiques que l'on peut expliquer les rapports de ces inflexions et de ces modulations harmoniques, pendant le chant et le jeu des instru-

---

(1) M. Magendie, Précis élémentaire de physiologie.

mens de musique, avec l'oreille interne et les mouvemens imprimés à la matière nerveuse du nerf
auditif et du cerveau. Cette sympathie de deux organes physiques, l'un et l'autre chargés de fonctions
spéciales, ne peut avoir lieu qu'au moyen d'agens
physiques intra et extra-organiques.

La voix articulée, ou la parole, ce puissant
moyen d'expression qui lie entre eux les êtres intelli-
gens, est aussi le résultat d'une action entièrement
physique de la colonne d'air qui vient de franchir
la glotte, sur les parties qui forment la paroi supérieure du pharynx et sur celles de la bouche ; elle
résulte aussi des mouvemens variés de la langue et
des lèvres qui ont surtout une grande influence sur
l'articulation des sons.

Nous avons terminé l'exposition des fonctions des
appareils destinés aux relations que l'homme et les
animaux établissent avec les êtres et les corps qui
les environnent ; nous avons cherché à expliquer
l'action des agens externes sur les organes des sens,
de ces derniers sur les sens internes ou cérébraux,
au moyen des lois physiques, et nous avons démontré que l'on ne pouvait arriver à ce but par l'intervention des causes occultes. C'est aussi, en suivant
cette méthode, qu'il nous a été possible d'indiquer
les rapports physico-chimiques de l'encéphale, des
prolongemens nerveux qui viennent s'y rendre et
de l'appareil locomoteur, et que nous avons fait
connaître l'action des causes physiques sur ce dernier appareil. L'exposition des fonctions nutritives

va prouver l'action électromotrice de l'appareil nerveux sur les actions et les combinaisons chimiques
intra-organiques, et va montrer par conséquent son
influence sur ces fonctions.

FONCTIONS NUTRITIVES.

DE LA DIGESTION.

NOTIONS PRÉLIMINAIRES.

La digestion est une fonction physico-chimique, commune à tous les animaux, par laquelle des substances introduites dans un appareil plus ou moins compliqué sont soumises successivement à l'action des diverses parties qui le composent, des fluides qui y affluent, et sont transformées en deux portions distinctes, dont l'une sert à la nutrition et l'autre est expulsée par cet appareil. Cette double action, considérée d'une manière générale, indique déjà deux mouvemens opposés, l'un d'attraction, par lequel les substances fluides ou liquides sont attirées par la substance organique et peuvent ensuite s'assimiler ou s'unir à cette substance, l'autre répulsif, en vertu duquel les substances étrangères, réduites à l'état solide, sont expulsées. Les organes digestifs, considérés dans la série des espèces, font un choix dans les substances qui leur sont offertes; ils rejettent celles qui ne sont pas assimilables, et n'admettent en général que celles qui

sont propres à l'individu. Néanmoins, si des élémens hétérogènes sont reçus malgré les avertisse-
mens de l'instinct, élaborés par ces organes, absorbés et portés dans le torrent de la circulation, ils
sont expulsés par d'autres appareils, après un séjour peu prolongé dans l'organisme. L'animal ne
peut donc changer de nature et de composition, au
moins d'une manière prompte, par l'usage d'alimens dont les élémens ne peuvent lui convenir.
Si ces substances sont trop hétérogènes, si elles ne
contiennent point les élémens propres à réparer les
pertes de principes chimiques variés, résultant du
mouvement de décomposition ou de répulsion organique, alors l'animal maigrit, dépérit et suc-
combe. Tel est le résultat des expériences tentées
par MM. Magendie et Tiedemann.

Le premier de ces observateurs nourrit des chiens,
pendant quelque temps, avec du sucre, de la
gomme, de l'huile d'olive et du beurre, et leur
donna pour toute boisson de l'eau distillée; mais
ils ne tardèrent pas à maigrir, à perdre une partie
de leurs forces et moururent tous, sous l'influence
de ce régime, la plupart vers le trentième jour.

M. Magendie conclut de ses expériences que les
substances non azotées sont impropres à entretenir
d'une manière durable l'acte de la nutrition, et par
suite le mouvement vital. M. Tiedemann voulant
savoir si ces résultats ne dépendaient pas de ce
qu'on avait nourri ces animaux avec des substances
contraires à leur nature, en n'accordant que des

substances végétales à des carnivores, choisit l[l]
oies pour sujet de ses expériences et ne leur accord[e]
que du sucre, de l'amidon, de la gomme, et il fi[t]
dans le même temps, une expérience comparativ[e]
sur les qualités alibiles d'un aliment contenant d[e]
l'azote et de l'albumine : ces expériences offriren[t]
un résultat pareil à celui qu'avait obtenu M. Ma[-]
gendie, et les oies moururent du 16ᵉ au 44ᵉ jour,
suivant la nature de la substance non azotée, et au
bout de 48 jours par l'influence d'une nourritur[e]
albumineuse ou azotée. Ces résultats prouvent qu[e]
l'hétérogénéité trop considérable, comme l'homo[-]
généité trop parfaite des substances nutritives, s'op[-]
posent aux combinaisons moléculaires qui sont in[-]
dispensables à la formation des tissus et des fluides
organiques. M. Tiedemann observe avec raison que
les alimens ne peuvent entretenir l'acte de la nutri[-]
tion ni les phénomènes de la vie qui en dépendent,
parce que l'organisme vivant ne peut produire avec
eux tous ses composés organiques nécessaires à l'en[-]
tretien des divers organes. La diminution considé[-]
rable du caillot, la fluidité du sang, la cohésion
faible des molécules, qui le composent, ont été ob[-]
servées chez les mêmes animaux : ces phénomènes dé[-]
montrent que l'affinité des molécules intégrantes des
fluides, comme celles des solides, est une condition
indispensable à l'exercice normal des fonctions ;
qu'une trop grande cohésion de ces composans
indique l'activité des combinaisons moléculaires,
tandis que la faible cohésion de leurs particules

tégrantes annonce la lenteur et la difficulté de
es combinaisons, et a pour résultat l'asthénie
directe. Ces expériences nous prouvent donc qu'il
est absolument indispensable d'offrir aux animaux
des substances alimentaires variées, qui puissent
fournir aux nombreuses combinaisons chimiques,
sans lesquelles ils ne pourraient vivre. La digestion
est destinée à préparer les matériaux qui doivent
servir à ces combinaisons et qui sont ensuite portés
dans toutes les parties du laboratoire vivant, où se
forment des substances nouvelles et une foule d'a-
grégats qu'on ne trouve que dans le corps des animaux. Ce travail préparatoire, comme ces combinaisons secondaires très-variées, prouvent, d'une
manière évidente, que c'est par une série de combinaisons chimiques que ces agrégations se forment : l'examen du mécanisme de l'acte digestif va
encore démontrer cette vérité.

Il suffit d'étudier l'influence des diverses substances alimentaires sur des animaux qui en font
usage, suivant leur nature et suivant celle des matériaux qui sont indispensables à la nutrition, et
de faire la même observation relativement aux végétaux, pour se convaincre que les êtres qui composent les deux règnes sont soumis à la même loi ; que,
lorsqu'ils s'emparent des élémens qu'ils peuvent ap-
proprier à leur propre substance, pour former les
fluides sans lesquels ils ne sauraient exister, ils offrent
alors cette succession non interrompue d'actions
et de combinaisons moléculaires dont la nutrition

et la vie sont le résultat; mais que, quand les co[...]
ambians ne leur offrent que des matériaux tr[op]
analogues ou trop hétérogènes, comparativem[ent]
à leur propre substance, ces combinaisons ne p[eu]-
vent s'opérer chez les individus qui composent [ces]
deux règnes. La vie, qui en résulte immédia[te]-
ment, finit par s'éteindre, après que ces com[bi]-
naisons ont épuisé les matériaux qui pouvaient e[n]-
core les entretenir : les mouvemens organiques [di]-
minuent comme ces combinaisons, et cessent en[fin]
avec elles. Celui qui étudiera attentivement le m[é]-
canisme des fonctions, que les animaux et les vég[é]-
taux nous présentent également, pourra s'assu[rer]
que les combinaisons chimiques président à l'ex[é]-
cution de ces fonctions et que, sans les éléme[ns]
différens qui les entretiennent, on voit s'anéan[tir]
promptement les phénomènes appelés vitaux. Ain[si]
la vie qui résulte de leur ensemble et de leur succe[s]-
sion est entièrement subordonnée aux combin[ai]-
sons chimiques et par conséquent à l'action [du]
fluide électrique, qui pénètre la substance animal[e]
et sans lequel ces combinaisons ne pourraient s'op[é]-
rer. Qu'on examine attentivement les faits, que l'[on]
étudie la succession des phénomènes, et l'on se co[n]-
vaincra que nous suivons rigoureusement la marc[he]
de la nature; on sera forcé d'admettre que puisq[ue]
les substances alibiles qui servent à la compositi[on]
des êtres vivans, sont toutes pénétrées par les fluid[es]
impondérés, elles doivent nécessairement commu[ni]-
niquer ces mêmes fluides aux parties organiqu[es]
avec lesquelles elles vont s'identifier.

Les végétaux, qui sont privés d'organes digestifs, puisent les élémens nutritifs et excitateurs d'une manière immédiate, dans le sol où ils sont fixés et dans l'atmosphère qui les environne. Lorsque le sol ne contient point d'élémens alibiles et l'atmosphère de principes excitateurs, les racines et les feuilles des végétaux cessent d'absorber, ou si l'absorption continue, les combinaisons moléculaires intra-organiques languissent et bientôt elles ne s'opèrent plus. Le végétal meurt alors comme l'animal, par le défaut de matériaux nutritifs et par la privation des fluides impondérables, qui président aux combinaisons moléculaires, sans lesquelles la vie végétale s'éteint. L'animal, bien plus compliqué, a des organes des sens, qui sont destinés à apprécier les qualités nutritives ou nuisibles des substances extérieures, et des organes digestifs chargés aussi d'en reconnaître la nature et de les expulser, si elles sont contraires à son organisation et à sa composition chimique. Si, malgré ces sentinelles vigilantes, les élémens étrangers à l'organisme pénètrent dans ce que l'on appelle les secondes voies, alors ils sont expulsés, ne peuvent entrer dans la composition de la substance organique. De même, chez les végétaux, la matière qui est nutritive pour les uns devient trop hétérogène ou nuisible pour les autres, et ne peut entretenir les combinaisons chimiques plus ou moins variées qu'offrent ces corps vivans.

D'après ces faits et ces considérations, on doit penser que les appareils destinés à recevoir et à élaborer les substances alimentaires doivent avoir une organisation différente et une structure plus ou moins compliquée, suivant les qualités et les propriétés physiques et chimiques qui caractérisent ces substances; c'est en effet ce que l'observation démontre : l'estomac et les intestins des carnivores diffèrent beaucoup de celui des herbivores, et les organes digestifs de ces derniers diffèrent aussi de ceux des granivores. La diversité des goûts, comme la diversité des formes de ces organes, sont donc partout en rapport avec l'organisation, la composition intime des êtres vivans, et leur constitution matérielle ou chimique est dans le même rapport avec les élemens des substances qui doivent les nourrir. Les faits qui vont être exposés prouveront encore la vérité de cette proposition.

Chez les animaux les plus élémentaires, tels que les polypes, les organes digestifs offrent une organisation très-simple, et les instrumens destinés aux fonctions assimilatrices sont confondus en un seul appareil qui se rapproche beaucoup, par sa disposition matérielle, comme par son mode d'action, de celui qui est destiné à la nutrition des végétaux. Cet appareil absorbe, digère et porte la substance alibile aux tissus qui se l'approprient, ou aux vaisseaux qui la rejettent hors de l'organisme. L'absorption, la digestion, la circulation, s'opèrent dans les zoophytes par une sorte de sac auquel viennent aboutir des appendices cœcales, ou des canaux qui vont se distribuer aux diverses branches qui composent le polypier. Au moyen de cette com-

munication ce qu'un polype mange profite à tout
le verticille. On peut considérer ce verticille, d'a-
près la remarque de M. le baron Cuvier et d'autres
naturalistes, comme un seul animal qui serait muni
de plusieurs bouches et de plusieurs estomacs. Ce
savant a donc suivi le plan de la nature, en éta-
blissant le genre *rhizostome* dont le nom signifie
bouche-racine, puisque certains zoophytes sont pourvus d'une foule de tentacules branchus, percés chacun
d'une ouverture qui conduit à un petit canal, lequel
réuni aux autres canaux forme plusieurs troncs qui
aboutissent à l'estomac. Les petits orifices de ces tentacules pompent donc les fluides ambians comme les
racines des végétaux avec lesquelles ils ont tant d'analogie sous le rapport des fonctions, et portent ces
fluides à l'estomac, qui remplace le cœur chez ces animaux élémentaires. Ainsi, s'il est démontré que les
racines des végétaux comme tous les tissus organiques et inorganiques n'absorbent les fluides qu'en
vertu d'une action capillaire ou physico-chimique,
on démontre suivant les procédés les plus rigoureux
de l'analogie et de l'induction, que les tentacules
des polypes, comme l'appareil chylifère et lymphatique des animaux supérieurs, opèrent l'absorption
des substances nutritives en vertu des mêmes lois.
En étudiant l'action organique de chaque appareil,
dans la série des êtres vivans, on s'assurera de l'identité de ces lois, des procédés insensiblement gra-
dués par lesquels la nature confond ses opérations,
et l'on se convaincra, de plus en plus, qu'elle élude

grantes, à les animaliser et à les porter aux organes dont elles réparent les pertes continuelles. Ainsi plus on s'élève vers le haut de l'échelle zoologique et plus ces appareils deviennent nombreux. Ils semblent se compliquer dans une proportion presque égale avec le système digestif. Ce dernier appareil, qui n'offre, chez les animaux les plus élémentaires, que de simples sacs, ou des canaux creusés dans la substance même de l'animal, se détache de cette substance dans les animaux plus parfaits, présente plus de longueur et d'amplitude; l'extrémité buccale n'est plus une réunion d'ouvertures absorbantes qui se dirigent vers la substance ambiante par un mouvement automatique dépendant d'une véritable affinité moléculaire, c'est une ouverture armée de dents, ou de défenses propres à fixer l'animal aux corps environnans, à attaquer la proie qu'il poursuit et à la dévorer. Chez les premiers, cette substance s'offre à l'animal comme un végétal fixé au sol, et elle n'a pas besoin d'une longue préparation pour être assimilée; chez les derniers, elle doit être plus ou moins altérée, avant d'acquérir les qualités nutritives, avant d'être agrégée à leur propre substance. Les appareils masticateurs et salivaires sont pour cette raison d'autant plus développés, ainsi que l'appareil gastro-intestinal, que les alimens sont plus hétérogènes et plus éloignés par leur nature de la substance animale qu'ils doivent réparer. Chez les ruminans les estomacs sont multipliés, les organes masticateurs et sa-

ivaires sont très-développés ; chez les oiseaux, au contraire, le travail préparatoire à la digestion stomacale est peu considérable, ou nul, leur bec n'est
propre qu'à saisir et à briser grossièrement les substances alimentaires qu'ils avalent souvent sans les
diviser ; l'appareil salivaire est très-peu développé,
mais leur estomac glanduleux, ou le ventricule suc-
centurié remplace en quelque sorte cet appareil, par
la grande quantité de suc gastrique que les glandes
versent dans sa cavité et dont l'activité est proportionnée à la dureté et à la cohésion des substances alimentaires. Le gésier ou l'estomac musculeux supplée,
chez les oiseaux, à l'action trop faible des organes
masticateurs, et son organisation est telle qu'il peut,
chez les gallinacées surtout, comprimer et aplatir
des tubes ou des boules de fer blanc, émousser des
fragmens de verre, des aiguilles d'acier, briser et
réduire en poudre des boules de cristal. La force de
l'appareil de la mastication paraît donc être, en général, en raison inverse de celle de l'estomac et de
l'activité du suc gastrique. Dans les classes plus inférieures des animaux, comme chez les poissons et
les reptiles, cet appareil sert plutôt de moyen d'attaque et de défense ; il est plus propre à saisir la
proie qu'à la broyer ; aussi, dans ces espèces, le suc
gastrique a beaucoup d'activité, et il peut suffire
pour dissoudre les animaux tout entiers que l'on
trouve souvent dans leur estomac.

Ainsi, les organes, qui composent l'appareil de la digestion, sont parfaitement en rapport avec les besoins

des animaux, avec leur organisation intime, avec l
consistance, la composition, l'homogénéité ou l'hété
rogénéité des substances alimentaires; ainsi la subs
tance organisée établit des rapports électro-chimique
avec celle qui doit bientôt réparer les pertes qu'ell
éprouve, par suite de combinaisons chimiques, ou d
mouvement continuel de composition et de décom
position qui s'ensuit : ainsi donc, plus les substance
sont dures et hétérogènes, et plus elles ont besoi
d'être profondément modifiées par un estomac ro
buste et un fluide gastrique actif; par une raison op
posée, plus les substances alimentaires ont de fluidit
et d'homogénéité, et moins ces organes sont robustes et développés; plus les organes masticateurs sont
faibles, plus les parois de l'estomac sont amincies,
plus le canal alimentaire présente de brièveté et
d'étroitesse, et plus le nombre des réservoirs et des
appareils sécrétoires diminue. Ce rapport rigoureux
de l'organisation du conduit alimentaire et de ses annexes, avec la nature de ses substances alibiles, est
une des lois les plus remarquables de l'organisme; il
prouve que ce conduit est réellement un appareil
chimique, et qu'il est modifié d'une manière très-
variée, on pourrait même dire très-ingénieuse,
suivant la nature des substances qu'il doit élaborer.

On peut donc reconnaître, dans l'acte de la digestion, une action mécanique résultant de celle
des organes masticateurs et de l'estomac de quelques animaux, une action physico-chimique qui est

celle de faisceaux musculaires des deux vies ; enfin , une action chimique résultant des combinaisons moléculaires qui s'opèrent entre les fluides organiques et les substances alimentaires. La première action étant bien connue, nous ne reproduirons point ici ce que l'on peut trouver dans les livres de physiologie spéciale ; nous fixerons seulement notre attention sur la cause des mouvemens que le conduit alimentaire éprouve dans l'exercice de cette importante fonction, et sur les combinaisons chimiques dont il est le siège. Cet examen est d'autant plus nécessaire, que les physiologistes les plus modernes attribuent ces mouvemens moléculaires à une *action vitale*, tandis que, convaincus par l'évidence des faits, ils admettent que les combinaisons moléculaires s'opèrent d'après les lois chimiques. Chercher à expliquer, par une cause unique, le mécanisme des actions et des combinaisons moléculaires qui s'opèrent simultanément dans le tube digestif, lorsque les alimens y sont introduits, c'est faire disparaître cette contradiction de la physiologie, et atteindre le but que nous nous sommes proposé.

ACTION MUSCULAIRE OU MOLÉCULAIRE.

Une membrane muqueuse et un appareil musculaire compliqué étendus, depuis la bouche jusqu'à l'anus, sont destinés à favoriser la progression des substances alimentaires, pendant qu'elles sont sou-

mises à un travail élaboratoire dans les diverses
parties qui composent l'appareil digestif. La bouche,
le pharynx, l'œsophage, l'estomac, l'intestin grêle,
le gros intestin, offrent une succession de contractions destinées à faire parcourir à ces substances
un long trajet, pendant lequel elles perdent leurs
qualités primitives, et acquièrent des qualités nouvelles. Ces substances sont broyées par les dents,
pénétrées par la salive, et forment ensuite un bol
par l'action des diverses parties de la bouche, et
surtout par l'action de la langue qui le précipite
dans le pharynx, d'où il est ensuite transmis aux
diverses portions du conduit alimentaire, par un
mécanisme analogue. Les faisceaux musculaires, qui
composent ce conduit, tendent sans cesse à se contracter, comme les muscles destinés aux autres
fonctions, lorsqu'ils ne sont pas maintenus dans un
état de dilatation ou d'expansion, par l'exercice
d'une force qui agit, en général, de dedans en-de-
hors. Dans les faisceaux musculaires de la vie de relation, les muscles antagonistes déterminent mécaniquement la dilatation, tandis que la contraction
est favorisée à la fois par la tendance chimique
qu'ont les molécules, qui composent les muscles, à
se rapprocher, et par l'action galvanique du système nerveux soumise à l'empire de la volonté. Les
muscles involontaires sont dilatés passivement par
l'action mécanique des alimens ou des boissons, et
leur contraction est sollicitée ensuite par leur influence physico-chimique et par une action exci-

...atrice des nerfs trisplanchniques. On ne concevra pas, sans doute, comment la matière nerveuse, et les matières inorganiques, peuvent agir de la même manière, c'est-à-dire en excitant la contraction musculaire; c'est cependant ce que l'observation démontre.

Quoique le mouvement de dilatation du conduit digestif soit dû à une action mécanique, il ne faudrait cependant point en conclure que des subsances qui le parcourent ne pussent agir aussi dans certains cas d'une manière physico-chimique. On aurait peut-être tort de rejeter entièrement ce mode d'action dans l'acte de la digestion stomacale surtout; car la dilatation souvent excessive de l'estomac a lieu sans douleur, et est même accompagnée d'un sentiment de bien-être lorsque des substances alibiles, ou ayant des propriétés inoffensives, remplissent ce viscère. Tout indique donc que cette dilatation ne s'opère pas exclusivement d'une manière mécanique. Il en est ainsi de la présence des fèces dans l'intestin gros, dans l'état ordinaire, de l'embryon et même des hydatides dans l'utérus. On ne peut assurément concevoir comment ce dernier organe surtout, dont les parois musculaires sont si épaisses, pourrait se laisser dilater par l'effort expansif du fluide embryonique, ou de quelques hydatides. De toute nécessité, il faut admettre dans ces circonstances un autre mode d'action des parties contenues sur les parties contenantes, car on ne peut plus expliquer ce mouvement par une prétendue force d'ex-

pansion, et il faut bien reconnaître que les pre
mières parties agissent sur les secondes en exerçan
une action répulsive sur leurs molécules intégrantes
bientôt suivies d'un mouvement contraire, lorsqu
les conditions électro-chimiques qui établissent le
rapports des substances nutritives, avec les molé
cules des faisceaux musculaires, ont changé.

Quoi qu'il en soit, l'appareil musculaire du con
duit alimentaire réagit bientôt sur les substance
qui sont en contact avec la membrane muqueuse
et les force ainsi, par des contractions succes
sives et *à tergo*, à parcourir toute l'étendue de ce
conduit. Les muscles soumis directement à l'in
fluence du cerveau remplissent d'abord cette fonc
tion, tandis que ceux qui sont sous l'influence de
nerfs ganglionaires exercent une action semblable,
sur les faisceaux musculaires de la vie organique,
jusqu'à l'anus dont le constricteur est aussi sous l'in
fluence de la volonté. Dans cette suite de mouvemens, on observe une action moléculaire intermittente et une série de contractions et de dilatations
alternatives qui doivent être rapportées à une cause
semblable. Si l'on coupe les nerfs moteurs volontaires, par exemple, qui se distribuent aux muscles
de la mastication, on les paralyse et l'on empêche
l'exercice de cette fonction. De même, si l'on opère
la section de la huitième paire, on suspend, on
diminue, ou l'on arrête définitivement la digestion,
la respiration et la circulation, quoiqu'on ne puisse
point atteindre tous les nerfs qui contribuent à

l'exercice de ces fonctions (1) : dans cette section on arrête encore les phénomènes chimiques de la digestion, ou on en diminue notablement l'intensité, en s'opposant au développement de l'acide du suc gastrique. Le système nerveux a donc évidemment une double action sur le tube digestif; d'une part, il excite l'action musculaire, ou celle des molécules concrètes, de l'autre, il acidifie le suc gastrique, et a par conséquent la plus grande influence sur les combinaisons chimiques qui transforment les alimens en chyme; ce qui constitue un des phénomènes les plus essentiels de la digestion.

Cette double action du système nerveux, que l'on ne saurait maintenant révoquer en doute, mérite de fixer toute notre attention, en raison de son importance, et aussi parce que l'une a été placée par les chimico-ontologistes sous l'empire de la prétendue force vitale, et l'autre attribuée à une action physico-chimique. Il est difficile, à la vérité, de comprendre comment l'action de la substance nerveuse peut simultanément déterminer la dissolution chimique des alimens, par la production d'un fluide acide, ou par les propriétés qu'elle lui communique, et comment la même action peut exciter un mouvement péristaltique des parois musculaires de l'es-

---

(1) Tout indique que s'il était possible de faire la section des nerfs ganglionaires qui se rendent au cœur, comme aux organes digestifs, on ferait cesser aussi promptement leurs mouvemens que par la destruction de la moelle épinière.

tomac et des intestins. Ce double phénomène, quelle
que soit l'explication qu'on en puisse donner, ne
peut assurément dépendre, le premier, d'une cause
vitale, et le second, d'une cause physico-chimique.
Il faut encore ici opter entre le premier et le second
mode d'action, car il n'y a pas d'autre alternative.
Supposer le système nerveux doué des deux *forces
opposées*, l'une métaphysique ou vitale, et l'autre
chimique, agissant au même instant et dans le même
organe pour concourir au même but, est une
étrange contradiction que l'on ne saurait plus admettre. Quant à ceux qui attribueraient tous ces
phénomènes à une chimie *sui generis*, appelée vitale, ils ne peuvent en faire connaître les lois; ils
ne sauraient nous dire par conséquent en quoi
elle diffère de la chimie proprement dite, ou en
d'autres termes, en quoi les digestions artificielles
diffèrent des digestions naturelles. Si les procédés
de l'art imitent, autant que possible, les procédés
de la nature, ils sont donc forcés de convenir que
les affinités observées dans les corps organisés et
vivans ne diffèrent pas essentiellement, quant aux
agens physiques qui les déterminent, des affinités
qui s'opèrent dans les corps inorganiques.

En étudiant attentivement les rapports des phénomènes qui caractérisent l'acte de la digestion, on
peut se convaincre qu'il est soumis à l'action des
mêmes agens. L'excitation des nerfs de la huitième
paire augmente l'intensité des deux phénomènes
chimiques très-remarquables : l'acidité du suc gas-

...trique et les mouvemens péristaltiques du tube in-testinal. La stimulation produite par les alimens, par les irritans, sur la membrane muqueuse de l'es-tomac, détermine le même résultat. La vacuité de ce viscère et la faiblesse proprement dite coïncident avec la diminution des contractions de la membrane musculeuse du tube digestif et de l'acidité du fluide gastrique. Il est difficile de ne pas admettre que ces deux phénomènes soient dus à une cause physique identique, et, bien qu'il nous soit impossible de donner toutes les théories des actions organiques, nous allons cependant essayer de présenter celle de ces deux derniers phénomènes.

Le système nerveux s'empare facilement, comme nous l'avons prouvé, en examinant l'influence du sang artériel sur cet appareil, de l'oxygène qui est en partie combiné avec ce liquide. Dans cette com-binaison, le gaz se fixe sur les élémens électro-po-sitifs de l'encéphale, et tout annonce qu'il se dé-gage une portion du fluide résineux que l'oxygène contient. Au moment de la digestion, il s'établit des courans de ce fluide vers l'estomac; ceux qui sont dirigés par les conducteurs vers les muscles involon-taires produisent des actions moléculaires; ceux qui sont destinés à la surface libre de la membrane mu-queuse servent aux combinaisons chimiques, et donnent au fluide gastrique la propriété acide. Quel corps pourrait acidifier ce liquide, si ce n'est le fluide résineux? quel agent pourrait déterminer les mouvemens péristaltiques du tube intestinal,

l'endosmose et l'exosmose dont ce tube est le siège, si
ce ne sont l'électricité et le calorique? Si l'on considère les propriétés électro-chimiques de l'oxygène
dans son action sur tous les corps, si l'on pense que
les fonctions du système nerveux et toutes les actions organiques sont sous sa dépendance immédiate, si l'on considère enfin que le fluide électrique
seul peut déterminer ces trois phénomènes remarquables, on sera forcé de les rattacher exclusivement
à l'action de cette cause physique.

Ainsi, l'on peut concevoir maintenant comment
le tissu nerveux, ou le fluide qu'il contient, agit
sur les muscles en provoquant une série d'attractions et de répulsions, ou le mouvement péristaltique, et comment ce fluide acidifie en même temps
un liquide qui peut dissoudre ensuite les substances
alimentaires. Il est sans doute inutile de chercher à
démontrer encore que ces deux phénomènes physico-chimiques ne dépendent point de l'organisation
différente des extrémités du système nerveux qui
se distribuent, les unes à la membrane muqueuse,
et les autres à la membrane musculeuse; ne suffit-il
pas de faire remarquer que le même acide convenablement étendu, qui opère la digestion artificielle
ou la dissolution des substances alimentaires, détermine au contraire la contraction des muscles ou le
rapprochement des molécules qui les composent,
lorsqu'on agit sur le tissu musculaire d'un animal
vivant ou récemment mort? la différence des résultats dépend donc de l'état physico-chimique opposé,
dans lequel se trouvent les substances organiques

ou inorganiques sur lesquelles on fait agir les fluides excitateurs, ou les agens chimiques. Supposer ici des causes entièrement différentes pour expliquer ce double phénomène, l'un par le secours de la prétendue force vitale et l'autre par l'intervention des lois physico-chimiques, c'est adopter des principes incohérens dont il est superflu de démontrer encore la futilité.

Les recherches de MM. Tiédemann et Gmelin ont démontré que la section des nerfs vagues s'oppose au développement de l'acidité du fluide gastrique; de plus, les expériences d'une foule d'observateurs distingués ont prouvé que le travail de la digestion est incomplètement empêché par l'excision d'une portion de la huitième paire. Ces preuves déduites de l'observation sont sans doute assez nombreuses et assez concluantes, pour qu'on puisse être convaincu que l'action nerveuse est la cause productive de ce double phénomène, que le mouvement péristaltique, la propriété acide et digestive du suc gastrique, sont dus nécessairement à l'influence du fluide subtil, contenu dans le système nerveux, et dont les propriétés caractéristiques sont celles du fluide résineux. La substance nerveuse, très-avide d'oxygène, peut seule dégager une assez grande quantité de fluide électrique pour le communiquer aux autres organes; cette substance ne peut agir en vertu de son organisation ou de la cause passive, mais par l'action du fluide impondérable qu'elle contient. Adopter une autre doctrine, supposer que cette substance puisse agir par des *forces* essentiellement différentes sur les molécules concrètes et sur les molécules fluides ou libres de la matière animale, c'est, il faut bien le redire, refuser de s'en rapporter à des faits probans et à des preuves évidentes pour adopter des hypothèses inadmissibles.

Il est sans doute encore nécessaire de multiplier les expériences sur les animaux vivans, afin de connaître d'une manière plus positive l'influence de l'appareil nerveux dans l'acte de la digestion; mais néanmoins celles qui ont déjà été tentées sur le pneumo-gastrique ne laissent aucun doute sur l'influence électro-chimique de ce nerf sur les actions et les combinaisons moléculaires qui s'opèrent dans la digestion, comme sur l'endosmose et l'exosmose.

On a remarqué que les souffrances vives éprouvées par les animaux auxquels on a pratiqué des opérations douloureuses diminuent ou suppriment l'acidité du suc gastrique; on a aussi observé que les convulsions violentes éprouvées par des sujets robustes enlèvent les forces, énervent l'action musculaire et rendent parfois dangereuses les saignées abondantes pratiquées pendant ou immédiatement après ces accidens. Ces divers phénomènes indiquent donc également l'affaiblissement de l'action nerveuse ou l'épuisement de la cause physique qui la détermine. D'une autre part, ne suffit-il pas de savoir que la présence des alimens stimulans ou des corps étrangers dans l'estomac détermine, à un haut degré, les deux phénomènes de l'innervation gastrique, les mouvemens péristaltiques et l'acidité

du fluide digestif, pour être convaincu que le système nerveux agit absolument de la même manière
que la pile galvanique. Ceux qui, à l'exemple de
quelques physiologistes modernes, considèrent la
digestion comme une opération chimique, ne pourront, sur des inductions si probantes et sur des faits
si remarquables, se refuser à adopter cette opinion.
Les expériences ne peuvent donner des preuves
plus positives que celles qui sont rigoureusement
déduites de l'observation et du rapprochement
des faits qui viennent d'être exposés.

Les faits que nous avons rapportés ne démon-
trent-ils pas que l'oxygène est indispensable à la vie,
et par conséquent à l'action nerveuse, et qu'il contient une grande quantité de fluide résineux? N'ont-
ils pas prouvé que c'est à sa présence que l'on doit
attribuer les propriétés physiques de ce gaz dans la
production des combinaisons moléculaires inorganiques et intra-organiques? Ne prouvent-ils pas que,
dans le vide, les phénomènes attribués à la contractilité et à l'irritabilité se dissipent promptement, et
qu'ils sont vivement excités par l'action de l'oxygène
et des acides? Ne sait-on pas que l'action du fluide
électrique est le plus puissant moyen de les entretenir, de suppléer celle du fluide électro-nerveux,
de déterminer la résurrection des animaux asphyxiés,
et par conséquent d'exciter les actions et les combinaisons moléculaires? L'appareil nerveux, privé
d'oxygène, cesse donc d'agir comme la pile galvanique placée dans le vide; comme elle, il cesse d'exciter

les mouvemens musculaires, d'acidifier les liquides et d'entretenir l'absorption et l'exhalation. Si des preuves aussi décisives ne sont point admises, nous avouerons avec les physiologistes les plus modernes et les plus instruits, *que l'on ne connaît rien ou presque rien en physiologie*, et nous ajouterons de plus que nous ignorons complètement la voie qu'il faut suivre pour arriver à la vérité.

Il est donc constant que les actions musculaires du tube digestif ne peuvent s'opérer d'après d'autres lois que celles qui président aux combinaisons moléculaires, puisqu'elles se développent également dans les mêmes circonstances, par l'action du même appareil et qu'elles ne peuvent être que le résultat de l'action d'un agent chimique. Si le mouvement péristaltique s'observe encore long-temps après que la vie a cessé et que l'action nerveuse a été suspendue, ce n'est pas une raison pour croire que les phénomènes rapportés à l'irritabilité ne soient pas entretenus par l'action du fluide thermo-électrique : une semblable objection ne pourrait soutenir un instant l'examen. L'irritabilité, pour nous servir de l'expression des ontologistes, est considérée comme le résultat de l'action nerveuse dans les muscles volontaires, car la cause des mouvemens musculaires disparaît promptement après la cessation de cette action : si dans la tunique musculaire des intestins, les mêmes phénomènes s'observent long-temps après la mort, si l'on remarque, surtout chez les animaux privés du système nerveux, des mouvemens semblables, on doit les attribuer, dans ce cas, à l'action immédiate et continuelle de l'oxygène ambiant ou du gaz résineux sur ces êtres élémentaires, et dans le premier à la pénétration plus intime des muscles involontaires, par ce fluide impondérable, et enfin à l'action presque continuelle qu'ils reçoivent de cette partie de l'appareil électromoteur qui n'est pas soumise, pendant la vie, à l'influence immédiate et intermittente du cerveau ou à la volonté.

Il nous resterait maintenant à expliquer le mode d'action des substances alimentaires, médicamenteuses, délétères, et des autres agens physiques, capables d'exciter les contractions du tube intestinal et d'attirer ou de repousser les fluides qui y sont habituellement déposés; mais un semblable exposé nous entraînerait au delà du but que nous voulons atteindre dans cet ouvrage, où nous ne devons entrer dans la spécialité qu'autant qu'il convient pour démontrer la vérité des principes que nous avons adoptés. Nous ferons seulement observer que les substances alimentaires agissent sur le tube digestif d'après leurs propriétés physiques, telles que la dureté, la pesanteur, les aspérités, ou leurs qualités chimiques : ainsi, celles qui sont alcalines agissent différemment que celles qui sont acides, etc. Plus les corps sont pesans, denses, couverts d'aspérités, et plus ils provoquent énergiquement la sécrétion d'un fluide acide, et plus ils excitent les contractions de l'estomac, ainsi qu'on l'observe, par exemple, dans la digestion des gallinacées : il s'établit donc, entre ces corps inorganiques et la matière organisée, un rapport électro-chimique en vertu duquel les fluides sont attirés vers les corps les plus denses, et vers ceux qui, ayant les mêmes propriétés physiques, offrent un plus grand nombre de pointes ou d'aspérités. Par l'effet de ces agens, la membrane muqueuse est à l'état électro-négatif relativement aux tissus subjacens, car elle devient le siège de l'exhalation ou de l'exosmose, ou de deux courans de matière pondérable, dont le plus fort est dirigé vers la surface libre de l'estomac.

Si l'on examine ensuite l'effet chimique de la bile et des sels qu'elle contient, celui des purgatifs salins sur la membrane gastro-intestinale, on trouvera les mêmes rapports et les mêmes résultats. Cette membrane sera encore à l'état électro-négatif, les orifices vasculaires s'ouvriront, et les fluides intestinaux seront appelés ou attirés en grande quantité vers les surfaces muqueuses. Que l'on observe l'effet de l'eau, des acides, des agens électro-négatifs ou des substances moins denses, et l'on remarquera que l'action attractive est plus faible ou nulle, et qu'un mouvement répulsif est le résultat de leur action, que l'absorption prédomine et que la membrane muqueuse est à l'état électro-positif. Ce double phénomène est très-remarquables parce qu'il s'observe au moment même de la digestion. Lorsque les substances alimentaires sont encore à l'état solide, elles attirent les fluides et tendent à produire l'exhalation ; lorsqu'au contraire elles se fluidifient, elles sont attirées elles-mêmes, et alors il y a tendance évidente à l'absorption. On peut voir que notre théorie est confirmée par les expériences de M. Dutrochet et d'accord avec ses principes, bien que nous n'ayons pas toujours pu adopter ses expressions.

Les substances alimentaires, les corps indigestes, les liquides irritans, agissent donc comme des agens électromoteurs ; ils mettent en jeu le système nerveux et déterminent le fluide qu'il contient à se porter, soit sur ces corps eux-mêmes, soit sur les molécules libres ou adhérentes de la substance animale. Si, dans les expériences tentées sur les animaux vivans, la seule stimulation galvanique ou seulement l'action mécanique des corps sur l'extrémité inférieure, divisée de la huitième paire, a pu suffire pour suppléer l'action du système nerveux, on ne peut rien en conclure contre l'existence du fluide nerveux et contre son action dans l'acte de la digestion ; car on sait que le moindre contact des substances hétérogènes suffit pour développer l'électricité, et que les nerfs, dans toute leur étendue, peuvent extraire ce fluide du sang artériel ou de l'oxygène. On peut croire que ce phénomène doit offrir beaucoup d'intensité par le contact des corps extérieurs sur la substance animale encore saturée de calorique ou d'électricité à l'état neutre. Les pincemens, des pressions, des tiraillemens des extrémités des nerfs divisés, chez les animaux vivans comme chez ceux que la mort vient d'atteindre, n'agissent que d'une manière physico-

chimique, en provoquant la contraction musculaire, et ce n'est en vérité qu'avec les yeux de la
prévention, que l'on peut apercevoir dans ces mouvemens, un *quid*, ou quelque chose de vital. Que
l'on compare ces phénomènes à une foule d'effets
magnétiques, électriques ou thermo-électriques, et
l'on sera bientôt désabusé, si l'influence d'une idée
préconçue ne l'emporte sur l'opinion qui doit faire
naître la comparaison et la coordination de tous les
phénomènes électro-organiques.

Mais, d'ailleurs, les physiciens, dont on veut
suivre les traces, expliquent-ils d'une manière satisfaisante tous les phénomènes électro-chimiques?
non assurément : il en est beaucoup dont on ignore
les causes spéciales ; mais on ne cherche point pour
cela à les rapporter à des causes occultes d'un autre
ordre ; on se contente de répéter les expériences,
en soumettant ces phénomènes aux mêmes lois.
Remarquons encore que cette manière de philoso-
pher ou de procéder à la recherche de la vérité, est
préférable à celle des physiologistes modernes que la
moindre difficulté égare dans les erreurs du vitalisme, qui abandonnent alors des principes certains,
pour adopter aussitôt un système au moyen duquel
ils sont sans cesse obligés d'expliquer le connu par
l'inconnu, et le positif par le négatif. C'est en suivant cette méthode que l'on s'oppose sans cesse aux
progrès de la vérité ; c'est au contraire en suivant
celle des physiciens et des chimistes modernes, qu'on
peut arriver à des notions positives sur les questions

des plus difficiles, et sur les opérations les plus obscures de la nature animale.

Ainsi, que l'action musculaire, le mouvement péristaltique ou d'attraction et de répulsion alternatives, observés à la partie inférieure de l'œsophage, dans les parois musculaires de l'estomac et des intestins, comme à l'ouverture pylorique, soient excités par l'action électro-nerveuse, galvanique, électrique, chimique, mécanique, on ne peut absolument rien conclure de cette diversité d'action sur la fibre animale, en faveur du vitalisme, car ces phénomènes s'observent après la mort, et peuvent être reproduits sous l'influence de ces divers agens. On adoptera, sans doute, l'opinion que nous émettons, si l'on pense que le calorique développe les phénomènes attribués à l'irritabilité, et entretient le mouvement fibrillaire ou moléculaire que nous offrent les animaux et les végétaux. L'analogie du calorique et du fluide électrique démontre encore qu'il n'y a rien d'occulte ou de vital, dans la production du phénomène qui nous occupe, et qu'on doit l'attribuer exclusivement à des causes physiques.

Il est sans doute inutile de prouver encore que les nerfs cérébro-rachidiens et ganglionaires sont également les conducteurs du fluide impondérable, qui va déterminer le mouvement musculaire dans toutes les parties du tube alimentaire, qu'elles soient ou non soumises à l'empire de la volonté. Les anastomoses multipliées qui unissent ces divers appareils nerveux, l'analogie de leur structure, de leur forme, etc.,

sont, ainsi que nous l'avons déjà exprimé, des
motifs suffisans pour reconnaître la similitude de
leur action. Le doute est un moyen d'éviter l'erreur et de trouver la vérité; mais enfin, il doit
avoir ses bornes, il doit céder aux preuves multipliées de l'analogie et de l'induction, de l'observation et de l'expérimentation.

COMBINAISONS MOLÉCULAIRES.

L'action des fluides organiques et du calorique
sur les substances alimentaires, soit dans les appareils de la digestion, soit hors de ces appareils, démontre que cette fonction est entièrement sous
l'empire des lois physico-chimiques. Le célèbre As-
clépiade avait déjà pensé que la digestion n'est
qu'une dissolution des alimens, opinion qui a été
admise bien des siècles après lui par Van-Helmont,
Harvey, Cockburne, et rejetée ensuite parce qu'elle
ne fut point établie par des expériences faites sur
les animaux vivans. Réaumur et Spallanzani sui-
virent une voie qui les a conduits à des notions positives, parce qu'ils tentèrent avec succès de semblables expériences, et prouvèrent, d'une manière
décisive, que si la mastication, l'insalivation des
alimens, sont indispensables à l'exécution complète
du travail digestif, il n'en consiste pas moins essentiellement dans une dissolution des substances alimentaires par le suc gastrique. Pour parvenir à découvrir et à démontrer cette vérité, ils firent avaler,
à des brebis, des tubes métalliques renfermant des

substances végétales, entières, mâchées et pénétrées du fluide salivaire, et ils constatèrent que si les premières n'avaient subi qu'une altération imparfaite, les secondes avaient été plus profondément altérées, dissoutes et réduites en chyme. Ces expériences répétées sur les oiseaux offrirent des résultats analogues. Ces physiciens donnèrent des preuves encore plus convaincantes de l'action chimique du suc gastrique sur la pâte alimentaire. Après avoir retiré ce suc au moyen d'éponges introduites dans l'estomac des oiseaux, ils le versèrent dans de petits vases contenant diverses substances alimentaires, exposées à une température égale à celle de l'oiseau sujet de l'expérience. On trouva, au bout de quelque temps, les alimens dissous, en partie ou en totalité, convertis en une masse assez semblable à de la bouillie. De la viande fut dissoute dans le suc gastrique d'un faucon; des portions d'intestins dans celui des chouettes, de la viande et des cartilages dans celui d'un aigle; du pain, de la viande hachée, des grains de blé écrasés, des os même, éprouvèrent une altération manifeste par l'action de ce suc hors de l'économie animale. Des physiologistes modernes ont répété ces expériences, ont cherché à reconnaître la cause de l'action dissolvante du suc gastrique, et ils ont prouvé qu'elle dépend des propriétés physico-chimiques de ce fluide et de ceux qui pénètrent la substance alimentaire à son passage dans les diverses parties du tube digestif. Des faits aussi authentiques attestent déjà que la transforma-

tion des substances alimentaires en chyme ne peut
être rapportée qu'à une action physico-chimique.
Ceux qui vont être rapportés ne laisseront aucun
doute sur l'évidence de cette action.

La salive est un liquide visqueux, presque ino-
dore, dans lequel on aperçoit des flocons muqueux
blanchâtres, et des globules infiniment petits, que
l'on peut découvrir au moyen du microscope. Cette
liqueur animale paraît avoir pour effet de seconder
l'action mécanique des arcades dentaires sur les alimens, qui se trouvent ainsi pénétrés et divisés par
ce fluide. C'est au moyen de l'eau et des autres principes qui la composent, tels que les carbonates, les
acétates de potasse et de soude, les chlorures de
potassium et de sodium, du sulfo-cyanure trouvé
par MM. Tiédemann et Gmelin, dans la salive humaine, c'est, disons-nous, au moyen de ces principes, que cette liqueur parvient à ramollir les substances alimentaires et à préparer leur dissolution. Il
est sans doute difficile de dire de quelle manière s'o-
père cette action physico-chimique, parce que nous
ignorons le mode d'action de chaque principe alimentaire; mais l'expérience ayant prouvé que l'eau
et les mêmes sels ont une action analogue, hors de
l'organisme, il devient inutile d'ajouter de nouveaux argumens à une preuve aussi décisive. On
n'objectera pas assurément que, puisque l'on ignore
comment s'opère ce ramollissement dans ces deux
circonstances, il devient indifférent de l'attribuer
dans le premier cas à une action vitale, et dans

le second à une action mécanico-chimique; car tous les phénomènes identiques, qui peuvent se rapporter à des causes connues ou physiques, ne doivent plus être attribués à des causes occultes. C'est en suivant un raisonnement différent qu'on conserve les erreurs dans les sciences, et que l'on reste fidèle à la doctrine ontologique. Et lors même qu'il serait prouvé que la salive et le suc gastrique n'agissent pas avec *autant d'intensité* dans des vases immobiles, que dans les canaux et les réservoirs mobiles de l'organisme, sous l'influence d'une chaleur uniforme, convenablement graduée, suivant les périodes de la dissolution des alimens, ce ne serait point une raison encore pour en induire que ces phénomènes ne se produisent point suivant les mêmes lois; car, l'homme ne sera jamais qu'un imitateur infidèle de la nature; il connaît, dans une foule de circonstances, les lois qu'elle suit dans la production des phénomènes physiques, sans pouvoir les reproduire avec la même intensité, et sans pouvoir s'élever à la hauteur du modèle. Ces réflexions sont à peine relatives au sujet qui nous occupe, tant l'art a su, dans cette opération chimique, imiter la nature.

L'action de la salive est donc peu importante, puisqu'elle peut être remplacée par la trituration des substances alimentaires, et par l'action de l'eau ou de tout autre liquide, ainsi que l'ont prouvé bien des fois ceux qui ont fait des expériences sur les animaux vivans. D'ailleurs, la salive a une action

chimique nulle, ou presque nulle chez les oiseaux
les reptiles et les poissons, qui digèrent fort bien de
animaux et des corps organiques tout entiers, ou
qui n'ont reçu aucune altération manifeste avan
d'arriver à l'estomac. Les expériences nombreuse
que Spallanzani a tentées sur lui-même, en avalan
de petits sacs de toile, et même de petits tube
solides pleins de viande mâchée ou non mâchée,
attestent que l'insalivation n'est pas indispensable
à la digestion dans l'homme lui-même, et qu'elle
peut s'opérer par la seule action du suc gastrique.
C'est donc dans le viscère où ce fluide est formé que
s'opère la partie la plus essentielle de la digestion.

INFLUENCE DES SUCS GASTRIQUE, BILIAIRE, PANCRÉA-
TIQUE ET INTESTINAUX SUR LES COMBINAISONS MOLÉ-
CULAIRES.

L'existence du suc gastrique, comme fluide particulier, sécrété ou formé dans l'estomac, n'est plus
un problème; sa source et ses propriétés ont été
dévoilées par de nombreuses expériences. Ces expériences ont prouvé que cet organe contient une
petite quantité de ce fluide chez les animaux à jeun,
et dont l'acidité est alors très-faible ou nulle, tandis
que cette quantité devient plus considérable, et
cette acidité bien plus évidente dans l'acte de la digestion. Tel est en général le résultat des recherches
de Viridet, de Carminati, de Brugnatelli, de Wer-
ner, de Gosse, de Montègre, etc. Ce résultat a
été confirmé dernièrement par les expériences nom-

breuses de MM. Leuret et Lassaigne, Tiedemann et Gmelin. Ces observateurs ne se sont point accordés, à la vérité, sur le nombre et sur la nature des acides développés dans le suc gastrique; mais, ce qui est essentiel pour arriver à la solution de la question qui nous occupe, ils ont constaté que ce suc agit soit dans l'estomac, soit hors de l'économie, en vertu de ses propriétés dissolvantes et chimiques. Les premiers observateurs n'ont trouvé que de l'acide lactique, tandis que les seconds ont constaté la présence de l'acide acétique, hydro-chlorique, et de plus, celle de l'acide butyrique dans le suc gastrique des chevaux et des ruminans; ils ont même soupçonné la présence de l'acide fluorique dans le suc gastrique des granivores. Lorsque la chimie animale sera plus avancée, que l'on connaîtra mieux les procédés de la nature ou de l'organisme dans la formation des acides, on accordera sans doute moins d'importance aux distinctions admises entre ces corps élémentaires, telles qu'elles sont établies par les chimistes modernes. Quoi qu'il en soit, l'ingestion du poivre, des cailloux a singulièrement augmenté les propriétés acides et la quantité du suc gastrique chez les animaux qui ont été le sujet des expériences, ainsi que les substances solides les plus réfractaires à l'action digestive. Ce phénomène indique des rapports évidens, entre l'intensité d'action du fluide gastrique et la digestibilité des alimens; il annonce que c'est à ses propriétés acides surtout que l'on doit attribuer son

action dissolvante sur les alimens. Le chlorure
alcalin et la petite quantité de sulfate que l'on
trouve dans le suc gastrique ne paraît point jouir
de propriétés actives; l'albumine que l'on y trouve,
ainsi qu'une matière animale, qui a paru offrir
quelques propriétés de l'osmazôme, viennent aussi
s'unir aux substances alimentaires pour les animaliser, ou pour leur donner un caractère d'homogénéité qui favorise leur assimilation.

D'après la théorie chimique adoptée par MM. Tiedemann et Gmelin, l'eau qui contient le suc gastrique
amène la dissolution de plusieurs alimens simples,
tels que l'albumine non coagulée, la gélatine, l'osmazôme, le sucre, la gomme, l'amidon cuit; ils
pensent, comme tous les observateurs, que la
dissolution de ces substances dans l'eau est singulièrement accélérée par l'action du calorique. Les
acides opèrent la dissolution de l'albumine concrète,
de la fibrine, de la matière caséeuse coagulée, du
gluten, etc., qui ne sont pas solubles dans l'eau ;
ils dissolvent aussi le tissu cellulaire, les membranes,
les tendons, les cartilages et même les os, ainsi que
nous venons de le dire. D'après ces données, on
pourrait donc dresser un tableau où les principales
substances alimentaires seraient rangées dans l'ordre
de leur digestibilité, chez l'homme et chez les animaux, et dans lequel le sucre, la gomme, la gélatine,
l'albumine liquide tiendraient le premier rang; le
gluten, l'albumine concrète, le second; les substances oléagineuses, les viandes noires, les alimens

fibreux tirés des plantes, la pâtisserie, les cartilages, les os occuperaient le dernier rang.

Les observateurs que nous venons de citer, et
dont nous avons consulté très-souvent l'excellent
ouvrage, jaloux, comme ils le disent, de connaître
l'action dissolvante des acides et des sels qui se
trouvent dans l'estomac, sur plusieurs substances
organiques insolubles dans l'eau, ont réuni ensemble, pendant plusieurs semaines, quelques-unes
de ces substances à la température d'environ dix
degrés, et ont obtenu les résultats suivans : la
fibrine du sang de veau, celle du sang de bœuf, les
parois des veines plongées dans l'acide acétique
absorbèrent tout cet acide, se gonflèrent, formè-
rent une masse translucide, qui se dissolvit lorsqu'on la fit chauffer avec une nouvelle quantité
d'acide. La fibrine du sang de cheval, les parois
artérielles et le blanc d'œuf durci ne laissèrent
qu'une petite quantité d'acide, mais finirent aussi
par se dissoudre en grande partie. L'acide hydro-
chlorique et l'acétate de soude offrirent, dans leur
action, des résultats analogues, mais n'eurent pas
une action très-marquée sur le mucus intestinal.
Cette substance paraît préserver les intestins de
l'action trop vive des acides qui se développent dans
ces parties. Ces expériences, celles de MM. Leuret,
Lassaigne, et surtout celles de Réaumur et de Spallanzani, prouvent donc que la digestion n'est qu'une dissolution chimique des alimens dans le suc gastrique,

et qu'il est absolument impossible de l'attribuer à aucune action occulte appelée vitale.

Nous avons été étonné de voir que MM. Tiedemann et Gmelin n'ont pas suivi les conséquences qu'on doit déduire rigoureusement de leur important travail, et de celui des expérimentateurs que nous venons de citer, qui ont obtenu sous ce rapport les mêmes résultats; ils pensent que la digestion est une opération *vitale*, bien qu'ils aient démontré tout le contraire par leurs expériences. Il convient, pour combattre cette opinion, de rapporter leurs propres expressions : « Maintenant, quoique le suc gastrique » soit, en vertu de sa composition chimique, le » dissolvant des alimens simples et composés, et » quoique *leur action sur ces substances soit chimique*, » la digestion n'en est pas moins une *opération vi-* » *tale*, un phénomène qui a pour condition la vie » des animaux, et cela en tant que l'estomac sécrète » le dissolvant, le suc gastrique, à l'aide *des forces* » *vitales dont il est doué*. Pour que cette sécrétion » ait lieu, il faut que l'estomac soit nourri, et qu'il » se trouve dans certaines conditions particulières » de forme et de composition organiques, qui seules » lui permettent l'exercice de ses fonctions. Il faut » en outre qu'il possède la faculté d'être affecté ou » excité par les irritations qu'exercent les alimens » admis dans son intérieur, afin de pouvoir, à la » suite de cette stimulation, tirer du sang, qui est » *alcalin*, un suc *acide* et dissolvant. Enfin, il faut » que cet organe ait le pouvoir de faire, au moyen

» de ces mouvemens propres, passer les alimens
» dissous et digérés, ou le chyme, dans le canal
» intestinal par le pylore, afin que ceux qui ne
» sont pas encore dissous se trouvent exposés égale-
» ment à l'action dissolvante du suc gastrique. »

Les raisonnemens au moyen desquels les physiologistes distingués, que nous venons de citer, ont
étayé leur opinion, sont loin d'être concluans,
puisqu'ils sont réfutés par leurs propres expériences.
D'un autre côté, s'il est prouvé que l'acidité du
fluide gastrique, le mouvement péristaltique de
l'estomac et des intestins, l'exhalation des fluides
gastro-intestinaux, et l'absorption du chyle, soient
dus à une action électro-chimique, quelles peuvent
être les conditions vitales de la digestion? où sont
ces propriétés occultes dont on nous parle sans
cesse? La vie est sans doute une condition essentielle sans laquelle la digestion ne peut s'opérer,
mais si la vie n'est qu'une collection de phénomènes physico-organiques, la vie est un effet,
et ne peut jouer le rôle de cause. La digestion,
la respiration, l'innervation, etc., ne sont donc
que des opérations électro-chimiques, et l'organisation elle-même doit être rapportée à une
semblable cause. La vie ne peut donc être conçue
que comme une succession de phénomènes dus à
des actions et à des combinaisons moléculaires,
opérées dans tout l'organisme. On ne doit point
s'enfermer dans un cercle vicieux, et subordonner
les causes primitives de la vie à la vie elle-même,

qui en est le résultat; on ne doit donc la considérer
que dans un sens abstrait; or, en bonne logique,
l'abstrait ne peut produire le concret, le phénomène ne peut déterminer la cause dont il est
le résultat. Mais d'ailleurs, mettre les actions moléculaires du tube intestinal, la cause de l'acidité du
suc gastrique, sous l'empire des prétendues forces
vitales, et expliquer l'action de ce suc d'après les
lois de la chimie, c'est tomber dans une contradiction dont nous avons fait ressortir l'évidence;
c'est s'égarer dans les erreurs du vitalisme, après
avoir tenté des expériences, rapporté des faits décisifs qui démontrent bien clairement qu'on ne peut
plus admettre un semblable système. Il suffira
d'examiner rapidement l'action des autres fluides
organiques sur les substances alimentaires, pour
que l'on adopte l'opinion que nous avons émise.

La bile, formée elle-même par une série de
combinaisons chimiques, offre une grande quantité de principes élémentaires, agit en raison des sels
qu'elle contient, soit sur le chyme, soit sur le conduit intestinal. La bile hâte les progrès de la dissolution et de l'assimilation de ce liquide, s'oppose à la
décomposition putride des substances alimentaires,
neutralise une portion de l'acide provenant du
suc gastrique. La division des molécules de graisse
et des corps oléagineux, paraît être aussi due à
l'action du fluide biliaire, dont la sécrétion abondante est une sorte de dépuration, au moyen de laquelle le sang veineux est débarrassé des principes

hydrogénés, carbonés et azotés, dont il est sur-chargé. Ainsi considéré, le foie serait donc le vicaire des poumons, et tendrait à suppléer leur action dépuratrice. Il est absolument impossible de ne pas attribuer tous ces phénomènes à une action physico-chimique; car, dans l'acte de la digestion, comme dans l'exercice des autres fonctions, les actions et les combinaisons moléculaires de différens organes, ayant lieu simultanément, il est de toute impossibilité de les rapporter à des causes différentes ou absolument opposées. Ces combinaisons s'opèrent dans les *réservoirs organisés*, suivant les mêmes procédés chimiques que dans les *vases inorganiques*. La soude que la bile contient, se combine avec l'acide acétique, hydro-chlorique du suc gastrique, et forme des acétates et des hydro-chlorates. L'acide carbonique, devenu libre, se dégage et s'unit sans doute à celui qui résulte de la décompostion des alimens. L'acide du chyme précipite le mucus de la bile à l'état de coagulum; le principe colorant est en partie précipité, ainsi que la cholestérine; la résine paraît être rejetée en totalité avec les excrémens.

Le suc pancréatique, de nature albumineuse, très-légèrement acide, si l'on doit s'en rapporter aux expériences de MM. Tiedemann et Gmelin, contribue à modifier, ou à animaliser le chyme, par le mélange de ses principes constituans, et surtout par l'azote qu'il contient en assez grande quantité. Ces combinaisons sont sans doute hors du domaine de l'analyse, mais tout indique qu'elles contribuent à la formation et à l'assimilation du chyle, et qu'elles s'opèrent exclusivement selon les lois phy-sico-chimiques. Quant au mucus et aux autres fluides intestinaux, ils paraissent favoriser le passage de la pâte chymeuse, s'opposer à l'action des sucs acides, agir comme dissolvans de quelques subs-tances alimentaires et être un intermédiaire entre ces substances et les fluides organiques qui affluent, pendant la digestion, dans le canal intestinal. Ainsi, l'altération successive des alimens, depuis la bouche jusqu'à l'anus, par l'action de ces fluides, n'est due qu'à une suite de combinaisons moléculaires, soumises exclusivement aux lois chimiques. Il ré-sulte donc de l'examen des principaux phénomènes de la digestion que les actions comme les combi-naisons moléculaires qui les produisent, doivent être rapportées à ces lois, et qu'on ne saurait dé-couvrir un seul phénomène que l'on puisse attribuer aux prétendues propriétés vitales.

Il est sans doute inutile d'offrir des notions plus étendues sur les fonctions spéciales des diverses portions du tube digestif; car elles se rattachent aux causes physiques et chimiques dont nous ve-nons d'examiner succinctement l'action. Il nous suffit d'avoir démontré que la digestion s'opère exclusivement sous l'influence de ces causes.

DE L'ABSORPTION

ET

DE L'EXHALATION.

L'ABSORPTION et l'exhalation s'opèrent simultanément dans tous les appareils organiques, mais d'une
manière plus active dans toute l'étendue des membranes gastro-pulmonaire et génito-urinaire, à la
surface libre des membranes séreuses, des synoviales,
à la peau, à la surface extérieure et intérieure des canaux excréteurs, dans les aréoles du tissu cellulaire, et
enfin dans toutes les divisions du système sanguin.
Dans le tissu des organes parenchymateux, des muscles, des cartilages, des os, etc., l'absorption et l'exhalation s'exercent avec une activité remarquable dans
l'état morbide, et surtout à la suite des solutions
de continuité. Tous les tissus jouissent donc de cette
double propriété en vertu de laquelle les molécules
des fluides sont successivement absorbées ou exhalées, attirées ou repoussées. Cette double action a
donc lieu dans chaque organe et dans chaque tissu ;
elle est le résultat d'une double propriété qui est
inhérente aux molécules qui les composent, lorsqu'elles sont animées par l'électricité et le calorique
dégagés de l'oxygène pendant la vie. Quoique la pre-

mière action appartienne au mouvement de composition et la seconde au mouvement de décomposition ou
il convient de les examiner dans cet article ; car
on ne peut isoler l'étude de ces deux phénomènes
puisqu'ils sont déterminés par deux actions électro-
chimiques qui ont toujours lieu d'une manière
simultanée, quoique tantôt l'absorption prédomine,
et que d'autres fois l'exhalation soit plus considérable dans une partie quelconque.

Si, en effet, les mouvemens attractif et répulsif
n'ont pas le plus souvent la même intensité, si l'é-
quilibre est à chaque instant rompu entre l'absorption et l'exhalation, soit par l'exercice des autres
fonctions, soit par l'action des agens extérieurs ; on
peut cependant s'assurer que l'influence de ces agens
tend à augmenter cette double action dans les tissus
organiques qui l'éprouvent. C'est ainsi que, pendant l'acte de la digestion, les fluides muqueux sont
exhalés ou sécrétés en plus grande quantité, et que
les substances alimentaires, divisées et liquéfiées par
l'action intime de ces fluides, sont absorbées par la
membrane qui est aussi le siège du mouvement
d'exhalation ; c'est ainsi que, dans l'acte de la respiration, des substances gazeuses sont absorbées
et exhalées au même instant par l'action électro-
chimique de la membrane qui forme les dernières
divisions bronchiques ; c'est enfin ainsi que, lorsque l'on pratique des frictions sur la peau ou sur
plusieurs portions du tissu muqueux, on excite à
la fois la propriété absorbante et la propriété exha-

ante. On peut donc admettre que toutes les actions des liquides et des corps extérieurs sur les solides organiques déterminent, dans ces derniers, deux mouvemens opposés dont l'intensité respective varie suivant les propriétés chimiques de ces corps.

Les tissus organisés et vivans ne sont pas composés des mêmes élémens chimiques et organiques; le mode d'agrégation des derniers n'est plus le même dans les tissus, et par conséquent la force électro-chimique en vertu de laquelle ils attirent certaines substances pour en expulser d'autres, doit différer dans chaque tissu dissimilaire. Les affinités électives doivent être rapportées à ces causes physiques, et non aux prétendues propriétés vitales, puisque la matière organique ne peut posséder deux sortes de propriétés essentiellement différentes, ainsi que nous l'avons déjà démontré par des faits, ainsi que des expériences décisives vont encore le prouver. En suivant ces principes, on donne une théorie positive des fonctions nutritives, on coordonne tous les phénomènes, on explique réellement de cette manière pourquoi les vaisseaux chylifères absorbent presque exclusivement le chyle, tandis que les veines et les vaisseaux lymphatiques ont la propriété d'absorber d'autres substances qui sont en rapport avec leur mode d'organisation et la nature des élémens chimiques qui les composent. C'est en vain que l'on voudrait maintenant expliquer le pouvoir absorbant et exhalant des tissus organisés par la prétendue contraction alternative ou oscillatoire

des vaisseaux lymphatiques et chylifères, et par q
l'action de la bouche de ces vaisseaux. Toutes ce
suppositions doivent être rejetées du domaine de l
physiologie positive, puisqu'il est démontré qu'elle
n'expliquent rien, et que d'ailleurs les tissus non-vas
culaires et les radicules des vaisseaux sont doués de
deux propriétés qui nous occupent, mais à un de
gré différent d'intensité.

Néanmoins, bien que tous les tissus absorbent, i
en est qui sont composés de manière à transporte
les matières absorbées dans le torrent de la circulation, chez les animaux doués d'une structure compliquée, tandis que chez ceux qui n'ont qu'une organisation élémentaire, l'absorption s'opère comme
on le dit, par imbibition, ou plutôt par une action
physico-chimique, dont la capillarité et l'imbibition
ne peuvent être considérées que comme le premier
degré. Les radicules des veines, les branches et les
troncs mêmes de ces vaisseaux absorbent les liquides
contenus dans les interstices du tissu lamineux, et
déposés à la surface des membranes : ces radicules
absorbent la substance animale concrète elle-même.
Les vaisseaux lymphatiques sont chargés spécialement de transporter la lymphe dans le torrent circulatoire, et d'établir des communications multipliées
entre les principaux appareils, et surtout entre les
diverses parties du système sanguin. Les vaisseaux
chylifères absorbent plus particulièrement le chyle,
et le transportent, comme leur nom l'indique, dans
le système veineux. Ce fluide, en parcourant ces

ombreux canaux et les ganglions qu'on observe
n suivant leur trajet, est élaboré, c'est-à-dire, les
rincipes chimico-organiques qui le composent, se
ombinent, s'unissent d'une manière plus intime,
t forment un liquide qui est plus épais en sortant
e ces vaisseaux et des ganglions qu'avant d'y pénétrer.

La membrane muqueuse gastro-intestinale s'im-
bibe donc de chyle pendant l'acte de la digestion,
comme les corps poreux inorganiques s'imbibent
les liquides avec lesquels ils sont en contact, c'est-
à-dire en vertu des mêmes lois. L'action chimique
qui les dirige dans les vaisseaux chylifères est plus
considérable que celle qui détermine l'introduction
des liquides dans les ouvertures capillaires des corps
inorganiques, et qui a lieu au moyen de l'affinité
moléculaire, suivant la doctrine des physiciens modernes. Si la force électro-chimique des capillaires
et des tissus organisés est bien plus active que celle
des capillaires et des substances inorganiques, cette
disposition favorable paraît être due, 1° à la porosité
plus considérable de la substance animale ou végétale; 2° à la quantité plus abondante de calorique
et d'humidité qui sépare les molécules composant
cette substance; 3° à l'action du fluide électrique
pendant la vie. On sait que l'absorption et l'exhalation s'opèrent encore après la mort, et qu'elles
diminuent avec la chaleur animale; on connaît l'effet
vivifiant du calorique et de l'électricité sur les corps
vivans et notamment sur l'activité de l'absorption et

de l'exhalation chez les animaux et chez les végétau
à l'époque de l'année où l'action du fluide solai
et du calorique devient plus intense. L'observ
tion a prouvé que l'action de ce dernier fluide f
vorise singulièrement le passage des fluides à tra
vers les membranes organiques; elle a enfin démo
tré que le calorique est une cause puissante de
combinaisons moléculaires organiques ou inorga
niques.

Ces faits prouvent déjà que la substance animal
et la substance végétale ne doivent leurs propriété
attractive et répulsive, dans l'état de vie, qu'à l'ac
tion des fluides électriques. L'intensité du pouvoi
absorbant et exhalant des tissus organiques, et l'ac
tivité des combinaisons et des actions moléculaires
par l'action de ces fluides, ne peuvent être révoquée
en doute, car ils déterminent aussi des courans plu
rapides entre les molécules des corps inorganiques

C'est donc à tort que l'on a refusé de compare
le pouvoir absorbant des chylifères, des veines, de
lymphatiques, et en général des autres tissus orgá
niques à l'influence de la porosité et de la capilla
rité. A la vérité cette comparaison ne saurait êtr
admise dans un sens rigoureux, car l'absorption
par imbibition dans les corps inorganiques, ains
que l'ascension de l'eau dans les capillaires, sont ar
rêtées lorsque ces corps sont remplis avec excès ou
sont saturés, tandis que la pléthore des vaisseau
et l'imbibition des tissus organiques, non-vasculaires
ne suspendent pas toujours l'absorption pendant l

e. Il faut donc nécessairement admettre chez les
premiers une action électro-chimique beaucoup
plus intense que chez les derniers, et c'est ce que la
théorie et les faits tendent encore à démontrer.

L'impulsion primitive communiquée par cette
action paraît être la seule cause de la progression de
la sève dans les végétaux, de la lymphe et du chyle
chez les animaux. D'après les expériences ingénieuses
de M. Dutrochet sur l'endosmose, les molécules des
fluides sont ainsi poussées, *à tergo*, par l'action électrique jusqu'aux parties ou le fluide trouve une issue.
Tout indique donc que les parois des vaisseaux n'ont
aucune action appréciable sur le cours des liqueurs
qu'ils contiennent, puisque l'observateur que nous
venons de citer a fait monter des liquides dans un
tube de verre à l'extrémité inférieure duquel était
adapté un cœcum de poulet rempli d'une solution
de gomme arabique et placé dans de l'eau de pluie.
L'absorption de ce liquide et son ascension s'opéra
avec rapidité ; parvenu au sommet du tube, il dé-
borda par son ouverture et s'écoula. Cet écoulement
ne s'arrêta qu'au bout de deux jours et demi, et ensuite ce liquide commença à baisser dans le tube.

L'immobilité des parois vasculaires est encore démontrée par une autre expérience. M. Dutrochet
fait tremper une mercuriale par la partie inférieure
de sa tige dans de l'eau, avec addition de 1/48 de
son poids d'acide sulfurique concentré. Ce liquide
délétère s'éleva bientôt dans la tige à une hauteur
de 22 centimètres au dessus du niveau du liquide

ambiant. Cette tige était jaune, flasque, pulpeuse
L'altération de ce tissu était profonde, et *la mo*
était complète dans cette partie de la plante. Ce
pendant l'ascension du liquide eut lieu pendan
quatre jours; les feuilles seules étaient vivantes
avaient conservé leur fraîcheur, par l'effet de
sève dont elles étaient encore pénétrées. L'ascensio
d'un liquide dans une tige absolument morte, dé
pendait, suivant M. Dutrochet, de l'*adfluxion* soll
citée par l'endosmose des feuilles (1). l'endosmose
dans les racines, peut sans doute déterminer l
mouvement d'ascension; mais dans les feuilles cett
action doit produire un mouvement opposé. C'e
surtout à l'exosmose ou à l'exhalation déterminé
par l'action de l'oxygène, du fluide solaire, et pa
celle d'une chaleur sèche sur les feuilles que l'o
doit attribuer un semblable phénomène. Cet ob
servateur a remarqué lui-même (2) que dans cett
circonstance, l'absorption de l'eau et son ascen
sion dans la tige est en rapport avec l'émanation ou
l'exhalation aqueuse opérée par la feuille; il fait auss
la remarque que l'absorption est plus active, en
général, dans la racine et l'exhalation prépon
dérante à l'extrémité opposée, et que, bien que le
mouvement attractif qui constitue l'endosmose e
le mouvement répulsif qui représente l'exosmose

---

(1) L'agent immédiat du mouvement vital, dévoilé dans
sa nature intime, etc., pages 165 et suivantes.

(2) *Idem*, pages 73 et suivantes.

s'opèrent simultanément aux deux extrémités de la plante, cependant le premier mouvement est plus intense à la racine, tandis qu'il est plus faible à l'extrémité opposée, où prédomine le second. C'est pour cette raison que l'extrémité supérieure des plantes offre habituellement l'état électro-positif, et les racines l'état électro-négatif.

D'après cette théorie, déjà étayée d'une foule de faits dont nous rapporterons les plus concluans, on voit que les radicules des vaisseaux chylifères, absorbans et veineux, agissent comme les spongioles des racines d'un végétal, et que c'est à cette action thermo-électrique, que M. Dutrochet a appelée endosmose, et à laquelle on peut conserver le nom d'absorption, que l'on doit rapporter le cours du chyle et de la lymphe. Ce n'est donc point à des contractions et à des dilatations alternatives, impossibles dans les vaisseaux séveux, et tout-à-fait invisibles à l'œil armé du microscope dans les vaisseaux absorbans et chylifères, mais à l'impulsion, *à tergo*, déterminée par l'endosmose, que l'on doit rapporter ce mouvement du chyle et de la lymphe. Nous aurons bientôt occasion de démontrer, par des faits décisifs, que les capillaires sanguins ne jouissent ni de la contractilité, ni de l'érection, ni de l'expansion vitales, admises par les ontologistes modernes, et que le sang circule dans tous les vaisseaux par l'impulsion du cœur, ou par celle qui est le résultat d'une action électro-chimique. Nous achèverons ainsi de détruire les

rêveries et les antiques hypothèses des vitaliste
sur la prétendue influence de la contractilité vas
culaire dans la circulation.

L'absorption des veines a été démontrée avec le
dernier degré d'évidence par les modernes, et surtout
par les expériences ingénieuses de M. Magendie. C'est
au moyen de ces vaisseaux, que les substance
vénéneuses sont portées dans le torrent de la
circulation. Cette action est rapide, et les effet
se font sentir promptement lorsque le mouvement
circulatoire est vivement excité, et que les vais
seaux sont désemplis; elle est plus lente dans les
circonstances opposées et lorsqu'il y a pléthore
naturelle ou artificielle. Dans ce dernier cas même,
l'absorption peut être nulle, ainsi que l'a prouvé
l'expérimentateur que nous venons de citer. Lorsque les conduits chylifères et lymphatiques offrent
la même disposition, qu'ils sont pleins avec excès,
ils doivent nécessairement offrir un phénomène
analogue. On observe, en effet, dans la pléthore
sanguine, comme dans la pléthore lymphatique,
que les exhalations et les sécrétions sont plus actives que les actions opposées.

Dans les digestions laborieuses, lorsque les individus sont adonnés aux plaisirs comme aux excès
de la table, la faculté absorbante diminue, et le
pouvoir exhalant augmente, ainsi qu'on peut s'en
assurer par l'état de la langue, par sa nature et l'a-
bondance de sécrétions dans les voies digestives.
Ainsi, l'intensité de ces deux mouvemens varie à

chaque instant, et la prédominance de l'un d'eux dépend d espropriétés physico-chimiques des substances qui agissent sur des tissus organiques, et de la composition chimique de ces derniers. Leurs rapports intimes ne peuvent s'établir qu'au moyen des fluides impondérables qui les pénètrent et qui les environnent.

La disposition vasculaire n'est pas nécessaire à l'absorption, puisque tous les tissus absorbent. Chez des zoophytes et les insectes, où elle s'opère continuellement, cette fonction ne peut dépendre évidemment que d'une action physico-chimique, ou d'une attraction à petites distances, comme on peut l'observer dans les tubes capillaires inorganiques.

Il convient de rapporter ici les expériences les plus décisives qui ont mis hors de doute le pouvoir absorbant et exhalant des tissus, et qui ont prouvé qu'on devait l'attribuer à une cause purement physique. Parmi les physiologistes modernes qui ont étayé cette doctrine de faits positifs, on doit citer surtout, MM. Magendie (1), Fodéra (2) et Dutrochet (3). Le premier de ces physiologistes a démontré que tous les tissus s'imbibent de toutes les ma-

---

(1) Précis élémentaire et Journal de physiologie.

(2) Recherches expérimentales sur l'absorption et l'exhalation, 1824.

(3) L'agent immédiat du mouvement vital dévoilé dans sa nature intime, chez les animaux et chez les végétaux, 1826.

tières liquides avec lesquelles on les met en rapport,
que le même phénomène se produit avec des substances solides, lorsqu'elles sont solubles dans les
humeurs et surtout dans le serum du sang. On ne
discutera plus, dit cet expérimentateur habile, si
ce sont les veines ou les lymphatiques qui absorbent,
puisque tous les tissus sont doués de cette propriété.
Afin de prouver que l'affinité des liquides, pour
les solides, ou pour les parois vasculaires, est la
cause, ou *une des causes* de l'absorption, il prit un
bout de la veine jugulaire externe d'un chien, et
après l'avoir dépouillée du tissu cellulaire environ-
nant, il attacha à chacune de ses extrémités un tube
de verre, au moyen duquel il établit un courant
d'eau tiède dans son intérieur. Il plongea ensuite la
veine dans un liquide acidulé, de manière qu'il ne
pût s'établir aucune communication entre ces
deux liquides. Pendant les premières minutes,
aucun changement ne se manifesta dans le premier
liquide; mais après cinq à six minutes, il devint
sensiblement acide. L'absorption avait donc eu lieu.
Cette expérience fut répétée avec succès, au moyen
de veines prises sur les cadavres humains et de
troncs artériels. M. Magendie fit pénétrer de la noix
vomique dans l'économie animale, en suivant les
mêmes procédés, il s'assura de plus que les vaisseaux capillaires sont doués de la même propriété,
et qu'ils absorbent les liquides par une action entièrement physique. Ces expériences ont été répétées assez de fois, et avec un succès assez constant,

pour qu'on ne puisse révoquer en doute la certitude de leurs résultats.

M. Fodéra, et deux ans après environ, M. Durochet, ont fait des expériences qui ont achevé de démontrer que l'absorption et l'exhalation doivent être rapportées exclusivement aux lois physiques, et que l'action des tissus a la plus parfaite analogie avec l'action galvanique ou électrique. L'observation avait prouvé à Nolet que le fluide électrique est un agent d'impulsion des liquides qu'il vaporise, et dont il peut par conséquent entraîner les molécules dans diverses directions; de plus, le rapprochement de deux corps de densité différente, développant de l'électricité, il devenait très-probable que deux liquides de densité également différente, ou un liquide et un solide dussent produire un semblable phénomène, et s'influencer par un rapprochement de leurs molécules, ou le contact immédiat. Or, il s'agissait de démontrer que les tissus et les liquides organiques jouissent de la même propriété. Une expérience de physique paraît avoir conduit les deux premiers observateurs que nous venons de citer dans la voie de la vérité. M. Porret, ayant séparé un vase en deux compartimens par une tunique membraneuse, remplit d'eau l'un de ces compartimens, et laissa l'autre presque vide; il plaça le pôle positif d'une pile voltaïque dans la partie du vase qui contenait la plus grande quantité de liquide, et le pôle négatif dans la partie opposée; l'eau fut entraînée par l'action de la pile au travers de la membrane organique et du pôle positif ou le moins dense au pôle négatif ou le plus dense ; elle s'éleva, de ce côté du vase, à un niveau supérieur à celui qu'elle occupait dans la partie opposée avant l'expérience. M. Fodéra remarqua d'abord l'analogie de cette action et de celle des tissus organisés ; il pratiqua les expériences tentées par M. Magendie avec un égal succès, et il fut conduit, de cette manière, à admettre que l'imbibition et l'absorption, la transsudation et l'exhalation sont des phénomènes identiques, c'est-à-dire qu'ils résultent également d'une *action électro-chimique* qui détermine le transport des liquides tantôt du dedans au dehors, et tantôt dans un sens inverse. Ainsi, par exemple, il a trouvé dans la vessie, ayant lié préalablement les urétères, et dans le thorax les substances qu'il avait injectées dans le péritoine. Pour rendre les résultats plus évidens, il a injecté séparément, dans le thorax et dans la vessie, une solution de noix de galle, dans le péritoine une solution de sulfate de fer, et il a vu, dans plusieurs de ces expériences, ces parties colorées en noir, preuve incontestable de l'absorption de ces substances par les tissus organiques intermédiaires. Cet observateur a obtenu les mêmes résultats en employant le sulfate de fer et le prussiate de potasse ; mais au lieu de les attendre pendant trente à quarante-cinq minutes, et même une heure et demie, ils se sont offerts en quelques minutes, et même en quelques secondes, par l'action de la pile. Ainsi, après avoir injecté dans la vessie ou dans un anse d'intestin d'un lapin vivant, une solution de prussiate de potasse, mise en rapport avec le pôle négatif, au moyen d'un fil de cuivre, et après avoir placé à l'extérieur de ces parties un linge imbibé d'une solution de sulfate, mise en rapport avec le pôle positif, au moyen d'un fil de fer, les tissus se trouvent imbibés de bleu de Prusse. Si l'on change le courant, la couleur se manifeste sur le linge. Ces expériences ont été faites sur le cadavre encore chaud.

Non-seulement le même observateur a prouvé que l'absorption doit être rapportée à une cause physico-chimique, mais il a aussi démontré, en suivant la méthode expérimentale, que l'exhalation est due à la même cause, et que la même partie organique est le terme d'une double action par laquelle les fluides ambians sont simultanément absorbés et exhalés. Ainsi, après avoir introduit une portion de vaisseau, contenant une solution d'extrait alcoolique de noix vomique, dans une plaie faite à un animal, l'empoisonnement se manifesta après quatre, sept, dix minutes au plus, bien que l'on eût pris les précautions nécessaires pour que cette portion organique, que l'on avait d'abord liée par son extrémité, ne fût imprégnée de quelques particules de substance vénéneuse. Une anse intestinale, contenant une solution de prussiate de potasse, fut plongée dans une solution d'hydro-chlorate de chaux ; une autre anse, ren-

fermant un liquide auquel on avait ajouté de l'acide
hydro-chlorique, était plongée dans un autre liquide
avec addition d'acide sulfurique ; une vessie, remplie de teinture de tournesol, a été plongée dans
une solution de noix de galle. Peu de temps après,
on a retrouvé dans l'intérieur de ces anses et de la
vessie de l'hydro-chlorate de chaux, de l'acide
sulfurique, de l'acide gallique, et dans les liquides ambians, du prussiate de potasse, de l'acide
hydro-chlorique et de la teinture de tournesol.
L'action des réactifs ne laissa aucun doute sur les
résultats décisifs de cette expérience, qui prouve
manifestement l'existence de deux courans, pendant
l'action physico-chimique des membranes organiques sur les liquides. Ce phénomène a lieu dans
l'acte de la digestion, car alors, la membrane muqueuse gastro-intestinale absorbe simultanément le
chyle, et exhale ou sécrète les fluides qui contribuent à dissoudre les substances alimentaires, et
qui viennent s'unir au chyme. On doit croire, que si
le chyle absorbé par la membrane muqueuse ne traverse pas la membrane musculeuse, pour pénétrer
dans la cavité péritonéale, *et ultrà*, c'est parce que
cette membrane est dans un état électro-chimique,
peu propre à permettre ce passage, et que ce fluide
pénètre avec plus de facilité dans les vaisseaux chylifères, en raison de l'affinité élective qui favorise
cette action. Quant à l'action des ganglions lymphatiques, elle paraît analogue à celle des substances
denses sur les liquides, et tout indique que celle

qui les compose est un agent d'absorption, destiné à favoriser le cours du chyle et de la lymphe ;
car l'inspection microscopique indique que ces
ganglions sont composés d'une substance homogène
non-vasculaire.

M. Dutrochet est arrivé à des résultats positifs, et
a jeté aussi une vive lumière sur le sujet qui nous
occupe, en suivant la voie expérimentale indiquée
par les deux observateurs qui l'ont précédé dans la
même carrière. Il a introduit du lait dans le cœcum
bien lavé d'un poulet, et, après en avoir fermé l'entrée, au moyen d'une ligature, il l'a plongé dans
l'eau de pluie. Vingt-quatre heures après, l'ayant
tiré de l'eau et pesé, il trouva son poids de 209 grains ;
il avait absorbé 72 grains d'eau. Le cœcum replacé
dans l'eau qu'on avait eu soin de renouveler le matin
et le soir, se trouva, au bout de douze heures, du
poids de 313 grains ; il avait introduit dans sa cavité 117 grains d'eau en trente-six heures. M. Dutrochet répéta la même expérience en remplaçant
le lait par de l'eau de pluie, et en plongeant des
cœcums vides et oblitérés dans l'eau pure, et il
constata l'existence de l'absorption dans tous les
cas. Il s'assura que les liquides les plus denses, contenus dans les tissus organiques, provoquent plus
énergiquement l'endosmose, mais que leur présence
n'est pas indispensable à son existence, et que les
tissus organiques seuls peuvent absorber et exhaler
les liquides en contact avec l'une de leur surface ; il a constaté aussi, que les liqueurs putréfiées

cessent de produire le mouvement attractif, et déterminent même un mouvement répulsif ou exhalatoire, auquel il donne le nom d'exosmose. Enfin, cet ingénieux expérimentateur, ayant retourné une anse intestinale, de manière que la membrane muqueuse fût à l'extérieur, et la membrane séreuse à l'intérieur, et ayant plongé cette anse dans l'eau avec les précautions déjà indiquées, il vit que la superposition différente des membranes intestinales, ne diminue point l'intensité du pouvoir absorbant ou de la force attractive, et qu'il suffit que la matière organique forme une cavité, pour donner lieu à ce phénomène. Ayant remplacé le lait par de l'albumine et par une solution chargée de gomme arabique, il vit que l'endosmose est beaucoup plus rapide encore. Après avoir rempli les anses intestinales d'eau, et les ayant placées dans un liquide plus dense, il constata l'existence d'un phénomène opposé. Le liquide intérieur traversait alors les parois membraneuses pour se porter vers le liquide le plus dense. Ainsi, dans ces expériences, on voit que l'absorption est produite par la densité des fluides intérieurs, et l'exhalation par la densité plus considérable des fluides ambians, ou la décomposition putride des premiers.

La densité différente des fluides n'est pas la seule cause des phénomènes qui nous occupent; leurs propriétés chimiques ont une influence puissante dans la production de l'endosmose et de l'exosmose. L'observateur que nous venons de citer a prouvé

que, lorsqu'un fluide acide est déposé dans une cavité formée par une membrane organique, qu'un
fluide alcalin environne, le premier fluide se porte
vers le second à travers cette membrane et détermine l'exhalation. Le mouvement opposé a lieu lorsque le fluide alcalin est à l'intérieur, et que le
fluide acide est à l'extérieur; alors il y a absorption.

Ces expériences ont démontré enfin que la cause
de l'impulsion qui fait circuler les fluides séreux, chylifères et lymphatiques, chez les êtres organisés, ne
peut dépendre de la prétendue oscillation des parois
des vaisseaux; elles démontrent aussi d'une manière
rigoureuse que les tissus organiques et les substances
denses qu'ils renferment agissent selon les lois de
l'attraction, par le développement de l'électricité;
par l'on voit que la force qui produit l'absorption
et l'exhalation agit en raison de la densité de la matière ou de la quantité de molécules qui composent
les substances qui ont servi dans les expériences, et
aussi suivant qu'elles sont plus ou moins saturées du
principe vitré ou de l'élément résineux. Les substances
organiques attirent donc les liquides moins denses, en
vertu de la même loi que celle que suivent, sous ce
rapport, les substances inorganiques, et même avec
plus d'intensité; elles se comportent donc comme
le pôle cuivre ou le plus dense, et ce transport ne
peut être attribué qu'à un courant électrique, puisque les effets en sont beaucoup plus marqués, et
qu'ils se développent avec beaucoup de rapidité par
l'action de la pile. On conçoit donc que les vésicu-

les qui composent les tissus vivans, puissent être
comparées à de petites bouteilles de Leyde, élec-
trisées négativement en dedans, en raison de la
substance plus dense qu'elles contiennent, et positivement en dehors, et qu'elles peuvent ainsi devenir
une cause puissante d'absorption, surtout lorsque
cette action est favorisée par celle du fluide thermo-
électrique. La mort, en favorisant la décomposition
de la substance inter-vésiculaire, en faisant cesser
les combinaisons intra-organiques qui développent
ce fluide et les courans électriques, doit nécessairement anéantir l'absorption et favoriser l'exhalation
de cette substance et des fluides contenus dans les
interstices des solides : c'est encore ce que l'observation démontre. La décomposition des cadavres peut
donc s'expliquer comme les mouvemens de composition et de décomposition qui s'observent pendant
la vie et d'après les mêmes lois.

Dans ces expériences sur l'absorption, M. Dutrochet a constaté, ainsi que M. Fodéra, l'existence
de deux courans électriques, semblables à ceux que
produit la pile, et dont l'un plus fort se dirige vers
les substances les plus denses, et l'autre plus faible
se porte vers les substances les moins denses. Cette
loi est la même que celle que nous avons observée
dans l'attraction des grandes masses de la matière.
Cependant le premier observateur, ayant introduit
dans la vessie de l'*endosmomètre*, de l'alcool à trente
degrés, il s'est convaincu que, malgré l'infériorité
de son poids, cette liqueur est un agent d'endos-

..aose , bien qu'on observe aussi un courant moins
fort, dirigé dedans ou dehors. A ce sujet M. Durochet demande quelle est la condition chimique
qui produit un semblable phénomène, et pourquoi
les corps alcalins et combustibles prennent l'électricité négative. Il remarque avec les physiciens
modernes, que le pouvoir réfringent des substances
diaphanes est en raison de leur densité et de leur
combustibilité. Il paraît que ces phénomènes sont
dus à la quantité considérable de fluide vitré que
ces substances contiennent, et par conséquent à la
prépondérance de leur force attractive sur les substances dans lesquelles l'électricité résineuse est
beaucoup moins abondante. Dans ce cas, les quantités de molécules électriques combinées, agiraient
comme les quantités de molécules de la matière pondérable, c'est-à-dire, en raison directe des masses.

En résumé, puisque toutes les parties de la substance
organique, ou tous les tissus, absorbent et exhalent,
ou sont le siège de deux courans électriques opposés,
soit que des substances ambiantes soient introduites
dans l'organisme, soit que celles qui y sont renfer-
mées en soient expulsées; puisque l'on peut expliquer le cours des fluides organiques dans les tubes
vasculaires, par l'action électro-chimique, favorisée
par celle du calorique, on ne peut plus concevoir
le mécanisme des deux fonctions qui nous occupent en
ce moment que par l'intervention des lois physico-
chimiques. Il est évident que, dans ce mécanisme,
comme dans celui de la digestion, il n'y a absolu-

ment rien de *vital*, c'est-à-dire *d'inconnu*. Il est don[c]
maintenant irrésistible de conclure que, puisqu[e]
tous les tissus sont doués de l'attraction et de la r[é]
pulsion, leurs molécules intégrantes doivent joui[r]
de toute nécessité, des mêmes propriétés et qu'ell[es]
ne sont point le siège de propriétés et de forc[es]
dites vitales. C'est ainsi que, dans la doctrine do[nt]
nous posons les principes généraux, les faits [se]
prêtent un mutuel appui et se coordonnent, qu[e]
toutes les vérités s'enchaînent pour prouver, ave[c]
une évidence frappante, la certitude de ces mêm[es]
principes.

Toutes les actions organiques, tous les phéno[o]
mènes appelés vitaux, doivent donc être attribue[s]
en définitive à l'attraction et à la répulsion électro[-]
chimique : que l'on considère ces deux phénomène[s]
dans les molécules, dans les tissus ou dans les or[-]
ganes, il ne peut donc être question dans l'étud[e]
de leurs fonctions que de ces deux mouvemens op[-]
posés, auxquels on a donné le nom d'absorption e[t]
d'exhalation, ou d'endosmose et d'exosmose, e[n]
les considérant toutefois comme l'effet d'un doubl[e]
courant électrique, d'une intensité inégale. C'es[t]
en suivant ces principes simples, rigoureusemen[t]
déduits de faits et d'expériences dont nous avon[s]
connu toute l'importance, que nous allons conti[-]
nuer l'étude des fonctions nutritives. Cet articl[e]
eût pu sans doute être placé avant celui de la di[-]
gestion, parce qu'il renferme l'exposé de principe[s]
généraux au moyen desquels nous expliquon[s]

ensemble de ces fonctions ; mais enfin nous avons préféré de suivre l'ordre généralement adopté.

Nous nous sommes borné, dans cet article, à exposer les causes chimiques et le mécanisme de l'absorption et de l'exhalation ; car notre but n'est point de considérer ces phénomènes dans les divers tissus et dans les divers appareils où on peut les observer. Ce travail est du ressort de la physiologie spéciale : nous en occuper serait nous éloigner du but que nous voulons atteindre. D'ailleurs, en suivant les mêmes principes, il sera facile d'étudier les phénomènes de l'absorption et de l'exhalation dans tous les tissus et les divers appareils ; car alors on n'aura à ajouter que l'exposition détaillée de ces phénomènes à la théorie positive que nous venons d'exposer.

Dans l'exposition des causes électro-chimiques de l'absorption et de l'exhalation, nous nous sommes complu à rapporter les résultats d'expériences qui jettent une vive lumière sur le mécanisme de ces deux fonctions, et qui viennent étayer de nouveaux faits et, en quelque sorte, de preuves matérielles les principes de la doctrine physico-chimique. Nous avons saisi avec empressement l'occasion de faire sentir toute l'importance de ces expériences ; nous n'avons donc pas suivi, sous ce rapport, l'exemple de quelques médecins célèbres, qui, jaloux de toute gloire contemporaine, ne s'occupent des travaux des hommes illustres qui les ont précédés dans la même carrière, que lorsqu'ils peuvent en présenter les résultats négatifs.

L'impartialité de l'histoire fera justice de ces pré-
tentions exclusives et elle en dévoilera facilemer
les causes. L'historien consciencieux saura rassembler tous les matériaux qui ont servi à réédifier l'é-
difice de la médecine, et montrera, sans partialité
l'influence de ceux qui ont contribué à son perfectionnement. Ce travail, entrepris dans l'intérêt d
la vérité et de la science, fera voir avec quelle len
teur s'établissent les doctrines médicales fondées su
l'observation; il dissipera sans doute d'injustes pré-
ventions, et quelques erreurs; mais il ne saurait di
minuer le mérite réel de ceux qui ont coordonné le
faits, en y ajoutant d'utiles découvertes, pour s'é-
lever à des principes généraux et à des vérités importantes.

DE LA RESPIRATION.

ACTION VIVIFIANTE DE L'OXYGÈNE ET DU FLUIDE SOLAIRE SUR LES ÊTRES ORGANISÉS.

«LA vie et la flamme ont cela de commun, dit un illustre naturaliste (1), que ni l'une ni l'autre ne peut subsister sans air; tous les êtres vivans, depuis l'homme jusqu'au moindre végétal, périssent lorsqu'ils sont absolument privés de ce fluide, quoique tous n'aient pas besoin de le recevoir d'une manière aussi sensible. Ainsi plusieurs se contentent de celui qui est mêlé avec de l'eau; ce sont les animaux aquatiques, poissons, mollusques ou autres. Plusieurs n'en ont pas besoin aussi continuellement; leur respiration a quelque chose d'arbitraire; ils peuvent la suspendre plus ou moins long-temps, etc.; ce sont les reptiles, etc. » C'est avec raison que ce savant naturaliste compare la respiration à la combustion, et fait ressortir l'analogie rigoureuse que les chimistes et les physiologistes ont trouvée entre ces deux phénomènes. L'oxygène, ce principe chimique et vital par excellence, ne peut en effet les produire lorsqu'il est consumé au-delà de certaines proportions, et que l'air atmosphérique n'en contient pas un dixième au moins.

_____

(1) M. Cuvier, Leçons d'anatomie comparée, t. IV, p. 296.

C'est encore au moyen des principes de la doctrine physico-chimique que l'on peut expliquer la production des phénomènes importans, dont M. le baron Cuvier et d'autres naturalistes ont entrevu les rapports; que l'on sait pourquoi les phénomènes attribués à l'irritabilité, diminuent et cessent lorsque la respiration est suspendue, et que la fibre est pénétrée de sang noir. On explique par les mêmes principes l'influence de l'oxygène sur la coagulation, du sang, et la fluidité de ce liquide dans l'asphyxie; on sait enfin pour quelle cause le sang des oiseaux se caille si promptement, et pourquoi leurs plaies se cicatrisent avec tant de rapidité. Le rapport des forces motrices, des facultés des animaux avec les quantités de la respiration s'explique par les effets d'une cause unique.

Les végétaux sont soumis à la même loi que les animaux, et sans l'action continuelle de l'air et de la lumière, ils dépérissent, se fanent et meurent. Il importe donc de considérer l'action de ces deux fluides, ou du principe électrique d'où proviennent leurs propriétés essentielles, sur tous les êtres organisés, afin de donner une théorie de la respiration, chez l'homme et les animaux, qui puisse expliquer la production de plusieurs phénomènes importans dont la cause n'a point encore été dévoilée. On pressent déjà que nous devons faire jouer à la lumière, chez les végétaux, le rôle que l'oxygène remplit dans la généralité des êtres animés; et en effet, sans l'action de ces fluides l'absorption et l'exhalation diminuent, les combinaisons au moyen desquelles les élémens qui composent ces êtres sont alternativement attirés et repoussés, cessent sans retour, et la vie alors est anéantie, soit dans le règne végétal, soit dans le règne animal. Ces faits viennent encore prouver la vérité de nos principes, dévoiler la nature de l'oxygène, de la lumière, et montrer l'identité de leur action.

L'action de ces fluides n'est pas la seule qui soit indispensable à la vie végétale, et l'observation a aussi prouvé que le gaz acide carbonique est nécessaire à son entretien. Mais on n'a point connu jusqu'à ce jour le mode d'action du fluide solaire sur les végétaux, on a incomplètement expliqué celle de l'oxygène, et on a presque entièrement méconnu les lois qui président au développement et à la décomposition du gaz acide carbonique. Les faits prouvent que le fluide résineux est l'agent immédiat de la vie, dans le règne animal comme dans le règne végétal, que l'hydrogène et le carbone sont des principes constituans, sur lesquels le premier fluide porte son action pour opérer toutes les combinaisons et pour produire tous les phénomènes qui caractérisent la vie.

Les expériences de Priestley, de Sennebier, d'Inghenousz, de Th. de Saussure, ont prouvé que toutes les parties vertes des plantes décomposent l'acide carbonique, pourvu toutefois qu'elles soient soumises à l'influence des rayons solaires; elles s'emparent de son carbone, absorbent une petite quantité de son oxygène et dégagent l'autre sous forme de gaz :

mais l'expérience a aussi prouvé que les plantes n
peuvent végéter au soleil dans une atmosphère d'a-
cide carbonique pur, et que dans cette circonstance elles périssent très-promptement. De jeunes
plantes de pois (*pisum sativum*), se sont flétries sur-
le-champ, non-seulement dans cet acide sans mélange, mais encore après l'avoir mélangé avec de
l'air dans le rapport de 2 : 1. Plus la quantité de
cet acide était considérable relativement à celle de
l'air, plus la végétation était languissante et plus la
durée de la vie était courte. Ce n'est que lorsque
l'acide n'entrait dans le mélange que pour un huitième, que l'accroissement de la plante s'opérait
presque comme dans l'air pur; mais cet accroissement augmentait dans le rapport de onze à huit
lorsque le mélange ne contenait qu'un douzième
d'acide. (Th. de Saussure.)

L'observation a encore prouvé que si l'acide carbonique favorise la végétation des plantes au soleil,
il en retarde les progrès à l'ombre et à plus forte
raison à l'obscurité, lors même qu'il est en quantité convenable. Quand la plante le décompose par
l'action de la lumière, elle prospère, mais elle dépérit au contraire si cette décomposition n'a pas
lieu. Ainsi l'on a observé qu'une graine qui germait très-bien dans de l'air mêlé à une certaine
quantité de gaz azote ou de gaz hydrogène, germait
avec beaucoup moins de rapidité dans une portion
égale d'air et d'acide carbonique. Tout indique donc
que, dans la végétation, l'action de l'acide carbo-

nique sur la plante n'est que secondaire, qu'il doit être considéré comme un élément nutritif et non comme un agent excitateur, et que, sans l'action du fluide solaire, la décomposition de cet acide ne pouvant s'effectuer, la vie végétale ne pourrait se prolonger.

Si nous cherchons de quelle manière le fluide solaire exerce son action dans cette circonstance, nous serons forcé d'admettre qu'il ne peut agir qu'à la manière du fluide résineux, en se combinant avec le carbone de la plante ou plutôt le fluide vitré qu'il contient, et en favorisant ainsi le dégagement de l'oxygène avec lequel le carbone était uni. Il est certain que cette action doit favoriser l'absorption de l'acide carbonique, qui vient ainsi remplacer continuellement celui qui est décomposé par l'action solaire. Le carbone, principe fixe des végétaux, vient donc s'ajouter sans cesse à leur tissu pendant l'action décomposante et attractive du fluide solaire, et contribue ainsi à l'entretien de ces corps organisés. Mais lorsque, à l'obscurité ou pendant la nuit, ce fluide cesse d'agir, la décomposition intra-organique n'a plus lieu, le végétal acquiert une grande affinité pour l'oxygène ou le gaz résineux qui vient remplacer en partie l'action de la lumière; il s'unit au carbone du végétal pour former l'acide carbonique qui se dégage sous forme de gaz, n'étant plus décomposé par le fluide solaire. Il est donc facile de voir que c'est en définitive à l'action du fluide résineux, soit pendant le jour, soit pendant

la nuit, que l'on doit rapporter la production des
phénomènes vitaux chez les végétaux, l'exhalation
de l'oxygène dans le premier cas, la formation et le
dégagement du gaz carbonique dans le second.
Privez les plantes de lumière et du gaze résineux,
les phénomènes attribués à l'irritabilité, à la motilité diminuent, le mouvement de composition et
de décomposition cesse, et bientôt la vie s'éteint.

On doit donc considérer l'eau, le gaz acide carbonique, comme les substances nutritives des plantes,
et le fluide résineux (lumière et oxygène) comme
la cause excitatrice des mouvemens organiques et
des combinaisons chimiques qui s'opèrent dans les
végétaux, et qui constituent la vie. L'acide carbonique détruit promptement ce que l'on appelle
irritabilité, chez les animaux, et produit un effet
analogue chez les végétaux privés de fluide solaire et
d'oxygène. En examinant attentivement les propriétés de la sève et sa composition; en étudiant
comparativement les effets de la lumière et de l'oxygène sur les plantes, ou la cessation de leur action,
on ne pourra refuser d'admettre la théorie que nous
proposons. Si les parties vertes des plantes sont attirées par la lumière et par l'oxygène, réciproquement ces parties tendent à s'emparer des molécules
de ces fluides; or, leur principe actif se combinant
à la fois avec l'hydrogène de l'eau, le carbone du
végétal ou le principe vitré que ces deux élémens
contiennent, il doit nécessairement mettre en li-
berté une partie de l'oxygène qui entre dans la

composition de ces deux principes, et de plus, il
doit se dégager une portion considérable de fluide
électrique, soit à l'état libre, soit à l'état de combinaison, et qui se trouve alors en excès. C'est de
cette manière que l'on peut expliquer le dégagement du calorique et de l'électricité chez les plantes,
l'uniformité de leur température, l'activité des actions et des combinaisons chimiques, lorsqu'elles
sont sous l'influence de l'oxygène et du fluide solaire, que l'on explique la longueur et la cessation de
ces combinaisons, lorsque ces agens du mouvement
et de la vie ont cessé d'exercer leur action.

Notre opinion est encore confirmée par des expériences de M. Dutrochet : nous allons en rapporter brièvement les résultats. Cet observateur,
plein de sagacité, plaça un pied de sensitive, planté
dans un pot, sous un récipient fait avec un carton
fort épais, et il accumula au pourtour de ce carton
une suffisante quantité de sciure de bois, afin
d'intercepter entièrement l'entrée de la lumière, et
cet appareil fut exposé à une chaleur de 25 à 30 degrés. La sensitive, plongée dans une profonde obscurité, commença à ployer ses feuilles vers le milieu
du jour; elle les ploya ensuite à demi et les ferma
complètement le soir. Le lendemain au matin, toutes
les feuilles étaient complètement déployées, et déjà
leur motilité était sensiblement diminuée; le troisième jour, leurs folioles avaient perdu cette propriété; le cinquième jour, toute espèce de motilité
appréciable avait disparu; l'ustion des feuilles ne

provoquait aucun mouvement. Cette plante, sou
mise à la lumière du soleil, en ressentit bientô
l'influence; ses folioles se déployèrent d'abord, e
au bout de deux heures, elles commencèrent à se
mouvoir lorsqu'on les frappait : après deu
heures et demie d'insolation, les pétioles commen
cèrent à présenter de la motilité; et, dans le cou
rant de la journée suivante, cette propriété n'offri
aucune diminution sensible. Il n'en fut point ains
lorsque cette plante fut exposée à la lumière diff
fuse du jour, après avoir été placée sous le réci
pient comme dans la première expérience; il fallu
cinq jours pour qu'elle récupérât les conditions qu
déterminent le mouvement. D'autres expériences on
encore démontré que la lumière solaire est la cause
des mouvemens des végétaux, et qu'ils sont en rai
son directe de l'intensité d'action de cette cause; que
plus la température est élevée, et plus la propriété
que M. Dutrochet appelle motilité, se dissipe avec
rapidité lorsque la plante est placée sous le récipient.
Cet épuisement rapide du végétal, dans cette circonstance, est semblable à celui qu'éprouvent les animaux par la privation de l'oxygène de l'air, lorsqu'ils sont soumis à l'influence d'une température
élevée. Les expériences de M. Edwards, sur les animaux à sang froid, ont démontré cette vérité.

D'après ces divers rapprochemens, M. Dutrochet
pense avec raison, que *l'insolation* est, pour les végétaux, ce que l'oxygénation est pour les animaux,
et il compare *l'étiolement* des premiers à *l'asphyxie*

les derniers; mais il avoue son ignorance sur la
cause de ces grands phénomènes. Cette cause est
d'autant plus importante à connaître, qu'elle offre
une identité d'action plus frappante dans ces deux
classes d'êtres, et qu'elle peut être considérée comme
la cause immédiate de la vie, comme celle des combinaisons moléculaires intra-organiques, et enfin
comme celle de la chaleur animale et végétale. Eh
bien! en admettant les principes que nous proposons, en reconnaissant que le fluide résineux, principe essentiel de l'oxygène et du fluide solaire, est
la cause vitale, est l'agent immédiat de la vie, on
jette une vive lumière sur un des points les plus
obscurs, et sur les faits les plus importans de la physiologie, comme sur une série de phénomènes qui
dépendent de l'action de cet agent physique. On remonte à la source première de ces phénomènes, ou
celle de la vie, on connaît enfin la cause réelle
des actions et des mouvemens que l'on observe
pendant un temps limité dans les corps organisés.
On ne pourra assurément nous accuser de rapprocher arbitrairement les faits, puisque, dans beaucoup
le cas, ces faits étaient connus, ces rapprochemens
étaient opérés par des observateurs instruits qui
n'ont pas été assez heureux pour découvrir une des
plus grandes lois de la nature. Que l'on compare
maintenant l'action du fluide solaire sur les végétaux
avec celle de l'oxygène sur l'encéphale; que l'on
compare ensuite l'action réciproque et les propriétés chimiques bien connues de ces deux agens, ainsi

que nous l'avons fait dans la première partie de ce
ouvrage, et l'on sera convaincu que la doctrine
physico-chimique repose sur la généralité des faits
et des phénomènes qui sont du domaine de la physique, de la chimie et de la physiologie comparée.

DU MÉCANISME DE LA RESPIRATION.

Ce mécanisme diffère suivant l'organisation des
animaux, et suivant le développement de l'appareil
destiné à recevoir l'air atmosphérique et à le décomposer. C'est par des pores, des trachées, et non
au moyen d'un appareil particulier, que ce fluide
pénètre dans la substance végétale et dans celle des
animaux placés au bas de l'échelle zoologique. Chez
ces êtres, le tissu extérieur remplit les fonctions de
l'appareil respiratoire, dont le développement suc-
cessif est en raison de la composition des organismes.
Le développement de cet appareil, dans les classes supérieures de l'animalité, a la plus grande influence
sur l'énergie des autres fonctions, sur la rapidité et la
force des mouvemens, sur la violence des passions,
et surtout sur le degré de chaleur qui se forme et se
dégage dans toutes les parties du corps de l'animal.
La lenteur des digestions, l'inertie de toutes les
fonctions, le ralentissement des combinaisons
moléculaires, et par conséquent la diminution
de la chaleur animale, correspondent à un développement incomplet, ou à une action faible de
l'appareil respiratoire. En comparant à ce dernier
appareil l'ensemble des appareils organiques, dans

es diverses classes d'animaux, on trouvera un rapport évident entre son développement, son énergie
et l'activité des autres fonctions, entre la quantité
du gaz résineux introduit dans les voies aériennes,
les actions et les combinaisons dont les divers organes sont le siège. L'activité considérable de ces
combinaisons, dans l'organisme, correspond donc
à une action prépondérante de l'organe pulmonaire, ainsi qu'on peut l'observer dans la course,
et en général dans tous les exercices violens du
corps. Digestion rapide, respiration accélérée, absorption et exhalation très-actives, sécrétions abondantes, tel est le concours des phénomènes produits par l'exercice. L'oxygénation du sang est alors
plus abondante pour subvenir aux pertes éprouvées
par les autres appareils. Tout indique donc un
rapport rigoureux entre ces pertes et les moyens
employés par la nature pour les réparer.

Chez l'homme et chez les animaux qui ont une
structure analogue à la sienne, l'appareil respiratoire
se compose de parois solides et mobiles formées par
des os, des cartilages, etc., dont la courbure est
favorable aux usages auxquels ils sont destinés, et
dont les mouvemens alternatifs d'élévation et de
dilatation, d'abaissement et de resserrement sont
déterminés par l'action des muscles fixés sur ces
parois mobiles; des conduits formés de cartilages
et de membranes, deux organes volumineux et vé-
siculaires, dont le tissu est mou et extensible, que
revêtent à l'intérieur une membrane muqueuse, et à

leur surface externe une membrane séreuse, des vaisseaux sanguins et des nerfs conducteurs des fluides
excitateurs, telles sont les parties essentielles qui
composent l'appareil respiratoire. Lorsqu'il est mis en
mouvement, soit par l'influence volontaire de l'encéphale, soit par celle de la moelle allongée, il présente une action physico-chimique et une action
entièrement chimique. Nous négligerons d'étudier
la première, parce que son mécanisme ne saurait
plus être rapporté aux forces et aux propriétés occultes, et que, comme dans la digestion, on ne
peut l'expliquer que par les lois physico-chimiques.
En effet, l'agent qui sollicite l'action musculaire,
qui détermine l'ampliation et le rétrécissement alternatifs de la poitrine, est absolument le même que
celui qui va porter aux poumons, au larynx, au
cœur, aux intestins le mouvement et la vie.

La différence de forme et de composition chimique
des diverses parties de la matière organisée, explique
la diversité des phénomènes, sans qu'on soit obligé
de multiplier arbitrairement les causes excitatrices.
L'étude des fonctions du système nerveux et du nerf
vague en particulier prouverait seule que la différence
d'organisation des parties qui composent ce système
n'est pas toujours indispensable pour expliquer les
phénomènes variés que l'acte de la respiration offre
à l'observateur. La contraction des muscles inspira-
teurs et des muscles expirateurs, celle des muscles
du larynx, du diaphragme, résultent évidemment de
l'action d'une même cause, que les faisceaux mus-

culaires soient soumis à l'influence du cerveau ou à celle du prolongement rachidien. Prouver la présence du fluide électrique dans l'appareil nerveux, c'est expliquer tous les phénomènes de la vie, sans exception, par l'influence de ce fluide; car il est évidemment impossible de ne pas admettre son existence dans toute la substance nerveuse éminemment conductrice, dont toutes les parties, y compris le nerf trisplanchnique, sont unies entre elles par les anastomoses les plus multipliées. On ne peut, sans la plus étrange contradiction, reconnaître l'omnipotence du système nerveux, expliquer tous les phénomènes vitaux par les sympathies, sans reconnaître aussitôt l'action d'un fluide subtil circulant dans toutes les parties de ce système. Que ces divisions pénètrent les muscles, les artères, les membranes muqueuses, qu'elles traversent les parenchymes, qu'elles agissent sur les solides ou sur les liquides, dans la profondeur des organes ou à la surface des membranes, il est certain que l'appareil nerveux n'exerce son influence qu'en excitant les actions et les combinaisons moléculaires, et en provoquant les phénomènes de l'endosmose et de l'exosmose.

FONCTIONS DU PNEUMO-GASTRIQUE.

Ce nerf, qui naît de la partie latérale et supérieure de la moelle allongée immédiatement au-dessous du glosso-pharyngien, par une rangée de filets, placés les uns au-dessus des autres, se termine par des rameaux destinés à l'estomac et à la plupart des autres viscères de l'abdomen. Dans son trajet et à sa terminaison, il donne le mouvement aux muscles de la langue, du pharynx, du larynx, à l'œsophage, au cœur, à l'estomac et peut-être aussi aux intestins grêles. La membrane muqueuse gastro-pulmonaire en reçoit de nombreux rameaux, et tout indique qu'il transmet au centre nerveux les impressions qui lui sont communiquées dans le pharynx, le larynx, la trachée-artère, les bronches et leurs divisions, l'œsophage et l'estomac, etc.; de plus, cette membrane est le siège d'une action absorbante et exhalante habituelle sur laquelle l'action électro-nerveuse a une influence évidente. Ce nerf donne des filets à quelques artères, et surtout aux plexus pharyngien, pulmonaire, solaire, et enfin à la plupart des plexus de l'abdomen, qui, comme on sait, sont presqu'exclusivement destinés au système artériel. Si l'on doit juger des fonctions d'un nerf par la distribution de ses rameaux, on voit que le pneumo-gastrique a une action relative surtout à la production de la voix, aux phénomènes chimiques de la digestion et de la respiration, à l'action musculaire, aux sensations et à la sécrétion des fluides muqueux. Ces fonctions nombreuses pourraient-elles dépendre de l'organisation différente des filets qui forment ce nerf? la disposition des molécules qui composent la substance nerveuse est-elle donc différente dans tous les filets formant un tronc nerveux? en supposant ette diversité d'organisation, il serait impossible d'en concevoir le but, et d'en expliquer l'action; ce serait faire une supposition arbitraire, démentie par l'inspection anatomique, et inventer des difficultés insurmontables, au lieu de chercher par une voie plus facile et plus sûre la solution d'un problème important. Ainsi, quoique nous ayons dit, en parlant des fonctions du système nerveux, que la différence de composition de ses diverses parties peut expliquer la spécialité de leur action, nous devons reconnaître ici, comme nous l'avons déjà avancé, que la spécialité de fonction dépend surtout de la différence d'organisation et de composition chimique des parties où les nerfs vagues vont se terminer.

Lorsque l'on opère la section du pneumo-gastrique, on abolit ou on diminue d'une manière graduée les actions et les combinaisons chimiques qui s'opèrent dans les poumons, dans ses annexes, dans l'estomac, et on fait cesser tous les phénomènes qui en résultent. L'engorgement sanguin du poumon, la couleur rouge sombre du sang artériel, le refroidissement manifeste de l'animal, et enfin la mort, sont les suites de la section de ces nerfs. On ignore encore leur mode d'action dans l'acte de la respiration, et de quelle manière, par conséquent, l'interruption de l'action nerveuse peut déterminer ces phénomènes. On pourrait croire que ce n'est qu'en mettant obstacle au passage du sang à travers les vaisseaux capillaires, et de l'air dans les vésicules bron-

chiques, par suite de l'affaissement, de l'altération des tissus et une sorte de paralysie, que l'on
section de ces nerfs peut amener la mort, puisqu'elle
n'arrive qu'au bout de trois ou quatre jours, et qu'au
d'ailleurs l'oxygénation du sang peut s'opérer, lors
même que ce liquide est hors des vaisseaux de l'animal
Cependant, si l'on examine attentivement l'action
électromotrice de l'appareil nerveux sur l'endosmose et l'exosmose, dans tous les tissus, on ne peut
refuser au nerf vague la même action sur le mouvement continuel d'absorption et d'exhalation dont
la membrane gastro-pulmonaire est le siège. La section de ce nerf doit amener nécessairement l'altération de cette double fonction, par suite l'engorgement des vaisseaux sanguins, et donner lieu enfin à
une sorte d'asphyxie lente précédée d'un refroidissement général et terminée par la mort.

FONCTIONS DES POUMONS.

Ces organes, par leur disposition vésiculaire, offrent
une surface étendue, propre à recevoir le contact
de l'air atmosphérique, et à le mettre en rapport
avec le sang veineux; la grandeur de cette surface
varie suivant les espèces; elle est d'autant plus considérable qu'on les considère dans la partie la plus élevée
de l'échelle animale. Lorsqu'elle offre peu d'étendue,
comme chez les batraciens, par exemple, et les animaux d'un ordre inférieur, la peau est un organe respiratoire supplémentaire qui alterne avec les poumons
dans l'exercice des mêmes fonctions, et qui absorbe

le l'oxygène et dégage du gaz acide carbonique, comme la substance végétale; et même, ce qu'il y a de très-remarquable, c'est que les salamandres auxquelles on arrache le cœur, et chez lesquelles la respiration et la circulation sont par conséquent abolies, vivent vingt-quatre ou vingt-neuf heures lorsqu'elles sont exposées à l'air, tandis qu'elles succombent dans l'eau après sept à huit heures d'immersion. M. V.-F. Edwards, auquel on doit ces observations, plongea une grenouille, réduite au système nerveux et au système musculaire, dans l'eau non-aérée; il attendit la cessation complète des mouvemens pour la retirer de ce liquide, et aussitôt qu'elle fut en contact avec l'air, elle s'agita, et commença à se ranimer. Lorsque l'on plonge de nouveau l'animal dans le liquide, les mouvemens cessent et toute apparence de vie disparaît à l'instant, malgré l'emploi des moyens les plus propres à les exciter. Il est parvenu ainsi à ranimer ou à suspendre l'action des systèmes nerveux et musculaire, en exposant alternativement l'animal à l'action de l'air et de l'eau. Si cette expérience met dans tout son jour l'influence vivifiante de l'air, prouve-t-elle aussi l'influence délétère de l'eau, comme le pense l'observateur que nous venons de citer? Si l'eau aérée n'est point délétère, celle qui ne contient pas d'air ne peut agir qu'en privant l'animal du contact de ce fluide, et en s'emparant des fluides excitateurs contenus dans la substance animale.

Quoi qu'il en soit, ces ingénieuses expériences dé-

montrent que l'air agit sur le tissu des animaux
comme il agit sur le tissu des végétaux, et que ce
n'est qu'en cédant une portion de son oxygène
qu'il excite l'action nerveuse, les mouvemens des
muscles et les autres phénomènes vitaux. On ne
peut douter un instant que ce ne soit par une action
identique que, dans ces divers cas, ce gaz devient cause vitale et produit cette série d'actions et
de combinaisons moléculaires que l'on observe dans
les corps vivans sous son influence.

Un des phénomènes les plus remarquables qui résultent de l'action de l'air atmosphérique ou de l'oxygène sur le sang veineux, soit dans l'organisme, soit
lorsqu'il en est extrait, est le changement de couleur
qu'il éprouve. Ce liquide passe instantanément
d'un rouge brun au rouge rosé qui caractérise le
sang artériel. Ce changement de coloration est
l'effet d'une combinaison chimique, car on l'observe lorsque les actions, que l'on pourrait appeler
vitales, ne sauraient plus avoir d'influence sur le
sang contenu dans les vaisseaux, comme dans les
tissus des cadavres, à l'air libre, ou à travers les
parois d'une vessie.

On peut comparer ce phénomène à celui que l'on
observe par l'action des acides sur la teinture et le
papier de tournesol, et par celle de la pile galvanique sur les couleurs végétales. Dans ce dernier
cas, l'oxygène, qui paraît au pôle positif, colore en
rouge le papier de tournesol, tandis que l'hydrogène produit la couleur verte au pôle négatif. Dans

ces deux circonstances, il est impossible de nier l'influence du gaz résineux sur la coloration de la matière végétale en rouge, et on ne peut, en suivant rigoureusement l'analogie et l'induction, refuser d'admettre la même influence de ce corps sur la matière animale que l'on trouve dans le sang, et qui, d'après les expériences de MM. Brande et Vauquelin, paraît être exclusivement le siège de la coloration du sang. Néanmoins, quelques chimistes pensent encore que la présence du fer dans ce liquide est la cause de cette coloration; mais, quoi qu'il en soit, on voit qu'il ne saurait en être la cause unique, et que l'oxigène peut la déterminer en agissant sur des matières non-ferrugineuses.

Si l'on cherche ensuite à expliquer l'action de cet agent, dans la coloration des liqueurs animales et végétales, on voit que le fluide résineux doit jouer un rôle important dans la production de ce phénomène. On connaît l'influence de l'électricité sur la coloration des corps, et surtout celle du fluide solaire sur la variété des couleurs des animaux et des végétaux. On sait, par exemple, qu'il suffit que le soleil darde ses rayons sur des fruits parvenus à leur maturité et exposés d'ailleurs à la lumière diffuse, pour colorer en quelques jours leur tissu en un rouge vermeil très-éclatant (1). L'étiolement des végétaux et des animaux,

____

(1) Un grand nombre de pêchers de mes jardins, bien ex-

soustraits pendant long-temps à l'action de la lumière, peut donc être réellement comparé à l'as-
phyxie qui prive le sang de son principe vivifiant et
colorant : si, dans ce dernier cas, le mode d'action
de ce principe nous est inconnu, il n'en paraît pas
moins très-évident. La réunion de ces deux phénomènes attribués à la lumière, chez les végétaux, et
à l'oxygène chez les animaux, c'est-à-dire, au fluide
résineux, vient encore prouver la vérité des principes que nous avons exposés. Enfin, on sait que
l'électricité produit sur le sang veineux les effets de
l'oxygénation, et donne à ce liquide la couleur vermeille du sang artériel; mais on ne peut encore
tirer aucune induction rigoureuse de ce phénomène,
parce que la théorie au moyen de laquelle on pourrait en expliquer la production n'est point encore
bien connue.

Si l'on examine maintenant les changemens qui
ont lieu pendant l'acte de la respiration, soit dans
le fluide atmosphérique, soit dans le sang, on verra
que le premier, composé de 21 parties d'oxygène
(en poids), de 78 parties d'azote et d'une partie
environ d'acide carbonique, éprouve une altération

---

posés à la lumière, offraient des pêches presque mûres, et
encore vertes, parce qu'elles étaient recouvertes d'une trop
grande quantité de feuilles. Ces feuilles étant enlevées, les
pêches présentèrent, au bout de quelques jours, une couleur
rouge très-remarquable à la partie du fruit qui était exposée
aux rayons solaires.

chimique remarquable en traversant le poumon. Au lieu de 0,21 d'oxygène et d'une faible quantité d'acide carbonique, l'air qui a servi à la respiration offre ordinairement 0,18 ou 19 du gaz résineux, de 0,2 à 0,3 centièmes et plus d'acide carbonique. La quantité d'acide carbonique exhalé est en général inférieure à celle de l'oxygène absorbé. Cette différence, qui varie suivant l'organisation des animaux, est plus considérable chez les carnivores que chez les herbivores. Quant à la quantité d'azote exhalé, elle est tantôt égale, tantôt supérieure et d'autres fois un peu inférieure à celle de l'azote absorbé. L'air qui sort de la poitrine des animaux vivans est en outre chargé d'une quantité considérable d'humidité, produit de la transpiration pulmonaire, et sa température est beaucoup plus élevée que celle de l'air ambiant.

Les physiologistes et les chimistes ont cherché, depuis Lavoisier, à expliquer la cause de l'altération de l'air dans la respiration ; mais ce n'est que dans ces derniers temps que des physiologistes instruits ont décidé en partie la question, en suivant la voie expérimentale. M. Edwards a prouvé que la formation de l'acide carbonique n'a point lieu dans le poumon, mais qu'il est contenu dans le sang et exhalé avec l'azote que ce liquide contient avant la transformation du sang veineux en sang artériel, et que la fixation de l'oxygène de l'air ne paraît point contribuer à la formation de cet acide dans les poumons. C'est en renfermant des

batraciens, dont les poumons étaient privés d'air
dans des vases contenant de l'hydrogène pur, que
cet observateur a démontré que l'action de l'oxygène
n'est point nécessaire à la formation de cet acide,
et qu'il est exhalé malgré l'absence complète du
premier gaz. Nous allons offrir les résultats généraux qu'il a obtenus de ces expériences, parce qu'ils
sont très-importans.

« L'oxygène qui disparaît dans la respiration de
l'air atmosphérique est absorbé en entier. Il est ensuite porté en tout ou en partie dans le torrent
de la circulation.

» Il est remplacé par une quantité plus ou moins
semblable d'acide carbonique exhalé qui provient
en tout ou en partie de celui qui est contenu dans
la masse du sang.

» En outre, l'animal respirant de l'air atmosphérique, absorbe de l'azote; cet azote est porté
en tout ou en partie dans la masse du sang.

» L'azote absorbé est remplacé par une quantité
plus ou moins équivalente d'azote exhalé qui provient en tout ou en partie du sang.

Voilà quatre points fondamentaux :

» 1° Absorption de l'oxygène qui disparaît;

» 2° Exhalation de l'acide carbonique expiré;

» 3° Absorption d'azote;

» 4° Exhalation d'azote. Les deux premiers, relatifs à l'oxygène, soit pur, soit combiné, les deux
autres à l'azote.

Il résulte donc de ces expériences et des considérations qui précèdent, que l'acide carbonique exhalé ne représente pas entièrement la quantité d'oxygène absorbé, et que ce gaz s'unit en partie au sang, est emporté par le mouvement général de la circulation, et que sa combinaison avec le carbone et l'hydrogène contenus dans ce liquide a lieu en plus grande partie dans le système capillaire général. Néanmoins, on doit aussi admettre que cette combinaison s'opère déjà dans le système capillaire pulmonaire, car le développement de la chaleur du sang artériel indique assurément l'existence d'une combinaison chimique qui ne peut être qu'une oxydation du carbone et de l'hydrogène du sang, dans laquelle il doit y avoir nécessairement un dégagement sensible d'eau et d'acide carbonique dû à cette combinaison. Celle-ci n'a entièrement lieu que dans le système capillaire général et dans le système veineux où l'oxygène disparaît, et se combine presque entièrement avec les principes éminemment combustibles qui s'exhalent dans l'expiration. Le sang perd alors sa couleur rutilante et les propriétés vivifiantes qu'il devait à la fixation de l'oxygène, et devient impropre à l'entretien de la vie, s'il ne reçoit à l'instant une nouvelle quantité de gaz éminemment vital.

Si nous cherchons encore ici son mode d'action sur le sang ou sur les principes qui le composent et enfin sur l'économie animale, nous verrons que c'est au fluide résineux qu'il contient qu'on doit surtout rapporter les propriétés physico-chimiques

ou *vitales* de ce gaz, à sa combinaison avec le fluid
vitré qui pénètre toute la substance organiqu
liquide et solide. Cette combinaison s'opère dar
les organes mêmes qui peuvent ainsi se charge
de fluide résineux suivant leur organisation e
leur composition chimique, et par conséquen
suivant leur capacité pour ce fluide. C'est ain
que, dans cette action générale, le système ner
veux en reçoit une grande quantité qu'il trans
met ensuite aux autres organes. On ne peut expli
quer différemment l'action vivifiante de l'oxygène
la production du fluide nerveux, son influenc
sur les tissus organisés, sur les actions et les combi
naisons chimiques qui s'observent dans les corps vi
vans, et enfin la production du calorique rayonnan
qui s'en dégage sans cesse. Privez subitement ur
animal vivant de ce gaz éminemment électrique, e
vous suspendez à l'instant même tous ces phéno
mènes. La sensibilité s'émousse, les forces s'évanouis
sent, les actions et les combinaisons moléculaire
cessent, la chaleur animale se dissipe, parce que le
corps de l'animal est réduit à l'état vitré, que l'a
gent principal des combinaisons organiques et inor
ganiques ne peut plus exercer son influence et don
ner lieu à cette série d'actions et de réactions mo
léculaires d'où dépend la production des phénomènes vitaux. Il est donc constant d'après tous ces
faits et tous ces rapprochemens, que *le fluide résineux
est l'agent immédiat de la vie chez les animaux et
chez les végétaux.*

Dans la production des phénomènes de la respiration, on ne peut considérer les poumons comme des instrumens passifs, servant à favoriser le contact de l'air atmosphérique et son action sur le sang veineux ; ces organes jouissent d'une action physico - chimique spéciale qui dépend de leur organisation, des nerfs qui viennent se distribuer dans leur tissu et du sang qui les excite. Ils sont le siège de deux courans électro - chimiques dirigés en sens opposé ; dans le premier, l'oxygène et l'azote de l'air ambiant vont se combiner avec le sang artériel. Dans le second, l'acide carbonique et l'azote contenus dans le sang veineux sont exhalés. A la vérité, des expériences ont prouvé que la transpiration pulmonaire pouvait être le résultat d'une action mécanique ; ainsi, M. Magendie, ayant poussé de l'eau dans l'artère pulmonaire d'un cadavre, vit ce liquide se déposer en gouttelettes innombrables et presque imperceptibles dans les voies aériennes, et ayant injecté une grande quantité de ce liquide dans le système veineux d'un animal vivant, il détermina ainsi un accroissement très-considérable de l'exhalation pulmonaire. Ces faits importans prouvent sans doute que la disposition anatomique des tissus et la pléthore du système sanguin peuvent favoriser la transpiration pulmonaire ; mais on s'exposerait à tirer des conséquences fausses de ces faits, si l'on voulait expliquer la production de ces phénomènes dans l'état normal par la seule disposition anatomique ou organique des tissus.

La sécrétion de l'urine, l'exhalation de la sueur,
sont sans doute plus abondantes lorsqu'une grand
quantité de liquide est introduite dans l'économie
la course peut augmenter d'une manière en quel
que sorte mécanique, et par une impulsion *à tergo*
l'émission d'une grande quantité de liquide à la surface de la peau; mais néanmoins, ces causes violentes, et pour ainsi dire anormales, ne prouven
point que l'exhalation pulmonaire, cutanée, gastrique, intestinale, soit due à une action semblable,
et tout indique que c'est à l'action de deux couran
électriques opposés, que l'on doit rapporter la caus
principale de toute exhalation et de toute absorption dans l'état ordinaire. C'est encore ici le cas d
distinguer les causes naturelles des causes acciden
telles, et les causes organiques ou passives de
causes actives ou électro-chimiques. Ce que nou
avons exposé touchant les fonctions exhalantes,
absorbantes et sécrétoires de tous les tissus, prouv
avec évidence qu'elles sont sous l'influence électro
motrice de l'appareil nerveux. Celles que l'on ob
serve dans les poumons doivent suivre nécessaire
ment les mêmes lois.

La disposition vésiculeuse des poumons favoris
singulièrement les rapports multipliés de ces or
ganes avec l'air atmosphérique, et si, comme la
physique nous l'enseigne, le développement de l'é
lectricité est en raison de l'étendue des surfaqe
solides, soumises à l'action d'un liquide quelconque
nous pouvons admettre que ces rapports doiven

donner lieu au dégagement d'une grande quantité
de fluide impondéré. C'est sans doute par une disposition anatomique analogue, que l'organe électrique de la torpille peut *décomposer* l'oxygène, contenu
dans l'eau, et même les élémens de ce fluide, pour en
dégager le fluide électrique que cet animal lance volon-
tairement à ses ennemis et communique aux corps
environnans. Cet organe divisé en deux parties, placées d'une manière symétrique de chaque côté de
la tête, et appuyées contre les trachées, occupe
toute l'épaisseur qui sépare les deux plis de la peau ;
en le disséquant, on trouve qu'il est composé *d'un
tissu cellulaire très-lâche*, dont les mailles sont assez
grandes et affectent la forme cylindrique, ou plutôt
la forme prismatique. La réunion de ces lames offre
assez de ressemblance avec les alvéoles d'un rayon
de miel. La structure et la disposition anatomique
de cet appareil ne diffèrent pas essentiellement de
celles de l'organe respiratoire pulmonaire ou bron-
chial ; il paraît agir à la fois sur l'oxygène de l'air et
sur les deux gaz dont l'eau est composée, à la manière
de la pile voltaïque. Si l'on ne peut refuser d'admettre cette dernière conséquence, on ne pourra
non plus refuser de reconnaître une action analogue, mais moins intense aux branchies et aux
poumons. La quantité considérable de calorique,
qui se dégage dans la respiration, ne paraît point
due à la soustraction de ce fluide du sang, ni entièrement à l'oxygénation de ce liquide ; tout indique
qu'il se forme instantanément de la combinaison des

deux électricités au moment du contact, tand
que, dans la torpille, l'électricité développée n'e
pas entièrement neutralisée, reste à l'état libre
s'accumule dans l'appareil nerveux et détermin.
les phénomènes que nous avons indiqués. O
ne peut nier la justesse de ces rapprochemens; ca
ils sont établis sur des faits et sur des phénomène
analogues, comme sur les principes de la physi
que. Ces principes nous apprennent que le contact d
deux substances hétérogènes, d'un gaz, d'un liquid
et d'un solide, ne peut avoir lieu sans développe
de l'électricité. On ne peut donc refuser cett
propriété à l'organe de la torpille, aux branchies e
même aux poumons dont la surface étendue multi
plie à l'infini les points de contact et favorise singu
lièrement le jeu des affinités moléculaires. Le déve
loppement de l'électricité libre, dans le premier cas
et la production de l'électricité combinée ou du
calorique, dans le dernier, dépendent de cause
physiques identiques, et sont soumis aux même
lois.

SOURCES DU CALORIQUE DANS L'ORGANISME.

La chimie et la physique nous apprennent que
c'est en combinant l'un des principes de l'air, que l'on
nomme oxygène, avec d'autres corps qu'on appelle
combustibles, tels que les corps chargés de carbone
et d'hydrogène, etc., que l'on développe du calorique, et que l'on produit la sensation de la cha-

eur ; ces sciences nous apprennent encore, qu'en combinant du fluide électrique résineux avec le fluide vitré, on détermine un phénomène semblable, etc. (1). Si nous cherchons à appliquer cette théorie physico-chimique à celle de la calorification (2), les plus vives lumières vont jaillir de ce rapprochement, et nous apprécierons parfaitement l'influence de l'oxygène dans l'économie, comme cause de la chaleur animale ; nous pouvons expliquer comment ce phénomène peut résulter de l'action de ce gaz sur les substances carbonées et hydrogénées qui composent en grande partie la substance animale. Pour connaître les lois du développement de la chaleur dans les corps doués de la vie, il faut d'abord observer que son intensité est en raison directe de la quantité de gaz oxygène combinée dans l'acte de la respiration. Ainsi, plus les surfaces pulmonaires ont d'étendue, plus l'air est chargé d'oxygène, plus le sang qui afflue dans les poumons est abondant et plus la chaleur animale acquiert d'intensité. Que l'on observe la température des animaux dans l'échelle des êtres, et on reconnaîtra qu'elle est d'autant plus élevée que les organes de la respiration sont plus développés et plus actifs. L'abaissement de la température chez les reptiles, les

---

(1) Tome 1, pages 72 et 73.

(2) La calorification n'est ni une propriété, ni une fonction ; c'est un phénomène qui résulte des actions et des combinaisons moléculaires intra-organiques.

poissons et en général chez tous les animaux à sa[ng]
froid, dépend de l'absorption d'une quantité d'ox[y]-
gène insuffisante pour l'élever au degré de cel[ui]
des mammifères, par exemple; tandis que ces de[r]-
niers doivent à l'amplitude de leurs poumons et a[u]
milieu où ils respirent la température élevée qu'i[ls]
nous offrent. Les oiseaux consomment une plu[s]
grande quantité d'air que les mammifères comp[a]-
rativement à leur volume, aussi développent-ils un[e]
plus grande quantité de chaleur, et, chez eux, les a[c]-
tions et les combinaisons chimiques sont très-active[s].

Ce rapport rigoureux entre l'oxygène consomm[é]
et le développement de la chaleur animale, suivan[t]
les âges, le volume des animaux, a été démontr[é]
par les expériences ingénieuses de M. Edwards. [Il]
a prouvé que les jeunes animaux à volume éga[l]
et même supérieur consomment moins d'oxygèn[e]
que les animaux adultes de la même espèce, malgr[é]
la fréquence de la respiration et la rapidité de l[a]
circulation chez les premiers, et que ce phéno[-]
mène correspond à l'abaissement de leur tem[-]
pérature. Les jeunes animaux peuvent donc êtr[e]
comparés, sous ce rapport, aux animaux à san[g]
froid; ils altèrent moins promptement l'air dan[s]
lequel ils sont plongés, et dégagent aussi, compa[-]
rativement, une quantité moins considérabl[e]
de calorique que les adultes de la même espèce[.]
L'air trop raréfié détermine un effet semblable, e[t]
les animaux qui le respirent produisent moins d[e]
chaleur parce que, sous un volume donné, le fluid[e]

atmosphérique contient beaucoup moins d'oxygène. Les saisons et les climats doivent donc déterminer les anomalies remarquables dans la température des animaux, et c'est encore ce que l'observation a démontré. Une sorte d'équilibre peut néanmoins s'établir, pour les animaux à sang chaud adultes, soit en été et dans les pays chauds, soit en hiver et dans les régions froides : si, dans le premier cas, l'air plus raréfié contient moins d'oxygène, sur un volume donné, la chaleur atmosphérique a une plus grande influence sur les animaux dont elle élève la température de plusieurs degrés, et elle favorise ainsi le développement des actions et des combinaisons organiques. L'oxygénation plus parfaite du sang en hiver et dans les saisons froides compense, jusqu'à un certain point, comme nous l'avons déjà exposé, la diminution de la quantité de calorique ambiant ; car, puisque l'air froid est beaucoup plus dense que l'air dilaté par le calorique, il doit se trouver une plus grande quantité d'oxygène dans les poumons à chaque inspiration, pendant l'hiver, que pendant l'été, et par conséquent la chaleur intra-organique doit se développer proportionnellement. Les recherches de Crawfort viennent à l'appui de cette opinion et prouvent que l'air raréfié développe moins d'acide carbonique que l'air condensé dans la respiration.

Il existe donc deux sources de calorification pour les êtres vivants, l'une intérieure et l'autre extérieure. L'oxygène développe le calorique dans le

premier cas, en se combinant avec le fluide vitré
la substance organique; le calorique ambiant ten
sans cesse à se mettre en équilibre, et à pénétrer
corps organiques dont il peut élever la températu
de plusieurs degrés. Chez les animaux à sang chau
la première cause de calorification est plus pui
sante, tandis que l'autre acquiert d'autant plus d'in
fluence, en général, que l'on se rapproche dava
tage des animaux inférieurs et des plantes, dont
température tend sans cesse à se mettre en équilib
avec celle de l'atmosphère.

La succession des saisons et les changemens co
respondans de la température ont une influenc
universelle sur tous les êtres vivans; mais cette in
fluence est bien plus marquée sur ceux dont l'org
nisation est incomplète, chez eux la chaleur con
muniquée ne peut être remplacée qu'imparfaite
ment par la chaleur développée au moyen de l'oxy
génation du sang. On observe cette double actio
chez les animaux doués d'une organisation supe
rieure; ils trouvent dans ces deux sources de calo
rification le moyen de se maintenir en équilibre e
de se conserver une température presque uniform
dans tous les climats et dans toutes les saisons. Lors
que le calorique ambiant cesse en partie d'exerce
son action en hiver, le calorique dégagé par la com
binaison de l'oxygène, avec les fluides et les tissus or
ganiques, dans la respiration et la circulation, de
vient plus abondant et remplace ainsi l'action du calo
rique atmosphérique. Des expériences concluante

nt prouvé que les animaux consomment plus d'oxygène en hiver qu'en été, et que la source de la chaleur animale, développée par la combinaison de ce
gaz avec les fluides organiques, est bien plus abondante dans la première saison, qu'à l'époque où la
chaleur solaire vient animer les corps organisés.

Il est des animaux dont l'organisation est complète, qui se trouvent même placés à un haut degré
dans l'échelle zoologique, et qui cependant ne peuvent supporter un abaissement considérable dans
la température, sans se refroidir et sans tomber
dans un sommeil profond. Ces animaux qu'on appelle hibernans, tels que la chauve-souris, le hérisson, le loir, le lérot, le muscardin et la marmotte, sont des mammifères; ils ont les caractères
organiques qui distinguent les animaux de cette
classe, et ils n'en diffèrent que par un plus petit volume des artères cérébrales. Des observateurs ont
constaté que leur chaleur habituelle est de 36 à 38°
cent.; mais au moment de l'hibernation, leur température est très-basse; elle descend jusqu'à 5, à 4
et même jusqu'à 3 degrés, au rapport de M. Flourens, qui a fait très-récemment d'intéressantes
recherches à ce sujet. Ces animaux sont engourdis
comme les reptiles, ne prennent aucune espèce de
nourriture, et n'ont que des mouvemens respiratoires, faibles, long-temps suspendus, ou tout-à-
fait nuls. M. de Saissy a observé que le décroissement de la température, chez ces animaux, a
lieu successivement depuis le mois d'août jusqu'à

l'instant où l'action du froid devient intense;
est parvenu à engourdir une marmotte au mois d[...]
mai et au mois de juin, en la soumettant dans un[...]
glacière, pendant vingt-quatre heures, à une tempé[...]
rature de 10 degrés au-dessous de zéro, sans qu[...]
sa santé parût altérée, et il la fit sortir de cet ét[...]
de torpeur en l'exposant à la chaleur de l'atmo[...]
phère. Pendant l'action du froid, la températur[...]
de l'animal était descendue à 5 degrés, de 35 qu[...]
conservait avant l'expérience. Le froid extérieur [...]
la gêne de la respiration paraissaient contribuer à l[...]
plonger dans cet état léthargique. Cette expérienc[...]
prouve l'influence prodigieuse du refroidissemen[...]
de la température sur un animal à sang chaud[...]
mais dont les dispositions organiques sont favora[...]
bles à la production de ce phénomène. Les expé[...]
riences qui suivent démontrent encore l'influenc[...]
de l'oxygénation du sang, dans le développemen[...]
de la chaleur animale.

M. de Saissy ayant placé une chauve-souris profon[...]
dément engourdie, et qui offrait 4 degrés de chaleur[...]
dans un appartement dont l'air était à 1 degré 5 au[...]
dessous de zéro, l'irrita par des moyens mécaniques[...]
en la laissant exposée à la même température où ell[...]
était devenue léthargique; elle ne sortit de cet éta[...]
qu'au bout d'une heure. Trente minutes après so[...]
réveil elle offrait 15 degrés, et après une duré[...]
égale de temps, elle était à 27 degrés, terme qu'ell[...]
ne put dépasser. Un hérisson, également engourdi[...]
et qui n'avait que 3 degrés au-dessus de zéro, fu[...]

lacé, à peu près dans les mêmes circonstances il offrait au moment de son réveil 12 degrés 5, et une heure après sa température était élevée à 20 degrés. Un lérot refroidi au même degré, et réveillé de la même manière, offrit au bout d'une heure une température de 25 degrés, et il reprit sa chaleur ordinaire (36 degrés) dans le même espace de temps. Le même observateur exposa un lérot et un hérisson dont la chaleur était de 4 degrés, à une fenêtre placée au Nord, la température étant de 1 degrés au-dessous de zéro, et il vit ces animaux se réveiller sans avoir recours aux stimulations, et leur température s'élever au bout de quelques heures au type normal. Ces expériences prouvent suffisamment que ce n'est point à la température de l'air ambiant, ni à l'action mécanique que l'on doit rapporter l'élévation de la chaleur, chez ces animaux, mais plus spécialement à l'influence de la respiration.

Nous avons exposé brièvement tous ces faits, afin de démontrer que le calorique qui se développe dans nos organes a sa source principale dans l'acte de la respiration, et que c'est à la combinaison de l'oxygène avec les liquides organiques, que l'on doit rapporter le développement du fluide électrique combiné ou modifié d'où naît la chaleur animale. En admettant que l'oxygène ne produise ce fluide qu'en se combinant avec le carbone et l'hydrogène, il faut néanmoins reconnaître que c'est à la combinaison des fluides résineux et vitré, ou à leur action intime et réci-

proque que l'on doit attribuer, en définitive, la p—
duction du calorique rayonnant qui se dégage co—
tinuellement des corps organisés. Des physiologis—
modernes ont dit que si le fluide électrique ét—
formé dans l'économie animale, il ne pourrait—
être contenu, et qu'il s'échapperait à chaque in—
tant de nos tissus. Assurément le fluide résine—
est dégagé de l'oxygène, dans l'acte de la respir—
tion, comme il se dégage de la pile voltaïque; m—
il trouve des fluides et des tissus chargés de flui—
vitré, avec lequel il se combine et avec lequel il—
dégage sans cesse avec les propriétés du caloriqu—
S'il n'en était pas ainsi, comment cette énorm—
quantité de fluide résineux (1) produite de toute n—
cessité par la combinaison de l'oxygène avec les fluid—
organiques, pourrait-elle se dégager? l'homme—
les mammifères seraient autant de torpilles ou d'an—
maux électriques qui se repousseraient et s'attir—
raient mutuellement! Les faits que nous avons e—
posés et les rapprochemens qui en sont la déductio—
démontrent suffisamment que la combinaison, o—
au moins l'action intime et réciproque des fluid—
positif et négatif, est la cause de la chaleur an—
male; que le calorique qui se dégage du corps d—

---

(1) Le docteur Menzies porte à 850 litres, Lavoisier
M. Davy à 745 litres seulement la quantité d'oxygène qu'u—
homme consomme en un jour!... Quelle quantité considérab—
de fluide électrique et de calorique le premier agent doit dég—
ger dans ses combinaisons avec les fluides et les solides org—
niques!

nimaux vivans, n'est qu'un mélange de ces deux fluides, puisque sa production est en raison de la quantité d'oxygène ou de gaz électro-résineux consommé dans la respiration. Des expériences décisives ont d'ailleurs prouvé que les propriétés électriques et calorifiques du système nerveux, et des fluides organiques, sont en raison de l'oxygénation du sang.

Dans l'état morbide, la chaleur animale est souvent augmentée ou diminuée, suivant les périodes, le siège et l'intensité des maladies. Les causes de cette augmentation ou de cette diminution de la calorification, doivent être rapportées surtout, 1° à l'accélération ou à la diminution des mouvemens respiratoires et circulatoires, aux diverses lésions dont le poumon est souvent le siège; 2° à l'action augmentée ou diminuée du système nerveux; 3° à l'abondance ou à la diminution du sang et des fluides organiques; 4° à l'activité ou à la lenteur des actions et des combinaisons moléculaires. Le développement du calorique, dans toutes ces combinaisons, est évidemment le résultat de l'action réciproque des électricités contraires. Il suffit de remarquer que ce phénomène s'observe constamment dans l'inflammation et dans l'exercice des fonctions, comme dans les combinaisons inorganiques, pour en connaître la cause chimique.

Les expériences au moyen desquelles on a cherché à s'assurer de l'augmentation de la chaleur animale dans l'inflammation, n'ont point donné les résultats

qu'on pouvait en attendre, et c'est pour cette raiso
qu'on s'est empressé de conclure que dans cet ét
elle n'est pas aussi considérable qu'on peut le sup
poser. On a donc évalué à quelques degrés seulemen
l'accroissement de la température dans ce cas; néar
moins, M. Magendie a reconnu qu'une main atteint
d'une inflammation offrait huit ou dix degrés d
plus que la main saine; mais que cette tempér
ture morbide était encore de deux ou trois degr
au-dessous de celle du sang. Cependant, ce n'e
que par suite des actions et des combinaisons ch
miques, et par l'action du fluide électro-nerveu
sur les tissus enflammés, que la température de l
partie malade a pu s'élever presque jusqu'au degr
de chaleur que le sang avait perdu dans la circu
lation. Les expériences de ce genre n'ont point ét
tentées avec des instrumens assez sensibles pou
apercevoir toutes les nuances de la température. Il
est certain que si les animaux dégagent à la fois
comme les végétaux, du fluide électrique com
biné, et du fluide électrique vitré, on doit senti
qu'il importe de ne point se borner à l'emploi de
instrumens explorateurs formés avec des substance
non-conductrices. Les expériences de Hunter et de
M. Astley-Cooper ont prouvé que, dans l'inflamma
tion de la peau, la température de cette tunique
augmente sensiblement.

Puisque les expériences de M. Edwards prouvent
d'une manière convaincante que la plus grande
partie de l'acide carbonique exhalé dans l'expira-

ion, provient, non de l'oxygénation du sang dans les poumons, mais de la combinaison de l'oxygène et du carbone dans le torrent de la circulation, que le sang artériel n'est que d'un degré plus chaud que le sang veineux ; puisque les faits dont se compose la chimie démontrent qu'il ne peut y avoir de combinaisons moléculaires sans développement de calorique et par conséquent d'électricité; puisqu'enfin la nutrition, les sécrétions ne s'opèrent que par suite de combinaisons chimiques, on doit donc admettre que celles de l'oxygène, du carbone et de l'hydrogène, au moment de l'inspiration, n'est pas la seule cause de calorification, que ce phénomène se manifeste dans toutes les parties de l'organisme, que son intensité est non-seulement en raison de la combinaison du gaz résineux avec les fluides et les solides; mais que le développement du calorique est aussi en raison de l'activité des actions et des combinaisons moléculaires.

Cette opinion est d'ailleurs d'accord avec les résultats des expériences très-importantes tentées par MM. Dulong et Despretz. Ces habiles physiciens ont prouvé que la respiration n'est pas la seule cause de la calorification, et que la nutrition doit aussi contribuer au développement de la chaleur animale.

Si les animaux ne résistent au froid que par un surcroît d'action de la respiration, par une consommation plus considérable d'oxygène, et par le développement proportionné du fluide résineux; ils résistent à l'action d'une chaleur atmosphérique élevée, d'abord par la raréfaction de l'air qui dimi-

nue la quantité d'oxygène absorbé dans la respiration, et ensuite par l'évaporation d'une grande
quantité de particules aqueuses dans la transpiration
cutanée et pulmonaire. D'après l'opinion de l'illustre
Franklin, cette action est purement physique; il
compare le corps des animaux à des vases poreux
(alcarrazas) en usage dans les pays chauds, et qui
laissent suinter l'eau qu'ils contiennent, en conser-
vant sa température. Cependant, cette action con-
servatrice de l'organisme ne peut dépasser certaines
limites, et la température augmente ou diminue de
plusieurs degrés, suivant les saisons et les climats:
un froid rigoureux finit par éteindre la vie, en
commençant par exercer son action sur les parties
les plus éloignées du principal foyer de la chaleur,
sur les membres dont la température n'est souvent
que de 25 ou 26 degrés.

Cette différence dans l'intensité d'action du calorique ambiant et de l'oxygène, suivant les climats,
amène des changemens remarquables dans la constitution des hommes et des animaux qui vivent
sous des latitudes différentes, ou dans des lieux qui
offrent des conditions opposées. Ces changemens
méritent de fixer toute l'attention des médecins et
des naturalistes. Dans le chapitre suivant, nous chercherons à apprécier l'influence de ces causes physiques sur le développement des actions anormales de
l'organisme, et nous indiquerons la méthode qu'il
faut adopter pour étudier l'action des agens extérieurs
sur les élémens qui composent le corps humain.

Les faits et les expériences que nous avons exposés succinctement, démontrent que les phénomènes locaux et généraux que l'acte de la respiration détermine ne peuvent être et ne sont en effet que le résultat d'actions et de combinaisons chimiques. Il est maintenant impossible de nier ces propositions fondamentales; elles sont étayées de l'ensemble des phénomènes organiques et des faits qui sont coordonnés dans cet ouvrage; elles sont enfin démontrées par des vérités déduites de l'expérience, et qu'il faut anéantir avant de chercher à attaquer les principes de la doctrine positive. Ces vérités sont les suivantes : 1° l'oxygène est un élément électro-négatif, et n'agit qu'en vertu de ses propriétés chimiques; 2° les fluides organiques, tels que le sang, la bile, l'urine, la salive, etc., jouissent de propriétés électriques constatées par des expériences nombreuses; 3° les solides éprouvent l'action chimique de l'endosmose et de l'exosmose; 4° le système nerveux, que nous avons considéré comme un appareil électro-moteur, a offert des propriétés galvaniques à beaucoup d'expérimentateurs, et récemment le docteur Beraudi, de Turin, a démontré que la propriété électro-magnétique communiquée aux aiguilles fixées dans le système nerveux est en raison directe du contact du sang avec l'air atmosphérique, et par conséquent en raison de la quantité d'oxygène consumé dans la respiration (1).

______

(1) Annali univ. di med. Milano, Maggio 1829.

DE LA CIRCULATION.

On doit examiner, dans l'exposition des fonctio
de l'appareil circulatoire, l'action des parties co
tenantes ou des solides, et l'action des parties cont
nues ou du liquide vivifiant qui est partout en co
tact avec la paroi interne des premières ; car il fau
renoncer aux idées exclusives des solidistes qui co
sidèrent le sang et les autres liquides comme d
produits inertes, circulant dans les vaisseaux par l
seule force de leurs tuniques. L'existence des pr
miers précède celle, des seconds, et la vie commen
par l'oscillation des fluides et par leur organisatio
Le sang est une des causes primitives de la vie, l
pabulum vitæ ; son action et ses propriétés mériten
de fixer toute l'attention des physiologistes et de
médecins. Ce liquide a une telle influence sur le dé
veloppement et l'action des organes, sur la produc
tion des phénomènes vitaux, qu'il n'est point éton
nant que les anciens aient pensé qu'il soit le siég
de l'âme, ou la cause excitatrice du mouvement et d
la vie.

Le physiologiste ne peut s'élever à la connais
sance des lois de l'organisme, qu'en déterminant ri
goureusement le mode d'action de ce fluide excita
teur sur les solides, et réciproquement l'action de

es derniers sur le sang. L'intensité des phénomènes vitaux est en rapport avec l'intensité de son action : lorsqu'il afflue et que l'afflux ne dépasse pas certaines limites, les actions et les combinaisons moléculaires deviennent plus actives, les fonctions organiques se développent, les forces s'accroissent ; mais si le sang est porté en trop petite quantité, dans une partie quelconque, les phénomènes opposés s'observent, les actions et les combinaisons moléculaires sont peu actives, les fonctions sont languissantes et la force diminue. Ce dernier état constitue l'asthénie.

Cependant, lorsque le sang afflue dans un organe en trop grande abondance, même dans l'état fonctionnel, l'exercice de cet organe est souvent troublé, car les actions et les combinaisons moléculaires ne s'effectuent plus suivant les lois de l'état normal, et la force, qui ne se développe que lorsque ces actions et ces combinaisons ne sont ni trop au-dessus, ni trop au-dessous du type physiologique, la force, ou plutôt la cause qui la détermine, diminue et s'épuise. On ne peut point dire que dans cette circonstance il y ait asthénie, mais on doit reconnaître qu'il y a dysergie et que le meilleur moyen de changer cet état n'est pas de recourir aux toniques et aux excitans, mais de ramener les actions et les combinaisons moléculaires au type physiologique. Déjà l'on conçoit de quelle manière agissent la diète, les boissons aqueuses, les émissions sanguines et les révulsifs, dont l'effet est de diminuer directement

l'activité de ces actions et de ces combinaisons, (
d'une manière indirecte, en provoquant le développement des combinaisons chimiques dans une part
éloignée du siège de l'inflammation ou de l'affini
morbide.

PROPRIÉTÉS PHYSICO-CHIMIQUES DU SANG.

Avant d'être soumis à l'influence de la respiration
le sang contenu dans les veines est d'un rouge-brun
tantôt il offre une couleur rutilante presque semblable à celle du sang artériel, et d'autrefois il e
noirâtre, différences qui proviennent en généra
de la rapidité ou de la lenteur de son cours. S
température peut atteindre 32, 33, 34, 35 e
même 36 degrés du thermomètre de Réaumur, et
suivant Haller, sa pesanteur spécifique est, à cell
de l'eau, :: 00527 : 1,0000. Son avidité pour l'oxygène est très-grande; mis en contact avec l'ai
atmosphérique, il acquiert bientôt une couleu
rouge-claire, et placé sous une cloche, il dégage
de l'acide carbonique en assez grande quantité.

Le sang artériel est d'un rouge-vermeil, sa pesanteur est à celle du sang veineux, selon John
Davy :: 1,049 : 1,051. Cependant il paraît contenir moins de serum, il est d'un degré plus élevé
en température que ce dernier, et sa coagulation
est aussi prompte. Ces deux phénomènes, ainsi
que sa coloration, sont évidemment dus à la combinaison de l'oxygène avec le sang, ou à l'action du

hide résineux qui se dégage de ce gaz. Chez les
oiseaux, la couleur rouge du sang est vive, et la
coagulation de ce liquide est rapide. Ces deux phénomènes diminuent d'intensité chez les mammifères,
chez les reptiles, et enfin chez les animaux des
classes inférieures. Dans le vide, que l'on opère au
moyen de la machine pneumatique, la coloration
du sang ne peut s'effectuer, la coagulation est lente
et imparfaite, et le caillot est mou et diffluent.
Ces phénomènes prouvent manifestement que la
coagulation et la coloration du sang, s'opèrent sous
l'influence d'une cause électro-chimique.

Le sang ne tarde pas à se coaguler lorsqu'il est
extrait des vaisseaux, et à former une masse, dont
la consistance varie suivant les âges, les constitu-
tions, les climats, les saisons, le siège, la nature,
la violence et les périodes des maladies; bientôt
cette masse se sépare en deux parties, l'une presque
solide, appelée *cruor*, et l'autre liquide, ou le *serum*.
Ces deux parties ne sont pas toujours dans la même
proportion chez tous les individus de la même espèce, et, chez l'homme, cette différence se manifeste dans une foule de circonstances. On remarque
en général que la consistance du caillot et sa quantité sont en rapport avec la force individuelle,
l'action énergique des organes et l'activité des combinaisons moléculaires. Chez les enfans et les vieillards, chez les lymphatiques et les individus mal
nourris, dans les pays marécageux et dans les pays
chauds, en été, dans les affections réputées asthé-

tiques, comme le scorbut, par exemple, dans l
maladies qui ont leur siège aux organes de l'abd
men, qui affectent la tendance chronique, ou q
revêtent les formes putrides et adynamiques, comn
après les saignées abondantes et une diète prolongé
la *quantité* et la *consistance* du cruor diminuent d'u
manière remarquable ; tandis que dans les ci
constances absolument opposées, dans les mal
dies qui affectent la marche aiguë, qui ont le
siège aux poumons, qui sévissent en hiver et
printemps sur des individus très-vigoureux, athl
tiques, le sang acquiert beaucoup de consistance,
souvent même l'on n'observe qu'une masse d
fibrine, autour de laquelle on remarque à peine u
peu de serum. Lorsqu'une phlegmasie viscéra
quelconque, mais surtout une phlegmasie aigu
des poumons, acquiert beaucoup de violence
et surtout lorsqu'elle se complique de l'artérite
alors on voit se développer à la surface du caill
une *fausse membrane*, à laquelle on a donné le noi
de couenne ou de *croute inflammatoire* ; cette fauss
membrane est due, comme la formation du caill
lui-même, à l'intensité de l'affinité chimique
tandis que la mollesse, la disgrégation des mol
cules qui composent le caillot surtout, annoncen
la diminution de cette force, mais aussi celle de
forces de l'individu. Dans le premier cas l'affinit
moléculaire est portée au-dessus, et dans le secon
elle est portée au-dessous du type normal, ce qui ca
ractérise deux états morbides opposés, l'un sthéni

ue et l'autre asthénique, bien que l'affection lo-
le qui amène ces deux dispositions morbides soit
presque toujours le résultat de *l'affinité anormale*
ou de l'irritation inflammatoire.

Si l'on remonte, en effet, aux causes des phénomènes remarquables qui viennent d'être rapportés,
on voit d'abord que toutes les causes débilitantes
diminuent la consistance et l'abondance du caillot,
et que toutes les causes qui tendent au contraire à
favoriser le développement des forces, produisent
un effet opposé. Les preuves que l'on peut offrir
à l'appui de cette proposition sont nombreuses et
incontestables ; elles peuvent être vérifiées par tous
les observateurs : nous devons les exposer ici succinctement, afin que l'on puisse se convaincre que
la force ou la faiblesse dépendent non-seulement de
la quantité plus ou moins considérable du fluide
résineux et du calorique qui circulent dans l'appareil nerveux ; mais aussi, *a priori*, de l'activité
ou de la lenteur des actions et des combinaisons
moléculaires et notamment de l'intensité variable
des propriétés électro-chimiques du sang.

Une foule de médecins tant anciens que modernes, ont remarqué une altération dans la cohésion du sang et des liquides organiques, avec une
altération correspondante dans la force et l'énergie des hommes et des animaux, sur lesquels l'o-
pération de la saignée avait été pratiquée ; mais
jusqu'à ce jour on a ignoré les causes physiques
de cette coïncidence. En l'attribuant aux anoma-

lies et surtout à la diminution des actions et
combinaisons chimiques intra-organiques, nous ac-
vons de dévoiler les causes d'importans phénomèn
et nous apprécions mieux l'action des agens physiqu
ou des modificateurs sur l'organisme animal, soit d
l'état normal, soit dans l'état morbide. Exposons b
vement les faits qui viennent à l'appui de notre o
nion, et rapportons le résumé des observations
des recherches de Haller sur ce sujet importan

« *Quo robustior homo fuerit, et athletico habi*
» *proprior, eo major cruoris in sanguine portio e*
» *et concretio celerior, et durior*, dit ce grand ph
» siologiste. *In animalibus calidioribus, avibus, ca*
» *carnivorisque feris, crassamenti major est port*
» *Contra in debilibus seri copia augetur ut, duæ, ter*
» *sanguinis partes aquosæ sint, et denique de s*
» *guine vix nisi serum supersit. Ipse vidi, et sæp*
» *in animabilibus frigidis, quæ absque cibo lang*
» *rant, experimento subjectis, vix quidquam ru*
» *in vasis fuisse, ut arteriæ inanes viderentur, ve*
» *malè plenæ. Quod enim inane videtur, id par*
» *creditu, limphatico humore repleri. Ità etiam*
» *homine penè fame pereunte sanguis valdè tenuis*
» *decolor fuit. Contrà in validis bestiolis, et abun*
» *pastis, vasa utriusque generis uberrimo sangui*
» *replentur, et globulorum tanta in eorum vasa cop*
» *fertur, ut sero vix locus supersit* (1).

Les causes que l'on vient de signaler n'altère

---

(1) *Elementa physiologiæ corporis humani*, t. ii, p. 46.

les propriétés du sang, n'augmentent ou ne diminuent sa densité et la quantité du caillot, 1° qu'en
augmentant ou en diminuant ses principes constituans; 2° qu'en favorisant ou en empêchant l'oxygénation complète du sang. Cette diminution dans
la quantité et dans la densité du caillot est donc une
véritable cause d'asthénie. L'abstinence, l'usage de
substances impropres à la formation de la fibrine,
le mauvais alimens, produisent presque le même
effet, et ils ne peuvent réparer les pertes continuelles
que le sang éprouve par la consommation continuelle de sa portion cruorique. L'asthénie de ceux
qui ont subi une diète rigoureuse et prolongée, qui
ont vécu d'alimens dépourvus d'élémens nutritifs,
est donc réelle; leurs vaisseaux ne contiennent
qu'une petite quantité d'un sang décoloré, diffluent,
et dans lequel les globules rouges sont peu abondans. La diminution du fluide nutritif et excitateur
de tous les organes, doit nécessairement jeter l'organisme dans un état de faiblesse qui est en rapport
avec les pertes et l'altération de composition que ce
liquide a éprouvées. Dans l'emploi des agens débilitans, les médecins doivent donc examiner attentivement les propriétés électro-chimiques du sang;
car elles indiquent positivement l'état de force ou de
faiblesse de l'organisme.

Un sang riche en principes réparateurs circule au
contraire dans les vaisseaux de l'homme qui a usé amplement d'alimens succulens. Il va déterminer dans
tous les appareils organiques des actions vives et sou

tenues, d'où naissent le sentiment de la force, l'aptitude à supporter de grands travaux, mais aussi un
disposition aux hémorrhagies et aux maladies inflammatoires très-violentes. Dans ce cas une thérapeutique active peut être employée, une grand
quantité de sang peut être extraite des vaisseaux
sans jeter les malades dans un état de faiblesse inquiétant et durable; tandis que, dans les circonstances opposées, les agens débilitans, employés sau
prudence, peuvent arrêter la source de la vie ave
plus ou moins de rapidité.

Nous avons déjà remarqué que, dans le premier
âge, les solides et les fluides organiques ont moin
de consistance que dans un âge plus avancé, et que
cette disposition paraît être due à une intensité encore peu considérable de l'affinité moléculaire intraorganique. Dans un âge plus avancé, cette affinité
ne cesse de s'accroître dans le sang, comme dans les
solides et les liquides organiques; de là, la faiblesse
des actions organiques dans le premier et dans le
dernier âge de la vie, par l'effet d'une cause opposée. Les expériences de Robinson, de Schwencke,
rapportées par Haller, prouvent en effet que la
quantité du cruor, relativement à celle du sérum,
est en raison directe de l'âge. Le premier observateur pense même que, chez le vieillard, le cruor est
plus dense, et le second, que cette portion du sang
est plus abondante (1). La diminution de la tempé-

____

(1) L. C.

...rature, à ces extrémités opposées de la vie, indique évidemment une moindre consommation d'oxygène.

Dans les pays humides et marécageux, l'absorption continuelle de l'eau, dont l'atmosphère est chargée introduit dans l'économie un principe qui neutralise promptement celui que contient l'oxygène de l'atmosphère, et qui s'oppose ainsi en partie à son action vivifiante ou électro-chimique. La prédominance de l'hydrogène et du principe azoté doit nécessairement amener de la lenteur dans les actions et les combinaisons moléculaires; car ce principe actif, qui les détermine, se trouve promptement neutralisé.

Si nous étudions ensuite les effets de la température sur le sang, nous observons des phénomènes importans dont il est utile et intéressant de chercher les causes. Nous avons dit que le froid augmente l'action pulmonaire, favorise l'oxygénation de ce liquide, et développe par conséquent une grande quantité de calorique. L'observation nous apprend que c'est précisément dans ces circonstances que le sang se concrète avec le plus de facilité, que le caillot devient plus dense et que la couenne inflammatoire se forme le plus souvent. Nous devons donc encore induire de ce fait, comme de toutes les observations qui précèdent, que l'oxygénation du sang a la plus grande influence sur la consistance de la partie rouge de ce liquide, et par conséquent sur ses propriétés actives et vivifiantes. Dans les

maladies de l'hiver et des pays froids, le sang offre e
général des qualités opposées à celles qu'il présent
dans les maladies de l'été et des régions équatoriale
C'est en effet ce que l'observation démontre, a
moins lorsque l'intensité de la chaleur a été la seul
cause du développement des maladies. Le caloriqu
atmosphérique paraît alors agir en raréfiant l'air
en rendant imparfaite l'oxygénation du sang, et pa
conséquent en favorisant la dissolution chimiqu
ou la disgrégation de ses élémens. Les individu
soumis à une température trop élevée sont haletan
par l'effet de mouvemens un peu violens et n
peuvent soutenir la fatigue. Les maladies qui s
développent dans les climats chauds, sous le cie
brûlant des tropiques et de la zone torride, offren
souvent des altérations promptement mortelles du
fluide sanguin, dont les élémens tendent à se séparer, soit par la diminution de l'oxygénation,
soit par la violence et la continuité de la chaleur
atmosphérique. On conçoit donc maintenant, pourquoi les phlegmasies, qui se développent dans ces
circonstances, sont si promptement et si souvent
funestes, et pourquoi elles offrent des caractères
spéciaux qui les distinguent des maladies septen-
trionales. Haller (1), et une foule d'autres observateurs ont remarqué, que dans la peste, la fièvre
jaune, les angines, les varioles confluentes, les fièvres

(1) L. C. t. II, p. 45.

malignes des pays chauds, les fièvres dites pété-
chiales, etc., des hémorrhagies par les oreilles, le
nez, les yeux, la bouche, les intestins, et par les
plaies des vésicatoires, etc., se manifestent souvent
près les premiers jours de l'invasion de la maladie, annoncent son issue funeste et la dissolution du fluide sanguin. Les mêmes observateurs
attestent que, dans plusieurs maladies épidémiques,
la lenteur ou le défaut de coagulation étaient des
signes graves et le plus souvent mortels. En vain
on voudrait nier l'évidence de cette dissolution
chimique, ou la rapporter uniquement à la violence
de l'inflammation ; l'étude et la comparaison des
maladies aiguës dans différens climats, la connaissance des effets d'une chaleur vive sur le corps de
l'homme et des animaux, montrent facilement de
quel côté est la vérité.

Nous avons observé qu'en hiver et au printemps,
le sang tiré des veines offre, en général, plus de
cruor qu'en été et en automne, et qu'il se coagule
plus promptement. C'est aussi dans la première saison que se développent plus fréquemment les phlegmasies de la poitrine, dans lesquelles on remarque
si fréquemment les couennes pleurétiques ou inflammatoires, en examinant le sang des malades sur lesquels on a pratiqué la phlébotomie. D'autres phénomènes qu'il est superflu de rapporter ici tendent
aussi à montrer que dans le cours des saisons remarquables par l'intensité et la continuité du froid
ou de la chaleur, de l'humidité ou de la sécheresse,

l'homme et les animaux éprouvent une modification
profonde dans les solides et les liquides qui les composent, et dont les propriétés électro-chimiques
sont plus ou moins considérables. Tous les êtres
vivans sont donc puissamment modifiés par les agens
physiques, surtout par les agens électriques, tels
que l'air et le fluide solaire; les anomalies et les
changemens qu'on observe dans les organes sont le
résultat des anomalies et des changemens correspondans que ces agens déterminent dans l'intensité des
actions et des combinaisons organiques et dans l'action électro-chimique du sang et du système nerveux.

La plupart des observateurs ont constaté l'effet
de la température atmosphérique sur le sang; mais
ils ne pouvaient connaître la cause réelle des changemens que présentent ce fluide et les autres liquides
organiques sous l'influence d'une chaleur vive et
soutenue, parce qu'ils ignoraient les véritables propriétés de ces agens immédiats de la vie. On pourra
désormais entreprendre cette étude avec plus de
succès par la raison que les propriétés des solides et
des fluides vivans sont mieux connues. Sachant que
les causes physiques n'agissent que d'une manière
physique et chimique sur les élémens qui composent
des corps organisés, que les changemens qu'ils éprouvent sont de même nature, on ne restera plus dans une
ignorance absolue sur le mode d'action des modificateurs hygiéniques et thérapeutiques sur ces composans. Les notions plus positives et plus approfondies que l'on acquerra sur ce sujet important, jette-

ront de vives lumières sur l'emploi des agens propres à ramener les organes malades au type normal
et à prévenir le développement des maladies. Des
applications utiles à l'hygiène et à la thérapeutique
seront donc nécessairement la conséquence de l'adoption des principes de la doctrine physico-chimique.

Le calorique, par son action répulsive sur les molécules des solides et des fluides organiques, n'est
sans doute pas la seule cause de l'altération de ces
derniers dans les maladies des régions chaudes.
Souvent des effluves délétères s'introduisent dans le
torrent de la circulation et viennent ajouter leurs
effets destructeurs à ceux de la température, en
excitant l'inflammation dans les organes, en favorisant la dissolution des particules intégrantes du sang,
causes puissantes et trop souvent réunies de morta-
lité dans le charbon, dans la gangrène, dans l'angine gangréneuse et surtout après la morsure de la vipère et des autres animaux venimeux. C'est moins,
peut-être, l'inflammation locale qu'il faut redouter
que l'absorption des principes délétères qui viennent
empoisonner la vie dans sa source, en altérant profondément les propriétés physiques et chimiques du
fluide sanguin. Tout indique que les poisons animaux
et végétaux agissent en neutralisant le fluide résineux
par la quantité considérable de fluide vitré qu'ils contiennent. L'acide hydro-cyanique lui-même paraît
agir en vertu de cette propriété. Quoi qu'il en soit,
les médecins ne doivent donc plus fixer exclusivement leur attention sur l'inflammation, ou sur les

désordres des solides dans les maladies; ils doivent
la porter aussi sur l'altération des fluides afin de restreindre prudemment l'emploi de quelques agens
thérapeutiques très-puissans dans quelques circonstances, et de chercher des moyens plus efficaces
pour combattre, avec succès, une foule de maladies
graves qui sont encore l'écueil de la médecine, le
désespoir des malades et un fléau pour l'humanité.

D'après cette théorie, tout annonce que l'on
pourrait neutraliser les poisons que nous venons
de citer, et dont les propriétés délétères, éminemment actives, sont dues à l'accumulation du principe vitré, en introduisant dans la circulation des
substances électro-résineuses, telles que l'oxygène,
le chlore, l'iode, etc.

Nous avons dit que les maladies abdominales
sont une cause spéciale d'asthénie, tout en reconnaissant que la faiblesse est nécessairement l'effet
d'une maladie quelconque, surtout lorsqu'elle a son
siège dans un organe important, sur plusieurs
appareils dont les fonctions ne peuvent plus s'exécuter comme dans l'état normal; mais, dans la
plupart de ces cas, les foyers d'attraction et de
répulsion anormales, ou, pour parler un langage
plus usité, l'irritation et l'inflammation ne sont que
des causes de dysergie ou de faiblesse apparente, et
cette affection étant une fois enlevée, les forces se
développent rapidement. Il est sans doute beaucoup
d'inflammations abdominales qui offrent ce caractère; mais il en est d'autres qui jettent les malades

dans une véritable asthénie, par suite des altérations qui surviennent dans la composition chimique du sang. Dans les inflammations aiguës du poumon, le sang abonde dans cet organe, dont l'action est singulièrement accélérée ; dans beaucoup de cas, l'oxygénation de ce liquide s'opère comme dans l'état normal, et même sa quantité étant plus considérable, et l'ampliation de sa poitrine étant souvent plus étendue et plus rapide ; on conçoit que le cruor puisse acquérir cette densité remarquable qu'il offre souvent dans ces sortes d'affections. Dans les irritations gastro-intestinales, connues sous le nom *de fièvres essentielles*, lorsque la congestion abdominale est considérable, le sang abandonne la périphérie, est soustrait en grande partie aux poumons, dont le système capillaire se contracte nécessairement ; ces changemens déterminent une gêne profonde dans la respiration, dont l'effet est de diminuer l'oxygénation du sang et d'amener promptement la faiblesse directe.

Il suffit de comparer le sang extrait des veines dans le cours des pneumonies et des fièvres dites essentielles, et même des autres inflammations abdominales plus évidentes, pour se convaincre qu'il existe une différence notable entre les propriétés physico-chimiques de ce fluide dans ces deux circonstances. Dans les premiers jours, cette différence peut ne pas être très-remarquable, mais ensuite la partie séreuse du sang prédomine dans les dernières affections, et le caillot devient très-souvent mou et diffluent, tandis que, dans les premières, sa consistance et sa prédominance ne cèdent qu'à des saignées générales multipliées. Celles-ci forment la base du traitement des phlegmasies de la poitrine ; les saignées capillaires sont au contraire préférables dans les dernières périodes des gastro-intérites aiguës, où la phlébotomie serait évidemment dangereuse. Cette différence remarquable dans les propriétés du sang et dans l'effet des émissions sanguines ne provient point entièrement des causes provocatrices de ces maladies, ni de la disposition anatomique des vaisseaux ; elle est le résultat de l'oxygénation plus complète du sang dans les pneumonies qui n'ont point déterminé un engorgement trop considérable des poumons. En se portant en très-grande quantité dans les vaisseaux abdominaux, ce liquide acquiert au contraire des propriétés débilitantes ou vitrées, surtout si la circulation devient languissante. Notre intention n'est point de prévenir les objections que pourront provoquer la théorie et les principes que nous venons d'exposer ; il nous suffit, en ce moment, d'avoir prouvé par les faits que l'asthénie vraie se manifeste plus promptement dans les phlegmasies aiguës de la membrane muqueuse des voies digestives, connues sous le nom de fièvres essentielles, que dans celles des organes pulmonaires, et d'avoir signalé la cause principale des changemens qui s'opèrent dans le sang, suivant le siège des maladies, changemens que Haller, Langrisch et une foule d'observateurs et constatés par des observations multipliées.

Dans le scorbut, le sang offre en général une grande quantité de sérum, et le caillot est ordinairement mou et diffluent. Les phlegmasies qui viennent compliquer cette affection augmentent sans doute la consistance de ce liquide, et développent souvent la couenne inflammatoire; mais dans ce cas, comme dans ceux où l'état vitré prédomine, cette fausse membrane ne résiste pas aux tractions les plus légères, tandis que les inflammations aiguës de la poitrine, la résistance et l'*élasticité* de la couenne inflammatoire, sont d'autant plus remarquables, que le sujet est plus robuste, que la phlegmasie est plus violente, et que l'on a employé moins souvent la saignée pour la déprimer. Dans le scorbut, l'altération du sang, qui amène l'asthénie, est souvent le résultat de l'oxygénation imparfaite de l'air et de l'usage de mauvais alimens, et ces deux causes sont les plus puissantes pour amener la dissolution chimique des particules intégrantes du sang, et en général celle des solides et des liquides organiques.

Ces observations s'accordent parfaitement avec les remarques des médecins et avec celles de MM. Parmentier et Deyeux, qui ont trouvé que, dans les maladies inflammatoires, le sang, abandonné à lui-même, se couvre de la couenne inflammatoire, matière analogue à l'albumine, tandis que dans la fièvre putride il présente rarement cette fausse membrane. Le sang des scorbutiques leur a offert une odeur particulière, une petite quantité de fibrine, et ils ont observé que la matière albumineuse se coagulait difficilement.

A la suite des longues maladies, des jeûnes rigoureux et prolongés, des saignées abondantes, le système sanguin se trouve privé d'une grande portion du fluide excitateur qu'il contient, et surtout de sa partie cruorique; alors il n'a qu'une action faible sur le système nerveux, sur tous les organes, et il ne peut déterminer que des actions et des combinaisons chimiques faibles et languissantes. Ce n'est que dans les parties qui sont le siège de l'inflammation que ces phénomènes deviennent remarquables par leur activité. L'injection de l'eau dans les veines agit en divisant les molécules sanguines, en s'opposant à leur affinité mutuelle; c'est pour cette raison que les boissons aqueuses sont des moyens si favorables dans le cours des phlegmasies. L'on pourrait sans doute tenter, avec succès, l'injection de l'eau dans les veines pour combattre les phlegmasies, les névroses violentes et trop souvent mortelles qui attaquent l'homme et les animaux; l'eau agirait, dans ce cas, en s'opposant à l'affinité moléculaire anormale déterminée dans l'inflammation, et pourrait diminuer d'une manière efficace les actions sympathiques qui résultent de cette tendance, et les effets excitans des fluides impondérés dégagés en grande quantité pendant la durée des inflammations; mais l'expérience doit confirmer ou détruire ces conjectures ; les animaux seuls peuvent être le sujet de ces tentatives.

A la vérité, après les saignées abondantes, les radicules des veines absorbent de l'eau avec beaucoup d'activité, soit à la surface des membranes, soit dans tous les organes, et diminuent ainsi l'action de la partie cruorique du sang ; mais ce mode de traitement est souvent trop lent dans les phlegmasies violentes qui se terminent en deux ou trois jours d'une manière mortelle.

Les considérations qui précèdent, démontrent que la principale cause de l'asthénie, observée dans les maladies, provient de la diminution de la masse sanguine, de celle de la partie rouge, de la disgrégation des molécules qui la composent. Nous avons prouvé que ces altérations pouvaient être rapportées à l'influence d'une chaleur vive, à la diminution dans la quantité de l'air et des alimens, ou à leur altération, tandis que le développement régulier des forces ne pouvait s'effectuer que dans des circonstance sopposées ; nous avons vu aussi que l'oxygénation du sang et l'inflammation, sont les deux causes les plus puissantes qui augmentent la consistance du caillot, qui déterminent la formation d'une plus grande quantité de parties cruoriques, et nous pouvons ajouter que la couenne inflammatoire se forme sous l'influence de l'une de ces deux causes, mais plus fréquemment, lorsqu'elles réunissent leurs effets, comme dans la pneumonie aiguë, par exemple ; dans ces deux circonstances, le dégagement du fluide résineux, paraît donner lieu à ce phénomène. Dans ce premier cas, il est fourni plus spécialement par l'oxygène de l'air, dans le second par le système nerveux. Il est inutile d'exposer ici les causes d'asthénie de cet appareil; elles résultent toujours de la diminution de l'action des agens physiques qui entretiennent toutes les fonctions de l'organisme.

Il est de toute évidence que le sang sur-oxygéné et privé d'une certaine quantité d'hydrogène et de carbone doit avoir, sur les tissus vivans, une influence très-excitante, tandis que le sang qui offre des qualités opposées doit être éminemment débilitant; aussi, plus le sang artériel se rapproche, par ses propriétés physico-chimiques, du sang veineux, et moins l'économie animale a de force et d'énergie. C'est précisément ce que l'on observe, toutes les fois que la circulation est languissante et la respiration gênée. Ces principes nous conduisent à d'autres vérités. Si, dans l'état normal, l'excitation des tissus, ou les actions moléculaires, sont le résultat de l'oxygénation du sang ou de ses propriétés électro-chimiques, nécessairement, ces propriétés en s'accroissant ou en diminuant, doivent augmenter ou diminuer proportionnellement les actions et les mouvemens organiques. C'est encore ce que démontre l'observation. L'exercice anormal des sympathies n'est donc pas la seule cause de la fièvre, et l'excitation des mouvemens du cœur doit donc être aussi le résultat de l'action chimique du sang altéré

dans l'inflammation, ou de celle des substances excitantes, ou délétères, sur l'organe central de la circulation ; c'est en effet en provoquant l'irritation ou
l'inflammation de la membrane interne de cet organe
et des vaisseaux, d'une manière immédiate, que le
sang, altéré dans sa composition, peut accélérer les
mouvemens du cœur et déterminer *la fièvre*. Nous
pensons aussi que c'est à cette influence irritante,
ou physico-chimique du sang dans les inflammations viscérales, que l'on doit attribuer le développement des artérites qui sont si fréquentes dans
ces affections, et surtout dans les fièvres dites essentielles et éruptives. Des observations nombreuses
viennent déjà à l'appui de cette opinion, et des expériences décisives ont prouvé l'influence puissante
des substances animales altérées, sur le développement des phénomènes inflammatoires, lorsqu'elles sont portées dans le torrent de la circulation.

Le système sanguin et le système nerveux sont
donc les deux appareils excitateurs qui mettent en
jeu toutes les parties de l'organisme vivant : les faits
que nous avons rapportés, les rapprochemens qui
en suivent, les vérités qui en sont déduites, prouvent
en effet qu'ils ne doivent cette puissance qu'au gaz
oxygène, ou au principe impondérable qui s'en dégage. Cet enchaînement de faits et de vérités prouve
la certitude de nos principes et montre qu'ils sont
au-dessus de toute attaque sérieuse et de toute objection fondée.

ÉLÉMENS DU SANG.

Nous nous proposions de réunir et de comparer
dans cet article, les résultats des recherches et des
expériences faites sur le sang, par Leeuwenhoek,
Jurin, Bartholin, Backer, Sénac, Eller, Muys,
Haller, Fontana, Hewson, Sprengel, Rudolphi,
Prévost et Dumas, etc.; mais ce travail intéressant
nous éloignerait trop du but que nous nous sommes
proposé d'atteindre dans cet ouvrage. Nous devons
nous borner à exposer les principaux résultats obtenus par les observateurs les plus modernes, parce
qu'ils confirment en partie ceux qu'on doit aux expérimentateurs d'une époque déjà éloignée, comme
ceux que nous avons obtenus. Le nombre et le talent
des observateurs que nous venons de citer nous donnent l'idée de l'importance qu'ils attachaient à ce
point de doctrine et de la confiance que nous devons
accorder à leurs observations. Tous les expérimentateurs qui admettent l'existence des globules sanguins
ne sont pas d'accord sur leur forme, sur leur volume
et sur leur composition; mais néanmoins on admet
comme un fait incontestable, avec Leeuwenhoek,
Muys et Sénac, que la grosseur de ces globules
n'est pas en raison de la taille de l'animal. Le premier observateur évaluait cette grosseur à 1/25,000
d'un grain de sable, ou de millet, qu'il a paru réduire à 1/1940 de pouce, d'après les expériences
de Jurin, bien que ce dernier les ait fixés d'abord
à 1/3240 de pouce anglais. Haller les fixe à un 5000

de pouce de diamètre, Yong, à 1/6060, Wollaston, à 1/5000, Kater, à 1/6000, et enfin Bawer se rapproche davantage de l'estimation donnée par Lecuwenhoek. Ces mesures sont relatives aux globules du sang humain.

MM. Prevost et Dumas ont tenté, dans ces derniers temps, une foule d'expériences sur quelques liqueurs animales et notamment sur le sang, au moyen d'un microscope capable d'amplifier les objets de 200 à 300 diamètres, et ils ont vu que ce liquide se compose d'un liquide clair, transparent, et d'une grande quantité de globules rouges, variables par leur forme et leur dimension suivant les espèces d'animaux, mais n'offrant chez l'homme aucune inégalité, sous ce dernier rapport, entre les corpuscules qui composent ce liquide. Les expériences de ces deux observateurs étant bien connues, nous nous contenterons d'en offrir les résultats généraux.

1° Les globules sanguins des mammifères ont une forme circulaire ; ceux de l'homme, du chien, du lapin, du cochon, du hérisson, du cabiaïs, du muscardin, ont 1/50 de diamètre réel, en fractions du millimètre. Ceux du callitriche d'Afrique n'offrent que 1/120, et ceux de la chèvre 1/288 suivant la même mesure.

2° Les globules sanguins des oiseaux et dés animaux à sang-froid sont elliptiques ; ils offrent aussi un diamètre plus ou moins grand, suivant les espèces. Le diamètre le plus étendu offre 1/35, en

II.   20

fractions du millimètre, chez la salamandre ; 1748 chez la tortue terrestre ; 1760, chez la vipère , tandis que la mésange donne 17100 selon la mesure indiquée, etc.

L'observation a encore constaté que le sang artériel renferme plus de globules que le sang veineux ; que l'affinité réciproque des premiers est plus grande que celle des derniers ; que les oiseaux sont les animaux qui offrent le plus grand nombre de ces particules ; que les animaux à sang-froid sont ceux qui en possèdent le moins , et enfin que les carnivores, qui sont inférieurs sous ce rapport aux oiseaux, en possèdent plus que les herbivores. L'intensité de l'oxygénation et la nature plus animalisée des alimens ont donc une influence prochaine sur la formation de ces globules , comme sur la force électro-chimique qui tend sans cesse à les rapprocher et à les agglomérer.

CAUSES DE QUELQUES PHÉNOMÈNES OBSERVÉS DANS LE SANG.

La coagulation du sang est un des phénomènes qui a le plus vivement excité l'attention des physiologistes , jaloux d'en reconnaître la cause. Nous avons déjà prouvé, par une série de faits et de rapprochemens , qu'on ne pouvait l'attribuer ni à une action vitale, ni à la cessation de la vie, ou à la *mort du sang* , ainsi que le pensent quelques physiologistes modernes. On a aussi prétendu que la coagulation était l'effet du refroidissement du sang, mais Hewson ayant fait geler du sang non coagulé, en l'exposant à une température très-basse, le fit ensuite dégeler. Ce sang redevint d'abord liquide et se coagula ensuite comme à l'ordinaire. Peut-on conclure de là que le sang est doué de la vie et que la coagulation est une action *essentiellement vitale*, ainsi que quelques physiologistes célèbres (1) le pensent encore aujourd'hui, ou doit-on admettre avec M. Schultz (2), professeur à Berlin, que ce phénomène est *un acte de mort du sang*, opinion diamétralement opposée. Nous avons déjà prouvé que la coagulation s'opère en raison de l'oxygénation du sang, soit dans l'état normal, soit dans l'état morbide, et en raison de l'intensité des combinaisons moléculaires dans l'inflammation. L'ensemble des faits prouve, en effet, que c'est à une action purement chimique que l'on doit rapporter le phénomène qui nous occupe; ce qui vient à l'appui de cette opinion, c'est que la *vie* du sang, qu'on me permette cette singulière expression, ne pourrait assurément résister à un froid capable d'amener la congélation de ce liquide! Ce qui le prouve encore, c'est que la coagulation s'opère plus facilement et plus promptement à l'air libre que lorsqu'il est contenu dans des vaisseaux qui peuvent le soustraire à l'influence de l'atmosphère. Si l'on objecte que le sang des pestiférés, des animaux empoisonnés

-----

(1) Précis élémentaire de physiologie, t. ii, p. 234.
(2) Journal des progrès des sciences, etc., t. vi, p. 79.

par l'acide hydro-cyanique et d'autres poisons; que
le sang de ceux que la foudre a frappés ou qui sont
morts d'apoplexie ne se coagule pas, loin d'en conclure, avec le professeur de Berlin, que c'est parce
que le sang est *mort subitement*, qu'il n'a pu se
coaguler ou *mourir lentement*, nous en conclurons
que l'altération de l'air dans la peste, l'action de
l'acide hydro-cyanique, celle de la foudre, etc.,
ont privé le sang du principe chimique (par l'effet
même d'une combinaison nouvelle), sans lequel sa
consistance se perd et sa coagulation ne peut s'o-
pérer; nous en conclurons enfin, que la coagulation du sang, comme la contraction musculaire
à laquelle on l'a comparée, est un effet de l'affinité
moléculaire, que plusieurs causes secondaires peuvent empêcher, ralentir ou favoriser. Si l'on ignorait
le mode d'action de ces causes physico-chimiques
dans la production du phénomène qui nous occupe,
ce n'était point une raison pour se jeter dans les
hypothèses du vitalisme. La théorie de M. Schultz
est donc inadmissible, et nous devons nous dis-
penser d'offrir d'autres argumens, au moyen desquels nous pourrions, au besoin, la renverser
entièrement. Nous venons encore d'offrir un exemple
de la tendance de l'esprit humain à tomber dans
l'ornière de l'ontologie, lorsqu'il ne peut expliquer
la production des phénomènes de l'organisme par
l'action des causes physiques, et cet exemple n'
sera pas le dernier comme on va le voir.

Haller, Spallanzani et d'autres physiologistes

ont remarqué que lorsqu'on a enlevé le cœur à un
animal vivant, la circulation capillaire s'opère encore après la mort. On observe alors dans les vaisseaux capillaires un mouvement remarquable *d'oscillation*, qui indique une action manifeste des globules
entre eux, et auquel les parois des vaisseaux paraissent
étrangères. C'est sur les animaux à sang froid, et sur
les grenouilles surtout, que Haller a tenté les expériences dont nous rapporterons seulement les principaux résultats. « J'ai examiné, dit ce grand physiologiste, (1) le mouvement du sang veineux, après
avoir coupé le cœur sur vingt-deux animaux;
dans treize il conserva sa direction naturelle pendant douze à dix-sept minutes; dans trois autres
animaux, il prit un mouvement rétrograde, et re-
tourna du mésentère aux intestins, deux fois il commença d'abord à *se balancer* : j'ai vu quatre fois l'un
et l'autre mouvement avoir lieu tout à la fois dans
différens rameaux et durer, dans l'un de ces cas,
pendant trente minutes; j'ai vu, dans une veine
qui avait trois branches, ce petit nombre de globules, qui restaient dans l'une de ses branches,
aller et venir du côté de l'intestin : dans l'autre
branche, le sang montait assez rapidement vers le
cœur pendant quinze minutes, et revenait ensuite
en oscillant; enfin dans la troisième, il descendait
assez rapidement du tronc à l'intestin, et en reve-

---

(1) Mémoire sur les mouvemens du sang, p. 156.

naît alternativement. J'ai observé sur un crapaud, que le mouvement du sang se conserva pendant quinze minutes, après le retranchement de l'aorte, dans le réseau veineux capillaire du mésentère; les globules solitaires passaient d'abord dans les veines de deux globules de diamètre, ensuite dans celles de trois, et de celles-ci dans les troncs veineux. »

Non-seulement Haller a vu le sang circuler dans les artères et dans les veines des animaux à sang froid, dont les parois n'offrent aucune trace de contractilité oscillatoire; mais il a encore observé ce mouvement du sang dans les troncs artériels considérables, où l'on eût pu distinguer cette prétendue contractilité, si elle eût existé. « Et même hors des vaisseaux, j'ai vu, dit-il, les globules épanchés dans le mésentère, couler, osciller, monter, descendre aussi rapidement et aussi constamment que ceux qui étaient encore renfermés dans les vaisseaux (1). J'ai encore observé constamment que les globules s'*attirent* réciproquement, et que, quand il y avait du sang amassé dans quelque grand tronc artériel considérable, alors celui de tous les rameaux s'y jetait : la même chose est vraie des veines (2). »

Nous avons rapporté fidèlement les expressions de Haller, afin qu'on ne pense pas que nous ayons cherché à altérer la pensée de ce grand homme, ou

____

(1) L. C. p. 159.
(2) L. C. p. 161.

à faire cadrer ainsi ses opinions avec les principes de la doctrine physico-chimique. Nous pourrions encore rapporter d'autres passages qui viendraient étayer ces principes; mais il suffit en ce moment de faire connaître les vues théoriques qu'il a déduites immédiatement d'une foule d'expériences. Ces expériences prouvent d'une manière évidente que le sang jouit d'un mouvement spécial, qui ne lui est communiqué ni par le cœur, ni par les vaisseaux dans lesquels il est contenu, et que ce mouvement dépend de l'action réciproque des molécules qui le composent.

Des expériences tentées par M. Schultz, et répétées avec les mêmes succès par MM. Savi et Dutrochet, sur les feuilles de la grande chélidoine, (*chelidonium majus* L.) sur l'oreille ou le mésentère d'une souris, enlevés à l'animal vivant ou récemment tué, et vus au microscope, prouvent que ces parties offrent un mouvemeut moléculaire, remarquable lorsqu'on les expose à l'action des rayons solaires; ces expériences viennent donc confirmer celles de Haller et nous convaincre que l'on ne peut plus douter de l'existence des phénomènes qu'il a observés. Maintenant, si nous essayons d'en déterminer le caractère, nous ne pourrons suivre la doctrine que MM. Schultz et Dutrochet ont adoptée, car elle nous laisse dans la plus profonde ignorance sur la cause de ce phénomène, qu'ils attribuent à la vie, ou à une action inconnue qu'elle détermine. Nous sommes encore étonné de voir

M. Dutrochet adopter les principes du vitalisme,
dans l'ouvrage même qui lui a valu les suffrages
mérités de l'Académie des sciences, et dans lequel
il est tombé avec M. Schultz dans une erreur qu'il
eût pu éviter facilement, en suivant les principes qu'il
avait d'abord adoptés. Nous sommes de l'avis de
M. Dutrochet, lorsqu'il pense que le mouvement
de trépidation observé dans les tissus organiques
que nous venons de nommer, n'est pas une véritable circulation, mais une action moléculaire,
puisqu'on l'observe encore dans les morceaux séparés de ces tissus, qu'elle offre une grande rapidité, et
qu'aucun fluide ne s'échappe des bords divisés de ces
tissus; nous sommes encore de son opinion lorsqu'il prouve : 1° que le phénomène dont il est question ne peut s'apercevoir que par l'action *directe des
rayons solaires*, et qu'il n'est point produit par la
lumière réfléchie et diffuse *extrêmement vive* du soleil, suffisante cependant pour bien illuminer les
nervures des feuilles, qui n'offrent alors aucun
mouvement; 2° que l'influence du froid, au-dessous
de zéro, suffit pour anéantir le même phénomène,
tandis qu'une chaleur atmosphérique de 13 ou 15
degrés est nécessaire pour le reproduire au printemps. Mais nous ne partageons point l'opinion de
ce physiologiste, lorsque, au lieu d'induire de ces
faits que le mouvement de trépidation est sans doute
dû à l'action directe de la lumière et du calorique sur
les molécules microscopiques du sang et du suc de
la chélidoine, il admet au contraire que ce phéno-

mène est *vital*. En y réfléchissant bien, M. Dutrochet eût facilement reconnu que les phénomènes
physiques et physiologiques sont soumis, dans leur
développement, à des anomalies singulières qui ne
peuvent nous engager à recourir à des forces occultes
et vitales, aussitôt que nous remarquons quelque
chose d'insolite dans la manifestation de ces phénomènes ; ainsi, par exemple, soumettez une portion de mercure au double courant de la pile, et
vous pourrez rarement observer à l'instant même
le mouvement de systole et de diastole, que le métal
finit par offrir à l'observateur. Il est donc des phénomènes qui ne se produisent que sous certaines
conditions physiques souvent inconnues ; mais pour
cela il ne faut point abandonner une méthode sûre,
des principes positifs, pour adopter une doctrine et
des principes erronés, et pour se jeter dans une voie
qui éloigne les meilleurs observateurs de la véritable
méthode d'investigation. Nous sommes loin de blâ-
mer le doute et la circonspection de l'ingénieux observateur que nous venons de citer ; mais nous vou-
lions montrer que, pour lui, comme pour la plupart
des physiologistes modernes, des causes, des phénomènes *inconnus*, sont des causes, des phénomènes
vitaux (1).

Les faits rapportés par MM. Schultz et Dutrochet
nous portent donc à penser que le mouvement os-

______

(1) L'agent immédiat du mouvement vital, p. 66.

cillatoire qu'ils ont remarqué dans les feuilles de l[a]
grande chélidoine , dans le mésentère et l'oreill[e]
d'une souris, comme celui que Haller a observé che[z]
les animaux à sang froid , est un effet de l'attractio[n]
moléculaire, de la combinaison des fluides impondérés, qui animent les globules du sang , ainsi que
ceux de la sève chez les végétaux. La circulation que
l'on observe au microscope dans le *chara* nous paraî[t]
due à la même cause, et les extrémités du fragmen[t]
de cette plante aquatique , sont sans doute deu[x]
pôles qui déterminent le double courant que l'on
observe avec tant de facilité , lorsqu'elle est convenablement préparée. L'oxygène, le fluide résineux
et le calorique, communiqués par la lumière directe
du soleil, ont la plus grande influence sur la production des phénomènes qui nous occupent, puisqu'ils
ne peuvent se reproduire sans leur action, au moins
dans les deux premiers cas. S'ils ne se développent
pas au printemps au même degré de température
dans les feuilles de la chélidoine qu'en automne, on
doit sans doute rapporter cette différence au retard
de la végétation et de l'ascension de la sève à la première époque.

DES MOUVEMENS DU COEUR CHEZ LE FOETUS.

Cet important organe mérite de fixer l'attention
des physiologistes, par l'influence remarquable qu'il
exerce dans l'organisme , depuis le commencement
de la vie , jusqu'à l'instant de la mort. Son organi-

sation compliquée, les formes constantes qu'il affecte dans la série des animaux, suivant les espèces,
l'action continuelle et harmonique de ses quatre
cavités, sont des phénomènes, d'un ordre supérieur, dont les causes semblent se dérober à nos
moyens d'analyse et d'investigation ; l'ensemble des
faits, l'universalité des phénomènes, leurs rapports
et leur coordination, annoncent cependant que
c'est aussi en vertu des lois physico-chimiques que se
forme l'organe central de la circulation et qu'il exécute ses mouvemens.

On a considéré le cœur, comme le *primum vivens*
et *l'ultimum moriens*, quoique d'autres organes
semblent partager avec lui le même privilége. La vie
commence en effet par la contraction et finit par
le relâchement de cet organe. Cependant Béclard
a observé, dans les oiseaux et dans le poulet en particulier, que les veines se forment avant le cœur
et les artères. On aperçoit, dès la douzième heure
de l'incubation, les premiers rudimens des veines,
sous la forme de globules ou de vésicules, entre les
deux membranes jaunes, tandis que ce n'est qu'à la
trentième heure que l'on aperçoit le cœur, comme
un sac oblong dont les limites sont très - peu distinctes encore. Cette observation vient à l'appui de
celle de Hunter et du professeur Lobstein qui ont
remarqué que la veine ombilicale se développe avant
les artères qui l'accompagnent. Si l'on peut tirer des
inductions de ces premiers faits, on admettra que,
dans l'embryon, le premier mouvement est celui

en vertu duquel les fluides sont attirés vers le nouveau corps développé dans la matrice, et que la circulation a lieu d'abord de la périphére au centre
de la mère au produit de la conception; car tout
annonce que les parties, qui sont formées les premières, sont aussi celles qui commencent à entrer
en action.

Le développement rapide du cœur, dans les premiers jours de l'incubation, a paru indiquer l'influence puissante de ce viscère sur la nutrition. A
la fin du cinquième jour, le cœur du poulet est
plus gros que le foie et aussi gros que la tête (Haller). C'est à cet excès de force, que l'on attribue
généralement l'accroissement très-rapide de l'individu. Toujours est-il, que le cœur est d'autant plus
développé, qu'on l'examine à une époque plus voisine de la formation du nouvel être. Cependant,
on peut douter de la vérité de cette opinion admise
par Legallois et d'autres physiologistes, si l'on considère que la nutrition du cœur est l'effet d'une affinité plus active que celle dont sont doués les autres
organes; qu'il n'a qu'une action en quelque sorte
mécanique sur le sang, et que sa présence n'est pas
indispensable au développement des autres parties
du fœtus. Ce dernier est donc un centre d'affinité
où chaque organe reçoit les élémens nutritifs dont
il a besoin, et qu'il s'approprie en vertu de la même
loi et avec une intensité proportionnelle à la force
attractive dont il est primitivement doué. Le cœur
est l'agent qui distribue ces élémens à tous les or-

...ganes. Il porte ensuite à la mère les matériaux su-
perflus , lorsque ces organes se sont emparés de
ceux pour lesquels ils ont le plus d'affinité.

Les rapports de la circulation de la mère au
fœtus, et réciproquement ceux du fœtus à la mère,
ne sont pas encore connus. Les uns pensent que
c'est par absorption que ces rapports ont lieu, les
autres croient au contraire que la circulation s'o-
père sous la seule influence des deux cœurs. Nous
allons nous livrer un instant à l'examen de cette
question ; mais, quel qu'en soit le résultat, on devra nécessairement reconnaître que l'absorption ,
qui porte le sang de la mère à l'enfant, est une
action physico-chimique, et qu'elle s'opère d'après
les mêmes lois que l'absorption considérée dans les
autres parties des deux organismes. Quant à la
contraction et à la dilatation du cœur, elles reconnaissent pour cause immédiate l'action des fluides
impondérés , comme les mouvemens des autres
muscles, et doivent être par conséquent attribuées
également à une action physico-chimique. La nutrition du fœtus préexiste au développement et aux
fonctions de cet organe dans plusieurs espèces ; le
fœtus ne peut donc s'entretenir alors que par l'absorption, ainsi qu'on l'observe chez les êtres organisés qui sont privés de l'organe central de la
circulation. Quand les preuves directes nous manquent, nous ne pouvons arriver à la vérité que par
l'induction et l'analogie.

L'union de l'œuf des mammifères aux parois de

l'utérus paraît avoir lieu, non par un organe pri
mitif, mais par l'adhérence des enveloppes exté
rieures de cet œuf à la membrane interne d
l'utérus, et le placenta, qui se développe à un
époque plus avancée de la vie du fœtus, n'es
qu'un organe secondaire formé par sécrétio
de ces enveloppes. Avant la formation de cett
partie secondaire, la nutrition ne peut s'opére
qu'au moyen de l'absorption, et ce ne peut êtr
que par une action semblable que le nouve
être puise les fluides nutritifs dont il a besoin
lorsque le placenta est encore à l'état rudimentaire
Ce n'est qu'à une époque déjà avancée de la vie fœ
tale, que les vaisseaux de communication de l
mère à l'enfant acquièrent un volume plus considérable, et qu'ils offrent une voie beaucoup plu
facile de communication entre les deux individus
Alors seulement on peut supposer que le cœur d
la mère et celui de l'enfant sympathisent entre eux
et sont des agens principaux de la circulation. A une
époque voisine de l'accouchement, les vaisseaux
qui vont de l'utérus au placenta tendent déjà
s'oblitérer, et, au moment où il s'effectue, la continuité de ces vaisseaux a cessé, et l'hémorrhagie
utérine est beaucoup moins redoutable. Tout indique donc que, dans les premiers mois qui suivent la conception, la circulation de la mère à
l'enfant s'opère par absorption et par exhalation,
ou par endosmose et par exosmose, tandis que,
dans les mois suivans, elle paraît s'effectuer sous

influence du cœur. Nous allons exposer brièvement les faits qui ont été offerts à l'appui de l'une et de l'autre opinion. On sent bien qu'il est inutile de rapporter ceux qui prouvent que l'absorption et l'exhalation s'opèrent dans cette circonstance, d'après les lois de l'affinité, et par une action électro-chimique; car il est évident que, quelle que soit la nature des tissus, c'est toujours en vertu des mêmes lois que ces fonctions s'exécutent dans l'organisme.

Faits qui prouvent que la circulation de la mère à l'enfant a lieu par communication directe. — 1° Des recherches faites sur le corps de quelques femmes mortes d'hémorrhagies, pendant la grossesse ou avant l'accouchement, ont démontré que les vaisseaux du fœtus étaient, comme ceux de la mère, entièrement privés de sang; 2° des auteurs recommandables rapportent des exemples d'hémorrhagies devenues mortelles par la section du cordon ombilical du placenta, qu'on avait négligé d'extraire, et qui était retenu dans la matrice par des adhérences plus ou moins étendues; 3° le décollement ou le déchirement du placenta, très-adhérent dans l'inertie de la matrice, suffit pour déterminer des hémorrhagies redoutables, et parfois promptement mortelles; 4° pendant la grossesse, le même accident peut résulter de la rupture du cordon ombilical, et du détachement du placenta; 5° la rapidité et l'abondance de l'hémorrhagie utérine, le volume de vaisseaux utérins, la couleur vermeille du sang; 6° l'absence du cœur chez le fœtus; 7° le passage de la matière des injections des vaisseaux de la mère dans ceux du placenta et de l'enfant, et réciproquement, démontrent encore la communication directe de ces vaisseaux.

Faits qui prouvent que la circulation de la mère à l'enfant, et réciproquement, s'opère par absorption. — 1° Une foule de faits démontrent que le plus souvent l'hémorrhagie utérine, suite du décollement du placenta, s'effectue aux dépens de la mère; 2° les hémorrhagies par le cordon ombilical, tenant au placenta, laissé dans la matrice après l'accouchement, sont excessivement rares; 3° les injections au moyen desquelles Albinus, Cowper, Wieussens, etc., ont cherché à prouver l'anastomose des vaisseaux utérins avec ceux de l'enfant, ont été répétées infructueusement par beaucoup d'anatomistes illustres; 4° l'injection des substances vénéneuses ou odorantes dans les artères utérines n'annoncent aucune communication directe; ce n'est qu'un quart d'heure après que l'odeur du camphre s'est manifestée, dans une expérience de M. Magendie; 5° les pulsations du cordon ne sont jamais isochrones aux battemens des artères de la mère.

Nous remarquerons d'abord que les preuves positives avancées en faveur de la première opinion ne peuvent être infirmées par les preuves négatives fournies en faveur de la seconde. Il est certain que les artères utérines donnent beaucoup plus de sang

au foetus que celui - ci n'en renvoie à la mère,
et c'est sans doute pour cette raison et parce que la
surface utérine du placenta ne peut être le siège
d'une hémorrhagie abondante, que lorsque la
mère en offre une semblable, les vaisseaux du foetus
sont encore gorgés de sang. Certes, les artères ombilicales sont d'un volume assez considérable, et
cependant l'on sait qu'il est très-souvent inutile de
les lier lorsque l'enfant a respiré. Quant à l'insuccès des injections, soit sur le cadavre, soit sur les
animaux vivans, il peut tenir, dans les prémiers
cas, aux changemens de rapports que la mort a
amenés entre les vaisseaux de communication de
l'utérus au placenta, et enfin aux procédés et à l'habileté de l'opérateur. MM. Chaussier et Dubois ont démontré la communication immédiate de la mère à
l'enfant, l'un en faisant passer la matière de l'injection des artères ombilicales dans les veines utérines, et l'autre, de l'artère crurale dans les lobules
du placenta. M. Biancini a tenté avec un plein
succès une série d'expériences qui prouvent le
rapport direct et immédiat de la circulation de la
mère et de celle de l'enfant : il injecta le système
vasculaire d'une femme morte en couche, le placenta était encore adhérent à la matrice, et il trouva
les vaisseaux du chorion et de l'amnios injectés. La
même expérience fut suivie d'un pareil succès sur
le cadavre d'une femme morte huit jours après
l'accouchement ; une portion du placenta étant
encore adhérente à la matrice, une partie de l'in-

jection passa dans les vaisseaux de ce corps spongieux, et l'autre se répandit, par les extrémité
lacérées des vaisseaux, dans la matrice et le vagin
De semblables expériences, tentées sur des chatte
et sur des lapines pleines, eurent un résultat encor
plus décisif; la substance injectée par les artère
d'une chatte fut retrouvée, non-seulement dans le
vaisseaux *utero-placentaires*, mais dans la veine ombilicale, et même dans la veine cave supérieure de
huit fœtus contenus dans l'utérus. Enfin, le mêm
expérimentateur, voulant reconnaître la communication directe du fœtus à la mère, poussa l'injection dans les artères ombilicales d'un veau, et i
vit que le mercure dont il s'était servi avait parcouru
par des lignes flexueuses, les trois enveloppes du
placenta, et avait passé dans l'utérus par neuf rameaux courts qu'il nomme veines *placento-utérines*.
L'auteur rejette donc la dénomination de lymphatiques que leur accorde M. Lauth, puisqu'elles établissent une communication directe et prochaine
entre les artères du placenta et les veines de l'utérus.
Une injection pratiquée dans la même direction sur
une lapine passa même dans les veines hypogas-
triques, iliaques, et dans les ramifications de la
veine cave inférieure. Les pièces anatomiques à
l'appui ont été présentées à la société médico-phy-
sique de Florence (1), dans la séance où l'auteur a

---

(1) Antologia. Giorn. di, so., etc. Fiorenze 1828, et Journal des progrès des sciences médicales, t. VIII, p. 272.

fait la lecture de son mémoire. Des faits aussi positifs et aussi multipliés ne laissent aucun doute sur
la communication anastomotique des vaisseaux de
la mère à l'enfant, *et vice versâ*; et si, dans l'expérience tentée par M. Magendie, l'odeur du camphre
ne s'est manifestée chez le fœtus qu'un quart-d'heure
après l'injection des vaisseaux de la mère, on peut
considérer ce phénomène comme une anomalie
dépendant de la constriction des vaisseaux de communication et du ralentissement de la circulation utéro-placentale; car l'endosmose même offre
des effets beaucoup plus rapides.

Quant à ceux qui soutiennent que la communication entre la mère et l'enfant n'est pas immédiate,
parce que les pulsations du cordon ne sont pas isochrones à celles des artères de la mère, ils font une
objection dénuée de fondement, d'abord parce que
le cordon n'offre que les pulsations des artères ombilicales et que, lors même que la veine ombilicale pourrait en offrir après la section de ce cordon, ce qui doit
être infiniment rare, ces pulsations ne pourraient
être isochrones à celles des artères de la mère, ainsi
que nous allons bientôt le prouver par des faits décisifs. Il suffit de réfléchir seulement au trajet que le
sang doit parcourir dans le système capillaire de
l'utérus et du placenta, avant d'arriver à la veine
ombilicale, pour reconnaître l'impossibilité de cette
coïncidence de mouvement. Dans un grand nombre
d'accouchemens naturels ou laborieux, que nous

avons opérés, nous avons parfois observé des hémorrhagies abondantes de la partie du cordon
qui tenait encore au placenta adhérent aux parois
de l'utérus ; ces hémorrhagies ont été d'ailleurs observées par une foule d'accoucheurs célèbres. Nous
avons été si souvent frappé de la rapidité et de
l'abondance des pertes utérines qu'il ne peut nous
rester aucun doute sur l'existence de la communication vasculaire immédiate de la mère à l'enfant,
prouvée à la fois par des expériences, par l'ensemble
des faits et des phénomènes. On, est donc forcé de
reconnaître que la circulation de la mère au fœtus,
et réciproquement, s'opère dans les premiers temps
de la formation , par une action électro-chimique,
ou par absorption et par exhalation ; tandis qu'à une
époque plus avancée de la gestation , le mouvement
circulatoire est soumis à l'influence des deux causes,
et s'opère ensuite par l'action du ventricule gauche du cœur de la mère et des ventricules de celui
du fœtus.

Nous pourrions encore ajouter à ces preuves décisives , d'autres considérations importantes sur
l'influence des rapports de la matrice et du placenta
dans la production de l'hémorrhagie utérine, soit
avant , soit pendant , soit après l'accouchement ;
nous pourions aussi comparer le volume considérable des artères utérines, la quantité de sang qu'elles
laissent échapper dans les pertes foudroyantes qui
frappent les femmes en couche , avec la grandeur
des cellules du placenta, destinées à recevoir, dit-on,

le sang qui lui est transmis avec tant d'abondance et de rapidité ; mais les preuves que nous venons d'offrir sont sans doute suffisantes pour donner une connaissance exacte des lois de la circulation du fœtus, considérée dans ses rapports avec celle de la mère. Nous dirons seulement, que plus on se rapproche du terme de l'accouchement nâturel, et moins les adhérences du placenta à l'utérus sont considérables, moins les hémorrhagies deviennent redoutables ; mais le déchirement prématuré des artères utéro-placentales, lorsqu'on est forcé d'opérer la délivrance, ou que le placenta est implanté sur le col de l'utérus, donne trop souvent des pertes abondantes qui sont la preuve irréfragable d'une communication immédiate, très-facile et très-rapide, entre les vaisseaux de l'utérus et ceux du placenta ; car, dans ce cas, il y a une véritable solution de continuité de ces vaisseaux, tandis qu'au moment de la délivrance normale, ils se séparent sans efforts et le placenta se détache de la matrice, comme le fruit parvenu à son entière maturité se détache de l'arbre qui l'a porté. C'est donc en étudiant les différens rapports du placenta avec l'utérus dans les diverses périodes de la gestation et de l'accouchement, que l'on pourra expliquer les tentatives infructueuses de beaucoup d'expérimentateurs, relatives aux injections, et les anomalies de la circulation utéro-placentale.

Quelques physiologistes modernes font jouer au placenta un rôle qu'il est impossible de lui attribuer; ils comparent cet organe secondaire au poumon, et prétendent qu'il est comme lui chargé de l'hématose. Cette opinion n'est qu'une frivole hypothèse, puisqu'elle n'est étayée d'aucun phénomène, d'aucune preuve admissible. Le poumon n'opère la sanguification qu'au moyen du contact de l'air atmosphérique et de la combinaison de l'oxygène avec le sang; or, comment le placenta pourrait-il absorber ce principe vivifiant, étant adhérent à l'utérus par l'une de ses faces, et l'autre étant baignée médiatement par les eaux de l'amnios? Ne sait-on pas que le col de l'utérus est fermé complètement dans les premiers mois de la gestation et que le sang du fœtus diffère peu des propriétés du sang veineux? D'autres physiologistes n'ont pas été plus heureux en comparant le placenta aux branchies, puisque celles-ci agissent encore sur l'air contenu dans l'eau, pour en absorber le principe vivifiant. Que l'on compare cet appendice, au foie, ou à tout autre organe sécréteur, et que l'on cherche à prouver qu'il agit comme eux, en enlevant l'hydrogène et le carbone du sang, en favorisant le mouvement de décomposition, nous ne combattrons point cette doctrine que l'observation et les expériences ultérieures pourront sans doute confirmer et qui paraît admissible.

La communication immédiate de la circulation de la mère au fœtus, à une certaine époque de la gestation, étant suffisamment démontrée par les expériences, par l'étude, la comparaison des faits

et des phénomènes, il s'agit maintenant de reconnaître l'influence réelle du cœur et des vaisseaux
dans le cours du sang. Suivant l'opinion de Harvey, le cœur est le mobile unique de la circulation
chez le fœtus, et le principal mobile de la circulation dans l'individu qui a respiré, tandis que, selon
l'opinion de la plupart des physiologistes modernes,
le système capillaire est doué d'une action énergique qu'ils comparent à la puissance même du
cœur. Cette dernière opinion est une erreur manifeste, ainsi que nous le démontrerons par des faits
décisifs, cet article étant presque entièrement destiné à montrer la prééminence de la doctrine de
Harvey, développée par Haller, et à faire cesser, s'il
est possible, les interminables discussions qui s'élèvent à chaque instant sur ce point très-important
de doctrine.

Si l'on réfléchit un instant à la rapidité des mouvemens du cœur, chez le fœtus, à l'activité de la
circulation, il sera difficile de concevoir comment
l'absorption peut suffire à l'exigence de cette
fonction, et peut maintenir l'équilibre entre la
circulation de la mère et celle du fœtus; mais
si l'on fait intervenir la contractilité oscillatoire
inventée par les vitalistes, pour expliquer le cours
du sang dans les capillaires, alors il devient absolument impossible de concevoir le rapport de ces
deux fonctions. Où commence l'exercice de cette
prétendue contractilité? est - ce dans les artérioles
qui se rendent de l'utérus au placenta : la rapidité et

l'abondance de l'hémorrhagie prouvent que le sang y est encore sous l'influence du cœur de la mère. Est-ce dans les radicules veineuses? Non, parce que, d'après le système des modernes ontologistes, ces radicules ne sont pas douées de cette propriété: d'ailleurs il est plus facile d'expliquer la rapidité du cours du sang dans le système veineux du fœtus, par une impulsion *à tergo*, que par la pression latérale des veines sur la colonne sanguine venue de la mère, ou seulement par l'absorption. On pourra nous faire observer : 1° qu'il est difficile de concevoir comment la circulation peut s'effectuer par absorption dans les premiers temps de la vie fœtale, et ensuite d'après un mécanisme différent; 2° que cette fonction ne peut s'opérer par la seule action du cœur du fœtus de la mère, vu la longueur du système vasculaire; 3° que des observateurs exacts ont observé ce mouvement de contraction oscillatoire dans les artères ombilicales; 4° que l'observation a prouvé que des fœtus s'étaient développés dans l'uterus bien qu'ils fussent privés de l'organe de la circulation. Nous pensons que l'on ne peut trouver d'objections plus plausibles contre la doctrine que nous avons adoptée.

Réponse à la première objection. Les physiologistes connaissent les effets organisateurs de l'affinité anormale ou de l'irritation modérée; ils savent que les fausses membranes se forment sous son influence et que le tissu vasculaire se développe, de cette manière, dans les polypes à pédicules étroits, par exemple, et que la circulation capillaire, qui est d'abord sous l'influence de l'irritation locale, se trouve ensuite sous celle du cœur, lorsqu'ils acquièrent un volume considérable. L'hémorrhagie abondante, la couleur vermeille du sang, les saccades du jet, résultant immédiatement de la section d'un polype parvenu à ce degré d'accroissement, annoncent évidemment que la circulation dans ce corps était sous l'influence du cœur. La vésicule embryonique doit nécessairement s'unir à la surface de la matrice ou à celle des tissus adjacens par l'effet de l'affinité moléculaire ; elle est alors à l'état électro-négatif en raison de la nature et de la quantité du fluide électrique dont elle est imprégnée ; elle offre donc deux courans opposés, l'un qui attire les fluides vers la vésicule, et l'autre moins considérable qui les porte au sens opposé. Les parties que contient la vésicule s'organisent, les vaisseaux se forment et se dilatent sous l'influence de ce mouvement électrochimique qui caractérise l'endosmose ; le sang du fœtus et celui de la mère offrent un double courant, qui devient chaque jour plus considérable, et qui finit par être soumis à l'influence du cœur dans chaque individu. Dans la formation des tissus accidentels, on observe des phénomènes analogues; les actions électro-chimiques dont ils sont d'abord le siège développent les vaisseaux et favorisent ensuite la circulation du sang. •

Réponse à la deuxième objection. Si l'on compare le développement du cœur, et par conséquent l'intensité de son action, à l'accroissement des autres parties du fœtus, on sera frappé de la disproportion qui existe entre cet agent d'impulsion et ces parties. Haller pense que le cœur de l'embryon bat avant même que ses rapports avec la mère soient bien établis. Quoi qu'il en soit, l'observation prouve que le développement de cet organe est d'autant plus considérable, relativement aux autres viscères, qu'on le considère à une époque plus voisine du moment de la conception ; or, comme le développement du système vasculaire est en raison directe de celui des organes, on voit que le cœur a une masse peu considérable de sang à mouvoir et qu'il est obligé à moins d'efforts qu'on ne le suppose. Le sang qui sort du cœur du fœtus reçoit donc des deux ventricules une impulsion assez considérable pour lui faire parcourir l'aorte abdominale et ses divisions, les artères ombilicales, et même pour le porter dans les veines utérines et dans la vessie ombilicale, où le cœur de la mère fait encore sentir son influence et ajoute son action à celle du cœur du fœtus. Mais d'ailleurs, pour connaître la force du cœur, chez les deux individus, il suffit d'avoir pratiqué l'art des accouchemens ; alors, on peut s'assurer que cet organe peut lancer le sang à certaine distance, et que l'impulsion communiquée à ce liquide est très-considérable, soit qu'on en juge par l'abondance et la rapidité des hémor-

...rhagies utérines, soit par la pression exercée sur le
cordon de l'enfant, au moment de sa naissance, ou
enfin par la rapidité de l'écoulement sanguin après
la section de cette partie, lorsque la respiration ne
s'exécute encore que d'une manière incomplète.
Nous conclurons de ces faits, que l'influence du
cœur est en raison directe de son développement,
et en raison inverse du développement des autres
parties du fœtus et du système vasculaire, et que,
par conséquent, cet organe doit être le seul moteur
(avec celui de la mère) de la circulation du fœtus,
et qu'il est inutile de supposer l'existence d'une action oscillatoire des capillaires, puisque cette action
n'est nullement démontrée par l'inspection microscopique, et que, d'ailleurs, elle serait une cause
de désordre dans le mouvement uniforme de la circulation.

On peut donc établir en principe, que le volume
relatif du cœur, étant en raison inverse de l'âge, sa
force relative doit aller en diminuant après la naissance, quoique sa force absolue soit en raison directe
de l'âge, jusqu'à l'époque où les forces des autres
organes commencent à diminuer. Ainsi, si l'on démontre, par des preuves décisives, que chez l'individu qui a respiré, la circulation s'opère par la seule
action du cœur, on aura prouvé, *à fortiori*, que
celle du fœtus doit être déterminée par ce seul mobile; or, c'est la conséquence qui va résulter des
preuves que nous allons offrir. Il est facile de voir
en effet, que plus la masse sanguine est considéra-

ble , plus les vaisseaux qu'elle doit parcourir son[t]
nombreux et développés, et plus l'action du cœur
a d'obstacles à surmonter et de résistances à vaincre.
La diminution graduelle de la fréquence des mouvemens du cœur, depuis la naissance jusqu'à la
vieillesse avancée, annonce l'affaiblissement de ce
organe : à cet âge, la circulation devient languissante, les actions et les combinaisons organiques
diminuent d'activité , dans le même rapport, et les
forces de l'individu s'épuisent graduellement.

Réponse à la troisième objection. Deux phénomènes remarquables semblent prouver à quelques
physiologistes modernes que les artères jouissent de
cette prétendue propriété appelée contractilité vitale. Qu'on lie à quelque distance le cordon ombilical de plusieurs placentas nouvellement extraits de
la matrice et contenant une certaine quantité de
sang , que l'on coupe ensuite ces vaisseaux dans
l'intervalle des ligatures, et le sang jaillit avec une
certaine force. Haller et d'autres anatomistes ont
aussi remarqué que cette contraction spontanée
peut subsister dans les artères deux jours après la
mort. Assurément on ne peut rien arguer de ce
fait, si ce n'est que les artères sont douées d'une
force permanente de contraction, même après la
mort, force que l'on a tort, par conséquent, d'appeler *vitale.* Rien ne prouve donc encore l'oscillation des artères et des vaisseaux capillaires ; l'observation d'Osiander n'est pas plus concluante. Ce pra-
ticien distingué a remarqué des dilatations et des

contractions alternatives dans les vaisseaux d'un placenta qui venait d'être extrait de la matrice, mais qui tenait encore à l'enfant. Ce phénomène n'a pu être produit que par l'impulsion communiquée au sang porté dans ces vaisseaux par le cœur de l'enfant; car lorsqu'on a fait la section du cordon, l'on n'observe jamais rien de semblable. Quant à la pratique des accoucheurs qui placent le placenta sur des cendres chaudes, ou qui le plongent dans une liqueur chaude, pour ranimer la circulation, elle n'a pour but que de maintenir la température du sang à un assez haut degré pour empêcher sa coagulation et pour lui donner quelques propriétés excitantes. Nous avons observé assez souvent des contractions et des dilatations alternatives du cordon ombilical encore adhérent à la matrice, immédiatement après la cessation de l'hémorrhagie qui résultait de sa section; mais nous sommes assuré que ces phénomènes étaient dus à l'impulsion du cœur dont la force n'était pas suffisante pour produire l'hémorrhagie et pour vaincre la résistance de l'extrémité vasculaire contractée par l'effet de la section et par l'impression de l'air. Nous avons observé des effets absolument semblables dans des expériences tentées sur les animaux vivans. Les opérations chirurgicales nous présentent d'ailleurs chaque jour des phénomènes identiques.

Réponse à la quatrième objection. L'absence du cœur chez quelques fœtus ne prouve rien en faveur de la doctrine de ceux qui admettent la contractilité ou l'oscillation des vaisseaux capillaires comme une cause de la circulation sanguine; car cette fonction peut s'exécuter dans le commencement de la vie de l'embryon par endosmose, et ensuite par cette même action et par l'impulsion lente du cœur de la mère. Cette dernière cause a été indiquée par Haller, qui a combattu les objections de ceux qui, à l'exemple de Gorter et de Whytt, attribuaient aux capillaires une action très-énergique sur le cours du sang dans l'état normal. Cette puissance du cœur est plus grande qu'on ne le suppose communément; elle suffit pour dilater en quelques jours les vaisseaux capillaires d'un membre, dans l'opération de l'anévrisme; elle a suffi pour vaincre des résistances plus considérables et pour établir le cours du sang par des voies longues et détournées, lorsque de gros troncs artériels ou veineux étaient oblitérés, et mettaient ainsi un obstacle invincible à la circulation directe de ce liquide vers les parties placées au delà des vaisseaux oblitérés.

Après la naissance, la circulation de l'enfant est moins étendue, mais elle manque de deux agens puissans d'impulsion; le cœur de la mère qui chassait le sang dans la veine ombilicale et le ventricule droit du fœtus qui le poussait dans l'aorte par le canal artériel. La respiration vient changer le cours du fluide, en agissant comme cause secondaire d'impulsion. Les canaux qui ne reçoivent plus de sang s'oblitèrent, tandis que ceux dans lesquels il est dirigé acquièrent beaucoup plus de dimension.

INFLUENCE DES MOUVEMENS DU CŒUR SUR LE COURS DU SANG APRÈS LA NAISSANCE.

La structure, le mécanisme du cœur, son influence sur le cours du sang, ont fixé depuis long-temps l'attention des physiologistes, dont les importantes recherches et les vives discussions n'ont encore pu nous conduire à des résultats positifs et à des notions certaines sur ces points importans de doctrine. Notre but n'est point de les éclaircir tous; mais nous devons nous borner ici à quelques considérations générales sur la structure et le mécanisme du cœur, pour faire connaître ensuite les lois de la circulation dans l'état normal, dans l'état fonctionnel, dans l'état morbide et sous l'influence des agens thérapeutiques.

STRUCTURE DU CŒUR.

On sait depuis long-temps que le cœur est un muscle creux, doué d'une force contractile considérable; mais la disposition des fibres qui le composent, n'a commencé à fixer l'attention des anatomistes que vers le milieu du dix-septième siècle. Les résultats différens qu'ils ont obtenus prouvent la difficulté extrême de ces sortes de recherches. Malgré la divergence de leurs opinions, on peut en comparant l'ensemble et les principaux résultats de leurs recherches se convaincre qu'ils se

sont généralement accordés sur le nombre et la
direction des principaux faisceaux musculaires
qui composent cet organe. Sténon, le premier
d'entre eux, s'assura que ces faisceaux sont disposés
de telle manière qu'ils représentent une figure assez
semblable à celle d'un 8; il reconnut que quelques-
unes des fibres du cœur se *réfléchissent* vers la
pointe de cet organe pour reparaître à sa surface.
Mais avant lui, Lindanus avait dit que les fibres du
cœur sont contournées en *spirales*. Over fut sans
doute induit en erreur dans ses recherches zooto-
miques; mais il reconnut néanmoins et décrivit avec
assez d'exactitude les circonvolutions des fibres
obliques et *spirales* du cœur, disposition anatomique qui ne diffère pas essentiellement de la précédente. Dionis observa aussi que les fibres du plan
extérieur se contournent en forme de *spirale* de
droite à gauche, pour revenir ensuite à droite, et
que le plan intérieur est composé de fibres longi-
tudinales; il pensait, avec raison, que la contraction du cœur s'opère en forme de vis, et non directement, de haut en bas et de gauche à droite.
Vieussens professait la même opinion relativement à la direction *spiroïde* des fibres de cet
organe, bien que les idées hypothétiques qu'il a
émises sur leur nature intime aient été rejetées.
Winslow s'est éloigné à la vérité de cette opinion;
il prétendait que les fibres charnues du cœur n'affectent pas la forme d'un 8, mais qu'elles sont
courbes et anguleuses; les preuves qu'il donne à

l'appui de cette opinion ne sont nullement décisives. Lancisi a donné une description du cœur,
qui s'accorde assez avec celle des anatomistes célèbres que nous venons de citer ; il a aussi constaté
la direction spiroïde des fibres du plan externe,
mais il a cru reconnaître que celles du plan interne
sont circulaires et séparées par des bandelettes car-
tilagineuses. Sénac pensait que les plus externes
sont obliques, que les internes sont *contournées*
en spirale, et qu'elles tirent leur origine du ventricule gauche.

Dans ces derniers temps, MM. Wolff, Duncan
et Gerdy, ont reconnu que les ventricules sont formés de plusieurs couches musculaires superposées,
au nombre de six pour le ventricule gauche, et au
nombre de trois seulement pour le ventricule droit ;
que les fibres des couches externes sont en général
obliques de haut en bas et d'avant en arrière et de
droite à gauche ; qu'elles diminuent successivement
de longueur, à mesure qu'elles deviennent plus
profondes, de sorte que les plus superficielles occupent la circonférence des ventricules, en passant
par la pointe du cœur : les moyennes sont dirigées
dans un sens contraire, et les plus profondes, qui
forment les colonnes charnues, affectent en général
la direction longitudinale. Toutes ces fibres forment, selon M. Gerdy, des espèces d'anses, dont
la convexité regarde la pointe du cœur, et qui sont
plus ou moins superficielles à une extrémité et
profondes à l'autre. Les faisceaux musculaires se

renversent, de sorte que ceux qui sont les plus externes deviennent internes et s'insèrent, après avoir traversé l'épaisseur du ventricule, au pourtour des orifices artériels et auriculaires, soit d'une manière immédiate, soit par les tendons des valvules auriculo-ventriculaires. Quant à la structure des oreillettes, elle est facile à connaître; les deux plans de fibres qui forment leurs parois sont très-minces et laissent entre eux des intervalles où les membranes internes et externes sont contiguës.

Si nous avons exposé l'opinion des anatomistes anciens et modernes sur la structure du cœur, c'est moins parce que nous attachons une grande importance à ce genre de recherches, que pour prouver la conformité des résultats qu'ils ont obtenus dans leurs travaux, et afin d'exposer avec plus de précision la théorie des mouvemens du cœur. Ces recherches prouvent donc que les fibres externes et moyennes de cet important organe sont spiroïdes, et que les fibres internes affectent en général une direction longitudinale.

CAUSES ET MÉCANISME DES MOUVEMENS DU COEUR.

D'après la disposition des fibres de cet organe, on conçoit que, lorsqu'elles se contractent, elles ne peuvent opérer ce mouvement d'une manière directe, ou de bas en haut, mais en forme de vis ou de spirale, ainsi que le pensait Dionis : c'est ce que nous avons observé plusieurs fois chez les animaux vivans et notamment chez les chiens. Néanmoins, cette direction est plus ou moins oblique, suivant celle des fibres du cœur dans les diverses espèces. On conçoit également que dans ce mouvement de contraction ou dans la systole, le cœur doit se raccourcir, et que sa base doit se rapprocher de sa pointe ; tandis que, dans le mouvement opposé, les fibres relâchées tendent à devenir droites et augmentent ainsi la dimension, en longueur, de cet organe. Ce double phénomène est prouvé par l'observation, et l'on s'étonne que l'on ait élevé une longue discussion sur ce point de doctrine, si facile en apparence à éclaircir. Que doit-on penser de la certitude des connaissances en physiologie, lorsque des faits aussi simples ont provoqué tant d'inutiles recherches et de vaines disputes ? Nous allons montrer que des théories trompeuses ont pu seules empêcher les physiologistes de voir les phénomènes avec justesse, en les conduisant dans de graves erreurs.

Au nombre de ces erreurs, on doit placer celle de Pechlin, adoptée ensuite par Bichat, Buisson, M. Richerand, Legallois, le docteur Hodge et par une foule d'autres physiologistes : ils considèrent la diastole du cœur, comme un état actif de cet organe ; ils pensent que dans ce mouvement le cœur est dur, dans un état d'expansion active, telle qu'il peut supporter un poids considérable et résister à la main qui le presse. Voulant vérifier le fait et découvrir de quel côté est l'erreur, nous avons ouvert la poitrine de plusieurs animaux vivans, et, en pressant le cœur, il nous a été facile de reconnaître que

dans la contraction cet organe se raccourcit, se
durcit, et que le tissu des ventricules augmente en
effet d'épaisseur, comme les muscles en contraction; car les doigts étant placés, l'un à l'intérieur,
l'autre à l'extérieur de ces cavités, le premier est
pressé et l'autre est soulevé pendant la contraction,
tandis qu'ils cessent de l'être dans la diastole. Dans
ce dernier mouvement, les fibres s'alongent, le
cœur devient mou, et il est évident qu'il tombe
dans un véritable relâchement, comme les autres
muscles de la vie animale et de la vie de nutrition
qui ont éprouvé la contraction. Il suffit ensuite
d'ouvrir une artère au moment où l'on comprime
le cœur, pour s'assurer que le sang ne jaillit de son
extrémité divisée qu'immédiatement après l'instant
où le cœur devient dur et où il semble se dilater.
Il est donc évident qu'une foule de physiologistes
instruits sont tombés dans une erreur grave, qu'ils
eussent évitée bien facilement, si au lieu de se copier
les uns les autres ils eussent pris soin de chercher,
par une expérience facile, la cause organique des
changemens que le cœur éprouve pendant la systole
et la diastole.

Quant aux causes médiates de ces deux phénomènes et à celles au moyen desquelles le cœur
éprouve ces mouvemens alternatifs et harmoniques
de contraction et de relâchement, elles sont cachées
d'un voile épais, qu'il est difficile de soulever; néanmoins, on ne doit point cesser d'interroger les faits
afin de chercher à éclaircir une question aussi im-

portante. Legallois a placé, avec quelques physiologistes anciens, la cause des mouvemens du cœur dans
le prolongement rachidien, et a tenté d'ingénieuses
expériences qui l'ont déterminé à adopter une opinion trop exclusive. D'autres observateurs ont considéré l'action du sang comme l'unique cause de
ce phénomène, que Haller a attribué à l'irritabilité.
En effet, après avoir soustrait le cœur des animaux
vivans à l'influence de ses deux agens excitateurs,
le sang artériel et le fluide électro-nerveux, en l'enlevant de la cavité où il est renfermé, ce grand
physiologiste vit les mouvemens de contraction et
de dilatation de cet organe s'opérer d'une manière
très-visible, et continuer pendant assez long-temps,
pour être pleinement convaincu que la cause de
ce mouvement réside réellement dans le cœur. Les
observations de Haller ne peuvent être infirmées
par celles de Legallois; car, il est évident, que si
la destruction de la moelle épinière amène la cessation des mouvemens du cœur, elle ne les suspend
pas immédiatement. Lors même que ce dernier phénomène serait observé, on pourrait encore objecter
qu'une lésion très-grave et subite d'une portion essentielle du système nerveux peut anéantir l'action
du cœur, mais on ne pourrait tirer aucune induction rigoureuse d'un semblable fait, pour établir
ensuite les rapports physiologiques de ces deux
organes. D'ailleurs, Ph. Wilson et M. Clift ont vu,
dans leurs expériences, les battemens de cœur continuer malgré la destruction de la moelle, et no-

tamment lorsque les animaux étaient jeunes et
qu'elle était détruite lentement. On ne peut rien
opposer aux expériences de Haller et d'une foule
de physiologistes qui ont prouvé que le cœur des
animaux à sang chaud et surtout celui des animaux
à sang froid peuvent battre long-temps après avoir
été extirpés. Nous avons souvent vérifié les résultats
de ces expériences, et nous avons vu que le cœur
des animaux à sang chaud se contracte encore avec
assez d'énergie „ dans cette circonstance , pour
soulever les doigts qui le pressent et pour agiter
l'eau dans laquelle il est plongé.

On est donc forcé de convenir, avec Haller,
que ni le sang, ni les nerfs, ni le prolongement rachidien, ne sont la cause *immédiate* des mouvemens du cœur, et que le principe moteur réside
dans la fibre même de cet organe. Mais aussi on
est forcé d'avouer que la source de ce principe est
également dans le sang artériel, dans le système
nerveux, et surtout dans la moelle épinière, puisque l'affaiblissement du système nerveux, la destruction du prolongement rachidien, l'altération,
la diminution ou la soustraction du sang artériel,
diminuent ou anéantissent l'action du cœur, après
un laps de temps plus ou moins long, suivant l'âge,
la constitution et l'espèce d'animal. Ces vérités
ne peuvent être révoquées en doute, car elles
sont prouvées par un concours d'expériences et
de faits décisifs. Enlevez une portion considérable
de sang à un animal très-robuste, les mouvemens

du cœur diminuent de force, de fréquence, et si vous prolongez trop la saignée, la syncope et la mort peuvent être le résultat de cette déplétion. Appliquez la main ou le stéthoscope sur la région du cœur d'un malade atteint d'une phlegmasie aiguë de la poitrine, et vous remarquerez à la force, à la violence de ses battemens, avec quelle intensité le sang excite l'action de cet organe. L'exploration offrira un résultat opposé après les hémorrhagies abondantes, et les irritations gastro-intestinales qui affectent la tendance chronique ou adynamique. L'afflux du sang vers le cœur augmente donc la force de ses battemens ; la soustraction de ce fluide et sa déviation vers des organes éloignés détermine un phénomène opposé.

Bartholin, Senac, Haller, ont observé que lorsqu'on lie la veine cave, la masse du cœur diminue, que ses mouvemens s'affaiblissent et cessent très-promptement, mais que lorsqu'on desserre la ligature, on lui donne son activité première. Si on lie au contraire l'aorte ou l'artère pulmonaire, l'accumulation du sang dans les cavités du cœur détermine aussitôt des contractions vives, des mouvemens violens et précipités ; ils ont aussi observé que la présence d'une petite quantité de sang suffit pour entretenir son action, et qu'elle cesse promptement en enlevant ce liquide. C'est en vertu d'une action semblable que l'oreillette droite offre le premier et le dernier mouvement vital ou électro-chimique, et que, lorsqu'on prive cette oreillette

du contact de ce liquide, et qu'il est retenu dans l'o-
reillette opposée, celle-ci survit à la première, ses
contractions ont une durée plus considérable, et
elle devient ainsi l'*ultimum moriens*. On doit conclure
des remarques qui précèdent, que le sang artériel
et le système nerveux ne sont que les causes médiates
des mouvemens du cœur, et qu'ils sont dus au calorique, au fluide électrique que cet appareil
transmet à cet organe et à l'oxygène qu'il reçoit du
sang artériel.

Si l'on examine l'effet des stimulans externes sur
le cœur, on trouve que l'air atmosphérique est le
plus puissant, et qu'il suffit pour entretenir pendant très-long-temps les mouvemens de cet organe,
soit lorsque l'on ouvre seulement le péricarde, soit
lorsque le cœur est extrait de la poitrine. L'oxygène
prolonge ce mouvement, lorsque le cœur d'un animal est en contact avec le gaz, tandis que les gaz
non respirables agissent comme lorsqu'il est plongé
dans le vide et diminuent singulièrement la durée
de ces mouvemens. Ces effets prouvent évidemment
que l'oxygène est le principe qui entretient le plus
long-temps les mouvemens du cœur, soit que son
action ait lieu d'une manière médiate ou immédiate. Le fluide électrique est ensuite l'agent le plus
propre à réveiller et à entretenir ces contractions;
les acides, les agens chimiques et mécaniques sont
moins propres à les entretenir, mais ils peuvent néanmoins déterminer des mouvemens considérables
peu de temps après la mort. Que l'on examine les

effets de ces agens, dans l'ordre où nous venons de les exposer, sur les intestins, sur les muscles de la vie animale, et on trouvera qu'ils agissent de la manière que nous avons indiquée. Ces modificateurs ne peuvent assurément agir sur le cœur, comme sur tous les tissus irritables ou thermo-électriques, que par une action physico-chimique. C'est également en excitant l'action moléculaire par le développement du fluide électrique dont le tissu musculaire est pénétré, que l'oxygène, comme le fluide dégagé de la pile, peut prolonger cette action. L'oxygène inspiré n'agit pas d'une manière différente. Wœpfer, Peyer, Brunner, Stenon, Haller ont injecté de l'air dans l'oreillette droite, soit par la veine cave, soit par le canal thoracique, et ils ont prolongé pendant long-temps l'action du cœur; ils ont excité ses contractions pendant plusieurs heures après la mort de l'animal. Senac rapporte même qu'il a vu renaître les battemens du cœur, par l'insufflation de l'air dans le canal thoracique, sur le cadavre d'un homme mort *depuis douze heures* (1); il a remarqué que, lorsque les autres agens sont sans effet, l'impression de l'air suffit pour exciter les mouvemens de cet organe. Telle est aussi l'opinion de Haller, ainsi qu'on peut s'en convaincre.

In experimentis tamen meis non alius stimulus, quam aeris, potentior fuit, sive per venas simpliciori

---

(1) Traité de la structure du cœur, t. 2, p. 139.

modo impellatur, sive aliquanto artificiosiùs perductum thoracicum. Nam et in ranâ circa aeris bullam corde et auriculâ receptam, cumque viscido sanguinis sero subactam novem et decem integris horis, et in multam noctem cor contrahitur et alterne laxatur, optimi et vitalis simillimo ordine : et in cane septem integris horis ab eodem elemento immisso cordis pulsationem superfuisse vidi, et in universum aere impulso cor à quiete revocavi, quando ad omnes alios stimulos surdum erat. Ita duodecim à morte horis, et integris diebus ab aliis claris viris, aeris vim cor ex quiete suscitasse legimus, *etsi ejus modi quidem experimentum ego nunquam tentavi. Cæterum ex his periculis apparet, uti totum quidem cor, omnesque ejus carnes irritabiles sunt, ita tamen internam faciem cordis plus de eâ vi possidere, et iterum videri, internam faciem auriculæ dextræ eâdem vi potentiori pollere* (1).

On peut comparer maintenant les résultats des expériences tentées par les anciens avec ceux qu'a obtenus M. Edwards sur les animaux à sang froid, privés de cœur, pour apprécier toute l'influence de l'oxygène sur les tissus et sur les organes des animaux, sur la durée de leur existence, comme sur celle de l'action du tissu musculaire ; on peut aussi rapprocher ces faits de ceux que nous avons exposés pour montrer toute l'influence du fluide atmos-

---

(1) L. C., t. i, p. 468 et 469.

phérique sur la force et l'énergie de l'homme et des animaux, suivant les espèces, les âges, les saisons, etc., pour connaître les véritables causes des phénomènes vitaux et de leurs anomalies. Il est impossible de ne pas remarquer la coïncidence parfaite que l'on trouve dans toutes ces expériences, et dans tous ces faits, entre les résultats obtenus ; il est impossible de ne pas reconnaître que l'oxygène agit dans les actions moléculaires offertes par les animaux vivans, ou récemment morts, comme il agit dans les combinaisons moléculaires des substances inorganiques, c'est-à-dire comme un agent électro-chimique ; car remarquons que si les autres stimulans semblent épuiser ce que Haller appelle l'*irritabilité*, l'air atmosphérique, l'oxygène, l'action immédiate du fluide électrique, excitent non-seulement les phénomènes de contraction et de relâchement des muscles, mais ils en prolongent beaucoup la durée. Que de faits décisifs, dévoilent la nature des causes immédiates des actions organiques !

THÉORIE DES MOUVEMENS DU COEUR.

Tout indique donc que ces mouvemens sont dus à l'action moléculaire, déterminée elle-même par la combinaison des fluides impondérés, dont la source est dans l'absorption de l'oxygène dans la respiration, puisque d'ailleurs le sang artériel et le système nerveux reçoivent de ce gaz leurs propriétés électro-chimiques. La contraction du

cœur est donc due à l'attraction instantanée qui
tend à rapprocher les molécules dont il se compose, et le relâchement à la répulsion qui les
éloigne après le premier mouvement et lorsque la combinaison électrique s'est opérée. Le
premier mouvement est *actif*, le second est *passif*, bien que ces expressions ne puissent être
maintenant admises dans un sens rigoureux, et
comme le conçoivent les vitalistes. On peut comparer ces attractions et ces répulsions moléculaires
alternatives à celles que l'on observe dans une
portion de mercure soumis à l'influence des deux
courans de la pile voltaïque. Ce métal offre alors
un mouvement alternatif et régulier de *systole* et de
diastole très-remarquable et qui dépend d'une action électro-chimique digne de fixer toute l'attention
des physiciens. Lorsque les deux pôles de la pile cessent d'être en rapport avec le mercure, les phénomènes de contraction et d'expansion dont il est le
siège cessent aussitôt, tandis que ce double mouvement peut subsister quelque temps lorsque le
cœur d'un animal récemment mort est en quelque
sorte ressuscité par l'action de la pile. Quoi qu'il en
soit, les phénomènes observés dans cet organe,
comme dans le métal, dépendent également d'une
action électrique, et ne se développent également
que sous l'influence d'un double courant de fluide
galvanique. L'action simultanée du sang et du système nerveux semble agir pendant la vie sur le
cœur, comme les deux courans de la pile agissent sur

le mercure. La différence qui existe entre les molécules qui composent le cœur et celles qui composent le métal, l'influence prolongée des fluides impondérés qui se dégagent du sang et du système
nerveux pendant la vie, expliquent la différence que
l'on observe dans la durée des mouvemens du
cœur, et dans celle des mouvemens communiqués
au mercure. Les deux courans du fluide électrique
semblent donc être les causes de ces phénomènes
remarquables, en fournissant alternativement aux
molécules organiques, comme aux particules inorganiques, les fluides électriques qui favorisent leur
rapprochement et leur éloignement alternatifs. Les
physiciens trouveront sans doute un jour les lois
particulières que suivent ces attractions et ces répulsions harmoniques et la théorie au moyen de
laquelle on pourra les expliquer.

Au rapport de Haller, Stæhelin a expliqué les
mouvemens du cœur par l'action du fluide électrique; mais, comme l'on sait, cette théorie ingénieuse n'a point été adoptée par ce grand physiologiste, ni par ceux qui ont suivi ses principes. Suivant
Stæhelin, la contraction du cœur résulte de la dé-
charge du fluide électrique contenu dans les nerfs,
sur le tissu non électrique de cet organe. Dans ce
mouvement, le cœur communique au sang, lorsqu'il le presse pour l'expulser, le fluide impondéré

---

(1) L. C., t. 1, p. 501.

qui lui a été communiqué par les nerfs, et tombe en
suite dans le relâchement, jusqu'à ce qu'il ait reçu
une nouvelle quantité de ce fluide, d'où proviennent
de nouvelles contractions, et par conséquent de
nouvelles expansions. D'après cette ingénieuse théorie
que nous soumettons, au reste, au jugement des
physiologistes et des physiciens, on pourrait penser
que le système ganglionaire est destiné à transmettre
non-seulement au cœur et aux artères, mais au sang
artériel lui-même, une certaine quantité de fluide
électrique.

A l'époque où Stæhelin expliquait les mouvemens
du cœur, Laghi, l'irritabilité musculaire par l'action
du fluide électrique, à une époque encore plus re-
culée, où Keil et Hamberger voulaient rattacher une
partie des phénomènes de l'économie vivante aux lois
mécanico-chimiques, la physique animale n'était
point encore assez avancée pour adopter une semblable doctrine : les théories physico-chimiques furent
alors combattues avec succès par le célèbre Haller
et par ses disciples. Ce grand physiologiste suivit
l'exemple de Newton ; il admit, en physiologie, une
force occulte, appelée irritabilité, dont la cause en
était inconnue, comme le philosophe anglais avait
reconnu une force occulte en physique. L'erreur
de l'un a sans doute été la principale cause de l'erreur de l'autre. Il convenait donc de démontrer,
dans cet ouvrage, qu'une semblable doctrine ne devait plus être admise par les modernes dans l'étude
de ces deux sciences.

D'après ce que nous avons exposé, touchant les causes des mouvemens du cœur, il est évident que la contraction de cet organe est le seul mouvement actif dont il soit doué ; car le mouvement de relâchement ou de répulsion s'observe d'autant plus long-temps, que les agens excitateurs agissent plus faiblement et plus rarement. Ce dernier état est d'ailleurs celui qui annonce le repos comme la mort de cet organe. On ne peut donc plus se livrer à des hypothèses frivoles et considérer le cœur comme une double pompe foulante et expirante, et comparer, avec Dionis et quelques physiologistes modernes, la circulation à la machine de Marly. Si le cœur agissait ainsi, si la dilatation de ces ventricules pouvait attirer le sang, cette action serait bornée aux oreillettes, puisque c'est précisément au moment de la dilatation des premiers que les dernières se contractent. Quant à la force aspirante de ces appendices, au moment de la répulsion ou du repos, elle doit être nulle ; car leurs parois très-minces sont habituellement en contact avec le sang qui ne cesse d'entretenir leur dilatation, et qu'elles reçoivent continuellement pendant les contractions de la partie correspondante des veines caves. C'est plutôt le double mouvement de la respiration qui fait l'office de la pompe foulante et aspirante.

DE LA FORCE IMPULSIVE DES VENTRICULES.

On est donc conduit à considérer les ventricules

du cœur, comme les principaux mobiles de la cir
culation. L'action du ventricule droit suffit pour
faire parcourir au sang les divisions de l'artère
des veines pulmonaires, comme le réseau capillaire
intermédiaire, et pour le ramener dans les cavités
gauches. De même, le ventricule gauche est le seul
agent d'impulsion qui fasse parcourir à ce fluide
l'aorte, toutes ses divisions, celles des veines caves
et le système capillaire général intermédiaire, qui
ramène enfin ce fluide aux cavités droites, dont nous
l'avons supposé partir. On a fait une foule d'objec
tions, on a tenté un grand nombre d'expériences
pour combattre cette doctrine, enseignée par Haller
et développée dans sa physiologie avec un talent re
marquable. Toutes les hypothèses que ce grand phy
siologiste a *complètement* renversées ont été repro
duites avec une inconcevable persévérance par les
physiologistes modernes qui ont adopté générale
ment l'hypothèse de Gorter et de Wytth, au lieu
de suivre les principes certains de l'illustre phy
siologiste que nous venons de citer. Nous ne cher
cherons point à indiquer les causes qui ont amené
un mouvement rétrograde dans cette partie impor
tante de la physiologie, ni à anéantir toutes les ob
jections des vitalistes modernes, car ce serait donner
à cet article, déjà trop étendu, un développement
que ne comporte pas le plan de cet ouvrage. Nous
nous contenterons d'exposer les faits les plus propres
à prouver que le cœur est le principal agent de la
circulation, dans l'état normal, comme dans l'état

morbide, et que les artères, les vaisseaux capillaires ne remplissent point, sous ce rapport, les fonctions qu'on leur a attribuées.

D'abord, il a été prouvé par tous les physiologistes qui se sont occupés de l'étude du cœur, que cet organe est beaucoup plus développé chez les jeunes sujets que chez les adultes et les vieillards, si l'on compare le volume de cet organe à celui des autres viscères et à l'étendue des vaisseaux que le sang doit parcourir. Dans le premier âge, les vaisseaux capillaires sont aussi moins développés, et les anastomoses entre les extrémités artérielles et les radicules veineuses, ont lieu d'une manière plus directe. D'après ces dispositions anatomiques incontestables, on doit admettre nécessairement, que l'action du cœur est d'autant plus puissante, qu'elle se manifeste avec d'autant plus d'énergie, dans le mouvement imprimé à la masse sanguine, qu'on approche davantage du moment de la naissance; c'est ce que plusieurs faits importans démontrent d'une manière évidente.

Nous avons très-souvent pratiqué la phlébotomie chez des sujets de tous les âges, de deux à trois ans, jusqu'à un âge plus avancé; et, depuis fort long-temps, en observant attentivement les phénomènes qu'offrait le cours du sang, nous avons remarqué que, chez les jeunes sujets, le sang veineux présente en général une couleur plus vermeille que chez les adultes et les vieillards, quoique le développement peu considérable du système sanguin,

chez quelques sujets, le siège, la violence des congestions internes, les impressions morales, et enfin toutes
les causes capables de ralentir le cours du sang à la
périphérie, puissent donner une teinte plus foncée au
sang veineux des enfans, comme au sang des adultes.
Nous avons remarqué, en effet, que moins la circulation est rapide, et plus la couleur du sang tiré de la
veine devient foncée et noirâtre, tandis que des
causes contraires donnent lieu à des phénomènes
opposés. Il suffit de laisser pendant quelque temps
une ligature au bras de l'individu que l'on va saigner,
et de comparer la couleur du sang qui s'écoule à
celle du liquide qui continue de sortir lorsque la
ligature est desserrée pour constater cette différence. Souvent même il nous est arrivé de placer
le doigt sur l'ouverture de la veine, pendant quelques instans, et de suspendre ainsi l'écoulement,
pour nous convaincre que le sang avait acquis une
couleur plus noirâtre. C'est sans doute aussi à la
prédominance d'action du cœur, dans le premier
âge, que l'on doit surtout attribuer la couleur rutilante du sang qui s'écoule des piqûres des sangsues
et la difficulté d'arrêter l'hémorrhagie. Plus le sang
séjourne dans le système veineux, et plus il perd de
ses propriétés vivifiantes ou électro-chimiques, ou
de celles qui caractérisent le sang artériel.

Il est un phénomène plus important, qui se manifeste plus souvent dans le premier âge que dans
l'âge adulte, et qui prouve d'une manière décisive,
que le cœur est le seul agent de la circulation. Nous

avons d'abord observé ce phénomène, chez les enfans de cinq à six ans, chez lesquels nous avons pratiqué la phlébotomie; mais ensuite, nous l'avons remarqué chez les adultes, chez les vieillards et enfin
sur nous-même. Nous avons constaté que l'impulsion du ventricule gauche fait sentir son influence
jusque dans les veines, dans l'état normal, et très-
souvent dans l'état morbide, quand le cœur bat avec
violence, et que la masse sanguine est portée avec
force à la périphérie. Lorsque l'on ouvre une veine
du bras, même la céphalique, que l'ouverture est
assez large et la ligature modérément serrée, on
remarque souvent que le jet du sang offre des saccades, dont les alternatives d'accroissement et de
décroissement correspondent aux battemens du
cœur et des artères. On observe alors, dans cette
circonstance, que le sang devient plus vermeil, et
qu'il séjourne moins long-temps dans le système
veineux. On remarque enfin, que l'accroissement
instantané du jet ne correspond pas à la dilatation
des artères, mais à la contraction de ces conduits;
tandis que lorsque la veine du bras, qui est placée
immédiatement sur le trajet de l'artère, est ouverte,
le mouvement d'impulsion communiqué au jet du
sang se manifeste pendant la dilatation de l'artère,
et diffère même, quant à la manière dont ce mouvement s'opère, de celui qui résulte de l'impulsion
communiquée au sang qui traverse les capillaires et
les veines, pour sortir par une ouverture extérieure. On ne peut donc confondre ces deux mouve-

mens, et toute erreur est sous ce rapport impossible.

D'ailleurs, nous avons observé ce phénomène, non-seulement après l'ouverture de toutes les veines du bras, mais aussi à la main et aux pieds. Lorsque nous avons pratiqué la phlébotomie à ces parties, l'ouverture de la veine se trouvant presque au niveau de la surface de l'eau, ce phénomène est alors devenu plus manifeste, et il nous a été plus facile d'en reconnaître la cause. Lorsque nous avons pratiqué la saignée au bras ou à la main, chez des sujets atteints d'une fièvre vive, nous avons comprimé l'artère brachiale le long du bord interne du biceps, au moyen de deux ou de trois doigts réunis, et de manière à oblitérer l'artère, ou seulement à en diminuer le calibre, et aussitôt après le jet diminuait d'intensité ou cessait entièrement, et les saccades ne se reproduisaient que lorsque la portion vasculaire, comprise entre l'endroit comprimé et l'ouverture de la veine, s'était remplie par une ou deux ondées de sang, et que le cœur agissait sur des canaux presque pleins. Lorsque les circonstances que nous avons indiquées ne se trouvent pas réunies, et que les saccades dont nous venons de parler ne peuvent s'observer, alors on peut en quelque sorte les provoquer, en comprimant l'artère brachiale de la manière indiquée (la ligature étant modérément serrée). On comprime donc cette artère avec les doigts réunis, on laisse couler le sang par l'ouverture de la veine, et on cesse subitement de la presser, pour renouveler l compression quelques instans après, et l'on observe très-souvent, lorsque la circulation n'est pas languissante, qu'après les premières oudées destinées à remplir les vaisseaux que la saignée a désemplis, les contractions du cœur déterminent des saccades que l'on peut apercevoir facilement et reproduire à volonté.

Parmi les faits nombreux que nous avons observés, nous en rapporterons trois des plus remarquables.

PREMIÈRE OBSERVATION. Nous avons pratiqué la phlébotomie chez un homme robuste, d'un tempérament sanguin, atteint d'une phlegmasie aiguë de la membrane muqueuse gastro-intestinale. Son pouls était fort, plein et fréquent ; il avait une disposition à la sueur. Nous fîmes une large ouverture à la veine céphalique du bras droit. Le sang sortit d'abord sans saccades ; nous comprimâmes l'artère radiale à sa partie inférieure ; le jet diminua et bientôt il fut interrompu par la compression un peu prolongée de cette artère. Aussitôt que cette compression eut cessé, l'arcade sanguine se forma de nouveau ; elle était plus ou moins étendue, suivant que l'artère était plus ou moins pressée contre le radius : le système veineux étant un peu désempli, les saccades commencèrent à se manifester lorsque l'on cessa la compression de l'artère radiale ; elles s'accrurent successivement jusqu'à ce que le jet du sang eût acquis toute sa force.

Le plus ordinairement on ne détermine de semblables phénomènes, qu'en exerçant les pressions

alternatives sur l'artère brachiale ; ce qui dépend
sans doute des anomalies que doivent offrir entre
elles, suivant les sujets, les anastomoses des vaisseaux capillaires et des veines.

DEUXIÈME OBSERVATION. Une femme âgée de 65 ans,
d'une petite taille, ayant beaucoup d'embonpoint,
atteinte d'une pneumonie aiguë, était dans un état
de suffocation lorsque nous lui pratiquâmes l'opération de la phlébotomie. Son pouls était fréquent,
fort, plein et dur ; sa respiration était précipitée,
et déjà même la fétidité de l'haleine annonçait l'altération des liquides organiques. N'ayant pu ouvrir
la veine du bras, nous pratiquons une assez grande
ouverture à la salvatelle, sans pouvoir d'abord obtenir une once de sang. Nous faisons préparer un
manuluve dans lequel la main est plongée, et bientôt l'action de l'eau chaude ne tarde pas à faire reparaître le jet du sang qui auparavant sortait en nappe
et avec lenteur. Les veines du bras se gonflent et
bientôt le jet offre des saccades de plusieurs pouces
d'étendue, absolument semblables à celles qui succèdent à l'ouverture d'une artère d'un petit calibre.
Nous comprimons la veine à un pouce et demi au-
dessous de la petite ouverture, et à l'instant même
les saccades sont interrompues, et nous en diminuons
l'intensité, suivant celle de la compression. La saignée ayant été prolongée jusqu'à la syncope, il nous a
été possible de renouveler bien des fois la compression, et de nous convaincre ainsi que le phénomène
qui fixe en ce moment notre attention est le résul-

tat d'une impulsion *à tergo*, ou de celle que le ventricule gauche communique à toute la masse sanguine qui doit revenir par les veines dans les cavités droites du cœur.

Aussitôt que la main fut hors de l'eau, et avant même que la ligature fût desserrée, le sang cessa de couler. Ce dernier phénomène, comme celui que nous avons observé lorsque la main fut plongée dans ce liquide, nous prouve encore que le calorique est un agent puissant des actions et des combinaisons moléculaires, et qu'il détermine constamment l'état électro-négatif dans la partie qui en éprouve l'influence.

TROISIÈME OBSERVATION. Un de mes chevaux, jeune, robuste, musculaire et sanguin, fut atteint il y a quelques mois, d'une paraplégie mortelle, accompagnée d'une phlegmasie des reins. Je fis pratiquer, à cet animal, plusieurs saignées à la jugulaire et à la saphène, le pouls étant fort, plein et fréquent. L'ouverture de la première veine n'offrit rien de remarquable; mais celle de la dernière donna un jet dont les saccades étaient si apparentes que tous les assistans, ainsi que le vétérinaire, (M. Foulon), auxquels je les fis remarquer, purent les observer avec beaucoup de facilité, et pendant toute la durée de la saignée. L'occlusion de l'ouverture de la veine a pu seule supprimer l'écoulement du sang, et par conséquent faire cesser les saccades qui étaient chez cet animal, comme chez l'homme, synchroniques aux mouvemens du cœur.

Nous avons observé ces mouvemens remarqua-

bles assez souvent, depuis plus de douze ans pour
avoir acquis la certitude, qu'ils ne dépendent pas
d'une anomalie dans les anastomoses des rameaux
artériels et des veines. Si les contractions du cœur
déterminent des saccades très-évidentes, lorsque
cet organe agit avec beaucoup d'énergie pendant la fièvre, ces contractions sont suffisantes,
dans l'état normal, pour pousser le sang dans les
vaisseaux capillaires, et de là dans les veines,
sans que les saccades puissent être observées. Aussi,
on les remarque bien plus souvent dans l'état morbide, que dans l'état normal, et notamment lorsqu'une inflammation locale agit sur le cœur, parce
que les contractions énergiques des ventricules augmentent, d'une manière très-évidente, la force impulsive dont ils sont doués. On les observe plus fréquemment aussi, lorsque la peau n'est pas refroidie,
les artères contractées, que la masse sanguine n'est
pas portée avec trop de force vers les capillaires internes, que le pouls des extrémités offre de la plénitude, de la force, de la mollesse et surtout de la
fréquence. Nous pouvons cependant affirmer, que
nous avons observé ce phénomène dans l'état normal,
et sur nous-même, lorsque le rhythme de la circulation n'offrait aucune altération appréciable. Il
nous a paru d'abord que les individus qui le pré-
sentaient étaient disposés à l'hypertrophie du ventricule aortique; mais les hommes robustes, sanguins, qui n'offrent aucune altération organique
du cœur, ceux chez lesquels cet organe jouit d'une

...nde énergie, offrent souvent les saccades dont
nous parlons. Les hommes faibles et d'un tempérament lymphatique, ceux enfin dont le cœur ne
jouit que d'une énergie peu considérable, par suite
d'une disposition originelle ou accidentelle, nous
ont offert beaucoup plus rarement le même phénomène. La pléthore, comme l'état de vacuité,
s'oppose aussi à sa manifestation. Dans le premier
cas, le cœur, ayant une trop grande quantité de sang à
mouvoir, ne peut manifester son action dans le système veineux par des saccades évidentes ; dans le
second, la colonne sanguine n'offrant pas assez de
résistance, ne peut conserver l'impulsion primitive
qu'elle a reçue du ventricule aortique. C'est sans
doute pour cette raison, qu'on en remarque plus
souvent les effets, quelques instans après l'ouverture de la veine, qu'à l'instant même où on la pratique, et plus rarement à la fin, qu'au milieu de l'o-
pération de la saignée.

La succession de ces trois phénomènes, 1° contraction du cœur, 2° dilatation des artères, 3° saccades du sang veineux, correspondant à la systole
de ces vaisseaux, démontre d'une manière évidente que le mouvement du sang, dans les canaux
qu'il parcourt, est le seul résultat de l'action du
cœur ; car il est impossible d'attribuer ces phénomènes, ni aux mouvemens actifs des artères, ni à
ceux des vaisseaux capillaires, puisque les expériences
les plus multipliées et les plus décisives, prouvent
d'ailleurs que ces mouvemens sont passifs, ou ne

sont que l'effet du choc de la colonne sanguine contre les parois vasculaires, et de la réaction de celles-ci sur le sang. D'ailleurs, des expériences positives ont prouvé à Harvey, à Walœus, à Pecquet, à Haller et à une foule d'autres expérimentateurs, la communication directe des artères et des veines dans toutes les parties du corps; elles ont démontré qu'un liquide, poussé par les premières, sort immédiatement par les secondes, avec une force proportionnée à celle d'impulsion.

Des expériences analogues, mais dont les résultats sont plus décisifs, ont été répétées par M. Magendie, qui est du petit nombre des physiologistes qui reconnaissent l'omnipotence du cœur dans la circulation du sang, et qui adoptent la doctrine de Haller. Mais les modernes ont opposé aux expériences et aux raisonnemens des anciens d'autres expériences et d'autres raisonnemens dont les faits que nous avons rapportés démontrent la futilité; ils ont soutenu que, chez l'animal vivant, les choses ne se passent pas ainsi, et, par de faux calculs, ils ont voulu prouver que la force impulsive du cœur était insuffisante pour faire parcourir au sang son trajet circulaire. D'autres (1) s'armant du microscope, à l'exemple de Haller, de Spallanzani et de

---

(1) M. Sarlandière, Mémoire sur la circulation du sang, lu à l'Institut et imprimé dans le premier volume des Annales de la médecine physiologique.

Fabre, ont constaté les anomalies de la circulation
capillaire dans leurs vivisections; ils ont reconnu
les mêmes mouvemens dans l'état fonctionnel,
dans l'état morbide, pendant l'agitation des passions, et au lieu de les considérer comme des
anomalies, ils ont voulu, par une fausse application de la méthode expérimentale, et par un
vice de raisonnement bien facile à reconnaître,
chercher à expliquer les lois de la circulation dans
l'état normal, par les aberrations qu'ils ont provoquées, ou par celles qui résultent d'une stimulation
déterminée sur un point quelconque du système capillaire. C'est ainsi que les expériences, tentées d'ailleurs par des hommes habiles, offrent des résultats
contradictoires que l'on ne peut éviter qu'en résol-
vant de nouveau la question par des observations
décisives. Mais d'ailleurs les résultats des expériences microscopiques du docteur Dollinger, vérifiés
par M. Kaltenbrunner, viennent confirmer nos observations, puisqu'ils démontrent que chez les animaux soumis à ces expériences, les saccades déterminées par la contraction des ventricules du cœur
se font remarquer dans les veines d'une grande dimension.

Maintenant toutes les discussions qui se sont élevées depuis Wytth et Gorter jusqu'à nos jours, sur
l'action des vaisseaux capillaires, comme cause de
la circulation dans l'état normal, doivent être définitivement abandonnées; car il est démontré,
par une foule de faits que l'impulsion des ventri-

cules suffit pour faire parcourir au sang le cercle étendu formé par les divisions de l'aorte, les vaisseaux capillaires correspondans et les veines qui doivent le rapporter aux cavités droites du cœur, et, par conséquent, pour imprimer à ce liquide le mouvement qui le porte du ventricule droit à l'oreillette gauche, à travers les poumons, mouvement qui constitue la petite circulation.

MOUVEMENS DES ARTÈRES ET DES VAISSEAUX CAPILLAIRES.

Ces mouvemens peuvent être considérés, 1° dans l'état normal; 2° dans l'état fonctionnel, 3° dans l'état morbide. Dans le premier état, les artères et les vaisseaux capillaires ne jouissent d'aucune action évidente, propre à augmenter la rapidité du cours du sang. Les observations que nous venons de présenter comme les résultats négatifs de l'inspection microscopique, démentent complètement ce qu'ont avancé les vitalistes au sujet de la prétendue *oscillation* et de l'expansion vitale des vaisseaux capillaires. Tout annonce que les mouvemens qu'ils éprouvent dépendent de la secousse imprimée à l'arbre artériel et à toutes ses divisions par la force impulsive du cœur; les oscillations que l'on remarque dans les globules sanguins ne dépendent point des contractions et des dilatations *spontanées* des vaisseaux capillaires, puisqu'ils n'en offrent point aux observateurs mêmes qui sont forcés de les admettre. Nous allons bientôt prouver que les anomalies de la circu-

…tion capillaire ne dépendent point de cette cause, et que l'action insolite d'une partie irritée ou enflammée ne tend à déranger le rhythme de la circulation du sang qu'en attirant vers elle une plus grande quantité de ce liquide, en vertu d'une action électro-chimique. C'est par l'excitation sympathique du cœur, et par l'action immédiate du sang altéré sur cet organe que l'inflammation précipite le mouvement de la circulation générale, et la met en harmonie avec la circulation locale de la partie qui en est atteinte. D'après cette théorie, fondée sur des faits nombreux et sur des expériences, on peut se convaincre que les preuves que l'on a déduites des phénomènes de l'état fonctionnel et de l'état morbide sont complètement illusoires, lorsqu'on eut expliquer par cette théorie la circulation dans l'état normal.

On a rejeté de nos jours l'opinion de Pecquet, de Th. Bartholin, de Bohn, de Senac, de Zimmermann, de J. Hunter, de Sœmmering et de quelques autres physiologistes qui attribuaient aux artères une action très-énergique dans la circulation d'après les principes d'une fausse théorie et d'après de faux calculs; mais par une contradiction manifeste, on accorde la même action aux vaisseaux capillaires. Cependant la nature n'a pas tracé de limites, sous le rapport de l'organisation et des fonctions, entre les troncs et les branches artériels, entre ces dernières et leurs rameaux, entre les ramuscules et leurs divisions capillaires; elle se joue de nos frivoles distinc-

tions, et n'offre que des nuances insensibles là où
nous admettons des différences bien tranchées d'organisation et de fonction. Le système artériel forme
donc un tout continu, un assemblage de vaisseaux,
procédant les uns des autres et diminuant de calibre
jusqu'aux capillaires les plus déliés : on trouve dans
toutes ces divisions et ces subdivisions la même
disposition anatomique, et si la propriété contractile
est en raison directe de la ténuité de ces vaisseaux,
on peut s'assurer facilement que les artérioles qui
possèdent cette propriété à un haut degré, n'offrent
point ces contractions et ces dilatations spontanées
ou ces oscillations dont parlent sans cesse les physiologistes modernes, si l'on n'en excepte celles qui
sont communiquées à l'arbre artériel par l'impulsion
du cœur.

Si l'on demandait à ces physiologistes où commencent et où finissent ces expansions et ces oscillations, indépendantes de l'action du cœur; dans quelle
direction elles peuvent s'effectuer; comment elles
peuvent être en harmonie avec l'agent central de
la circulation malgré les causes sans cesse agissantes
qui peuvent les troubler, ils ne pourraient assurément répondre à toutes ces questions, puisque l'existence même de ces expansions et de ces oscillations
n'a été *supposée* que par l'impossibilité d'expliquer les
lois de la circulation. D'après l'opinion de Haller,
que nous avons adoptée, l'action des capillaires,
ainsi que le conçoivent les vitalistes qui ont préconisé
l'hypothèse de Weitbrecht, de Gorter et de Whytt,

tendrait plutôt à déranger le mouvement harmonique du cœur, et même à déterminer les plus funestes
anomalies dans la circulation, qu'à seconder l'action de cet important organe. Nous allons fortifier
cette opinion de l'autorité de l'illustre Bichat; c'est
lui-même qui va réfuter sa propre doctrine d'une
manière victorieuse.

« C'est pour qu'elles (les artères) ne troublassent
» point l'unité de la circulation, par leurs mou-
» vemens, dit cet ingénieux physiologiste, que la na-
» ture a rendu telles les artères : supposez qu'elles
» eussent les mêmes *forces vitales* que les intestins,
» que deviendrait la vie? la moindre contraction
» convulsive un peu plus forte dans l'aorte, ou dans
» les gros troncs, en rétrécissant trop leur calibre,
» arrêterait la circulation et produirait les effets les
» plus funestes, en agissant en sens opposé du cœur.
» Dans le tube intestinal, ce phénomène ne pro-
» duirait que le vomissement. Il produirait subite-
» ment la mort dans le système artériel. Plus on
» examine attentivement les choses, plus on se con-
» vaincra de la nécessité qu'il n'y ait qu'un agent
» d'impulsion pour le système artériel, et que tou-
» jours inerte il ne puisse nullement arrêter la mar-
» che de ce fluide. » Cette argumentation est décisive et prouve à *fortiori* que si les capillaires, qui
ne sont que des artérioles très-tenues et microsco-

---

(1) Anatomie générale, t. ii, p. 337.

piques, eussent été doués de cette prétendue force
vitale, elle eût arrêté le cours du sang avec d'autant
plus de facilité, dans une foule de circonstances,
que ces artérioles sont plus éloignées du cœur dont
l'action eût surmonté d'autant plus difficilement
les obstacles à la circulation, qu'ils eussent été plus
éloignés du centre d'impulsion.

Les physiologistes modernes invoquent, nous le
savons, l'autorité des expériences et des faits; ils
prétendent que dans les vivisections et dans l'inflammation le sang paraît soustrait à l'influence du
cœur. En effet, il va çà et là dans les vaisseaux
frappés par l'air atmosphérique et irrité par le scal-
pel. De pareils phénomènes ne peuvent nous prouver que le sang est soustrait à l'influence du
cœur; car, si l'on examine le cours de ce fluide,
à travers les parties transparentes, mais non irritées de quelques animaux vivans, ces anomalies
sont moins évidentes ou nulles, et l'on voit manifestement, que les vaisseaux capillaires n'ont aucune
action appréciable, et que le cours du sang s'y
opère encore par l'action impulsive du cœur. Les
animaux soumis aux vivisections, offrent donc le
conditions de l'état morbide, et on ne peut rien en
conclure relativement à l'état normal. Tel est aussi
le sentiment de l'illustre Haller (1).

---

(1) Loc cit. t. 1, p. 203.

CAUSES AUXILIAIRES DU MOUVEMENT DU SANG.

L'action musculaire et la respiration sont les causes auxiliaires les plus puissantes de la circulation du sang; elles commencent et finissent avec la vie extra-utérine. Il suffit d'explorer la région du cœur, d'examiner le battement des artères après les mouvemens musculaires violens et soutenus, pour juger de la force avec laquelle ces mouvemens excitent la respiration et la circulation. Le sang artériel, attiré par les muscles en contraction, passe avec plus de rapidité dans le système capillaire, d'où il est refoulé dans les veines avec une vélocité proportionnée à l'intensité de l'action musculaire; mais cette action n'est pas continuelle, et peut être fort long-temps suspendue, sans qu'il en résulte aucun trouble dans la circulation. On peut même dire que la marche, la course et les autres exercices du corps tendent plutôt à produire une anomalie dans la circulation qu'ils ne sont nécessaires à l'exer—cice régulier de cette fonction. Souvent même un désordre considérable dans le cours du sang peut amener la mort à la suite d'un exercice trop violent, qui précipite le sang dans les veines caves, dans les cavités droites du cœur et dans les poumons, et qui peut déterminer alors, dans ces organes, une congestion mortelle.

L'inspiration favorise le passage du sang à travers le tissu pulmonaire, mais l'expiration en ralentit le cours. Dans le premier mouvement, le sang veineux paraît être aspiré comme l'air lui-même, et il se précipite avec rapidité des veines d'un volume déjà considérable, dans les veines caves, de là dans les cavités droites du cœur, dans le tissu pulmonaire, ou plutôt dans les vaisseaux qui le traversent et ensuite dans les cavités gauches. Dans l'expiration, un mouvement opposé se fait sentir dans les mêmes parties, le rapprochement des parois de la poitrine et la condensation des poumons refoulent le sang des veines caves dans leurs premières divisions, et ce mouvement peut même se communiquer jusques dans les dernières ramifications des veines. L'expiration hâte aussi le cours du sang artériel, et peut faire sentir ses effets jusque dans le système veineux, de manière que les deux colonnes de sang, l'une artérielle et l'autre veineuse, vont en sens contraire se réunir ou se heurter dans les divisions capillaires des artères et dans les premières divisions des veines. Ces effets de la respiration sont démontrés par des expériences et par des phénomènes qu'il importe d'examiner, afin d'en découvrir la cause. Ces phénomènes prouvent encore que l'action des capillaires est entièrement nulle dans le mécanisme de la circulation, puisque ces flux et ces reflux du sang s'opèrent dans ces vaisseaux mêmes, ce qui ne pourrait avoir lieu aussi sûrement s'ils étaient doués d'une action spéciale, en vertu de laquelle ils pourraient communiquer au sang une impulsion quelconque.

Dans la saignée des veines, nous avons souvent observé les effets de l'expiration sur le cours du sang artériel, et par suite sur celui du sang veineux. Ce mouvement de la respiration augmente la force du pouls, et, dans beaucoup de circonstances, il accroît la rapidité du jet du sang, lorsque la compression des veines du bras rend à-peu-près impossible le mouvement rétrograde du sang dans ces vaisseaux. D'ailleurs, la cause de ce phénomène est encore démontrée par une expérience de M. Magendie, et qui consiste à lier la veine crurale d'un animal vivant et à la piquer ensuite au-dessous de la ligature. Le jet qui se forme s'accroît alors avec les grandes expirations, dans les efforts, et les compressions mécaniques du thorax avec les mains. On peut donc conclure, avec ce physiologiste, que le mouvement d'élévation du cerveau pendant l'expiration, si bien décrit par Haller, est produit sans doute en grande partie par le reflux du sang veineux dans les veines et les sinus de cet organe, mais que le flux du sang dans les artères carotides et les vertébrales n'est point étranger à ce phénomène remarquable. Ce double mouvement doit se faire sentir dans tous les organes et dans les tissus vasculaires ; il doit par conséquent dilater ceux qui sont composés d'un grand nombre de vaisseaux capillaires, et qui ne sont pas contenus d'une manière fixe par des parois solides ; ainsi, si la rate, le foie, les intestins, le mésentère peuvent éprouver des effets très-sensibles du mouvement expiratoire, il n'en est pas ainsi du cerveau, partout contigu à ses enveloppes membraneuses et maintenu invariablement par la boîte osseuse qui le renferme. Dans cette dernière circonstance, on ne peut observer le mouvement d'élévation et d'abaissement de cet organe après avoir mis à découvert une portion de la dure-mère; car il ne se manifeste que lorsque l'adhérence de cette membrane à la paroi intérieure de la boîte osseuse a été détruite, ainsi que l'indique Haller (1). On peut donc considérer ce mouvement comme le résultat de l'opération que l'on a pratiquée, et admettre que dans l'état normal, il ne peut s'effectuer que partiellement et se disséminer, pour ainsi dire, dans toutes les molécules qui composent la masse cérébrale, au lieu d'offrir un mouvement de totalité. On doit faire la même remarque au sujet de l'impulsion imprimée à cette masse par la pulsation des artères carotides et cérébrales, agissant à la base du crâne entre les parois solides de cette cavité et la substance molle et pulpeuse du cerveau.

Les hémorrhagies nasales, les sueurs qui résultent des violens efforts de la respiration, prouvent que l'expiration chasse le sang, non seulement dans les veines, mais à travers le tissu des capillaires, et qu'elle force la partie la plus ténue du sang à traverser le tissu de la peau et à venir se déposer et

____

(1) Loc. citat. t. II, p. 332 et 333.

s'accumuler à sa surface. Ce phénomène est analogue à celui que l'on obtient en injectant de l'eau
dans les veines ; l'exhalation pulmonaire très-abondante, qui en est le résultat, dépend entièrement de
la porosité des tissus et de la force, *à tergo*, qui
presse le sang et la partie séreuse et les dirigent
dans les interstices de la substance animale. Dans
la même espèce, les individus dont la peau est
moins dense, sont aussi ceux qui éprouvent des
sueurs plus faciles et plus abondantes. Ainsi,
quand le cours du sang est accéléré par des efforts
violens, par la marche, la course, la danse, etc.,
et que ce fluide accumulé dans le système veineux
et surtout dans les divisions principales des veines
caves, dans les cavités droites du cœur et dans les
poumons, ne peut passer dans un temps donné à
travers leurs capillaires, il reflue vers la peau où la
partie la plus fluide se dégage par la transpiration,
une autre portion est exhalée par les poumons, et
enfin, une autre partie paraît s'accumuler dans les
organes très-vasculaires de l'abdomen, dont plusieurs ont été considérés comme des *diverticulums* des
courans sanguins. M. Broussais a émis le premier,
cette opinion qui a été ensuite étayée par les observations de M. Magendie.

L'inspiration paraît avoir des effets moins étendus, bien que très-remarquables, sur le cours du
sang ; ils ne sont sensibles que dans les gros troncs
veineux et dans leurs principales divisions. Un médecin anglais, M. Barry, a fixé en 1825 l'attention

de l'institut et de l'académie royale de médecine, par les expériences qu'il a tentées sur les animaux vivans, et par les résultats qu'il a obtenus (1). Ce médecin ayant lié la veine jugulaire d'un cheval, un peu au-dessus de son milieu, introduisit dans sa cavité, en la dirigeant du côté du cœur, une sonde de gomme élastique, à laquelle était adapté un tube de verre en spirale, qui plongeait dans un vase plein d'un liquide coloré : cet appareil étant ainsi disposé, il remarqua, en répétant la même expérience avec beaucoup de soin, que, lors de l'inspiration, le liquide coloré passait, du vase, dans le tube recourbé, et gagnait la veine qui semblait l'aspirer, tandis que, dans l'expiration, le mouvement s'opérait dans un sens opposé, le fluide s'arrêtait et rétrogradait rapidement de ce tube, et par conséquent de la veine dans le vase. Le premier phénomène dépend évidemment de la compression du poumon, du cœur et des gros vaisseaux, de la diminution instantanée de leur calibre, et peut-être aussi des flexuosités plus considérables des capillaires pulmonaires, puisque la compression mécanique suffit pour donner beaucoup plus d'intensité à ce mouvement, et puisque Haller a déterminé par ce moyen, sur les cadavres, ce mouvement de répulsion et les phénomènes qui s'ensuivent. Quant au mouvement opposé, M. Barry a cherché à l'expliquer par les

---

(1) Recherches expérimentales sur les causes du mouvement du sang.

effets de la pression atmosphérique; mais tout indique qu'il résulte seulement de la tendance au vide et de l'affinité du sang, pour les parois vasculaires que l'inspiration tend à agrandir ou à dilater. Le mouvement d'expansion communiqué au parenchyme pulmonaire, par la dilatation des parois de la poitrine, est ressenti par les oreillettes et par les veines qui se dilatent aussi, et qui attirent nécessairement dans le même sens le fluide dont elles sont remplies; car le vide ne peut exister entre ce fluide et les parois avec lesquelles il est toujours en contact, le mouvement attractif doit nécessairement être communiqué au sang et de proche en proche dans toute l'étendue du système veineux.

Ces résultats positifs de l'expérimentation complètent donc ce qui nous restait à dire sur le cours du sang veineux, et prouvent que ce liquide est poussé dans les radicules des veines, par la contraction du ventricule gauche, et attiré dans les cavités droites et dans le poumon, par l'influence de l'inspiration, et qu'il se trouve ainsi soumis à la double influence d'une force attractive et d'une action répulsive. Néanmoins, le sang peut traverser le poumon, sans l'intervention des mouvemens de la respiration, malgré l'assertion du docteur Barry, ainsi qu'on l'observe chez le fœtus, dans l'asphyxie, chez les animaux amphibies, chez les plongeurs, et comme Bichat l'a démontré d'une manière évidente, dans ses expériences sur les animaux vivans.

Le docteur Barry et ceux qui ont cherché à soutenir

son opinion, sont donc tombés dans l'erreur, en
attribuant les effets de l'inspiration sur le cours du
sang veineux, à la pression atmosphérique. Cette
pression ne peut agir évidemment, dans cette circonstance, que sur la surface cutanée, et, si elle
n'était point contre-balancée par une autre puissance, elle empêcherait le sang de passer des artères
dans les capillaires et dans les veines; elle refoule-
rait, dans les artères et dans les cavités gauches, le
sang que le ventricule aortique tenterait vainement
de pousser à la périphérie. D'ailleurs, ces médecins
n'ont pas remarqué que les corps vivans sont sans
cesse en équilibre avec l'atmosphère, par la présence
de l'air dans les voies aériennes, digestives, et même
dans tous les tissus poreux de l'économie; et, s'il
en était autrement, l'équilibre serait bientôt rompu,
et les fluides vivans se précipiteraient vers les foyers
centraux de la vie, comme le prouvent la tendance
au vide qui résulte de l'inspiration et l'action même
de la ventouse à la surface cutanée. Il est essentiel
d'observer que, dans ces deux cas, ce n'est pas par
l'effet immédiat de la pression atmosphérique, que
les fluides abondent précipitamment dans les tissus
où le vide s'opère, mais seulement par l'absence de
cette pression dans une région circonscrite de la
peau, et par la tendance excentrique des tissus et
des fluides élastiques non comprimés.

Dans cette circonstance, on a encore voulu expliquer un phénomène normal, par des phénomènes
anormaux; ainsi, l'on a remarqué qu'une ascension

dans les lieux élevés, sur le sommet des hautes montagnes, provoquait des étouffemens, des hémorrhagies
nasales, pulmonaires, et on s'est empressé de conclure,
que la pression atmosphérique est la cause de la circulation veineuse. On n'a pas réfléchi, que l'existence de l'homme, des animaux et l'exercice
normal de leurs fonctions dépendent des milieux
où ils vivent, que si l'équilibre est une fois rompu,
entre les organismes et les agens extérieurs, ces
fonctions s'altèrent et l'existence des animaux est
compromise. C'est ainsi, qu'en physiologie et en
physique, on confond sans cesse les causes auxiliaires ou accidentelles, avec les causes principales
ou immédiates.

Il est donc facile de voir, d'après ce qui précède,
que la pression atmosphérique est une puissance
inactive, ou une force *passive*, sans cesse équilibrée,
intrà et extrà, par l'introduction de l'air dans les
cavités organiques, par la réaction des fluides élastiques contenus dans les tissus vivans. Ce n'est donc
que lorsque l'équilibre est rompu ou près de se
rompre, par la formation du vide ou par la raréfaction de l'air, que les fluides tendent à s'échapper
à travers la trame ou par les porosités des solides, à
se gazéifier en raison de leur expansibilité. On voit
aussi qu'il ne peut s'opérer un mouvement général
et instantané de l'extérieur à l'intérieur, pendant
l'inspiration, sans amener un dérangement considérable dans la circulation, et même un refoulement
mortel du sang vers le cœur et les foyers centraux

de la vie. C'est donc parce qu'on a mal conçu l'influence de la pression atmosphérique sur les corps vivans, que l'on a pris des causes d'*anomalies* pour les causes de l'état normal, erreur fréquente en physiologie, que l'on a indûment attribué la circulation veineuse à cette pression pendant l'inspiration.

Les rapports de la respiration et de la circulation offrent encore un vaste champ aux recherches des physiologistes qui voudront les considérer dans l'état normal ; il est également curieux d'étudier l'influence des milieux que les hommes et les animaux doivent habiter sur ces deux fonctions ; de savoir pourquoi un air pur et frais favorise l'expansion des ramuscules bronchiques, et pourquoi un air chaud et chargé de principes hétérogènes détermine un phénomène opposé. La constriction douloureuse qu'éprouvent, dans ce cas, les asthmatiques se fait sentir non-seulement au larynx, mais dans toute l'étendue des voies aériennes, et peut à peine être vaincue par le concours des puissances inspiratrices. Les malheureux qui l'éprouvent ont la face livide, les veines du cou et de la tête saillantes ; ils se précipitent vers les lieux dont l'air est chargé d'oxygène, ou n'est point altéré par des particules nuisibles ; ils obéissent à un besoin plus impérieux que celui de la faim et de la soif.

Au nombre des causes auxiliaires de la circulation, nous devons ranger l'action électro-chimique qui s'opère continuellement dans tous les tissus, à la surface de toutes les membranes, dans l'intérieur de tous les organes, qui préside à leur nutrition et aux fonctions qu'ils remplissent. Dans l'état normal, l'affinité des liquides pour les solides, celle du sang pour les tissus est assez considérable pour retenir une partie de ce liquide, lorsqu'il est chassé dans les vaisseaux capillaires par l'impulsion du cœur, et même pour diriger le sang vers les organes, en raison de leur volume et de leur activité électro-chimique. C'est sans doute en vertu de cette loi, qu'après le décollement du placenta ou la section du cordon, le sang cesse bientôt de couler par les artères ombilicales divisées ; que ce fluide versé à la surface de l'utérus par les artères utérines très-dilatées, s'arrête promptement, qu'après les amputations de membres la ligature des artères n'est pas toujours indispensable. Un chirurgien allemand, le docteur Koch, affirme que ni lui ni son père n'ont jamais appliqué de ligatures, même sur l'artère crurale, après de nombreuses amputations.

Cette tendance du fluide artériel pour les tissus qu'il parcourt est démontrée par l'acte même de la nutrition, par l'exercice fonctionnel des organes, par l'effet des agens révulsifs, et enfin par les phénomènes de l'irritation. Plus la nutrition est active dans une partie quelconque, et plus les artères, les capillaires et les veines correspondantes se développent; réciproquement moins cette fonction offre d'activité dans cette même partie, et moins le développement de ces vaisseaux est considérable. Si un organe fonctionne plus fréquemment qu'un autre,

les vaisseaux se développent en raison de l'activité
et de la durée des actions physico-chimiques dont
il est le siège. Or, si nous avons démontré que les
particules des solides jouissent de la propriété d'attirer les liquides organiques, si nous avons prouvé
que la digestion, la nutrition, l'exhalation, les
sécrétions sont le résultat de l'endosmose et de
l'exosmose, il faudra bien admettre, comme une
conséquence rigoureuse de ce principe, que plus
l'action électro-chimique qui détermine ces fonctions est intense, et plus aussi le sang est attiré
par les tissus et les organes qui en éprouvent l'influence.

On voit donc, d'après ces principes, étayés de
faits nombreux, qu'il existe dans tous les tissus une
action électro-chimique déterminée par des courans
excentriques qui suivent les conducteurs nerveux,
et qui dirigent les colonnes sanguines dans le réseau capillaire de tous les organes : c'est en vertu
de cette action que ces derniers reçoivent une quantité plus ou moins considérable de matériaux nutritifs, suivant leur état d'activité ou de repos, leur
force ou leur faiblesse, ou plutôt suivant leur état
électrique. Lorsque l'action électro-chimique d'un
organe quelconque, l'endosmose et l'exosmose sont
augmentées, le calorique se dégage en plus grande
quantité que dans l'état de repos, cet organe prend
l'état électro-négatif, et les globules sanguins sont
attirés de proche en proche avec rapidité dans les
tissus excités, dont les vaisseaux augmentent de

volume en raison de la stimulation qu'ils ont
éprouvée.

Si l'on étudie l'influence électro-chimique des
tissus et des organes, sur la circulation du sang,
dans les vaisseaux capillaires, lorsqu'ils sont le siège
de l'affinité anormale, ses effets deviendront plus
sensibles. Les colonnes sanguines se développent
en raison directe de l'intensité de l'inflammation
dans la partie qui en est atteinte; les vaisseaux sanguins afférens et efférens acquièrent un volume proportionnel, et, malgré cette ampliation évidente des
canaux circulatoires, le sang y séjourne et les tissus phlogosés, vasculaires ou non vasculaires, s'emparent d'une partie de ce liquide pour l'identifier à
leurs propres substances, quoique la circulation capillaire soit plus active et aussi facile dans les capillaires irrités que dans ceux qui sont à l'état normal.
La couleur rouge des tissus irrités, la fréquence et
la rapidité des hémorrhagies dont ils sont le siège,
la difficulté d'arrêter ces hémorrhagies dans les bles-
sures enflammées, la dilatation évidente des artères
et des vaisseaux capillaires qui s'y rendent et des
veines qui y prennent naissance, déposent en faveur de cette dernière opinion et prouvent que ce
n'est ni à la prétendue contractilité oscillatoire, ni
à l'expansion ou à l'érection vitale des capillaires, que
l'on doit attribuer l'accumulation du sang dans les
tissus *vasculaires* ou *non vasculaires*, atteints d'irritation ou d'inflammation, ou qui sont dans l'état
fonctionnel.

C'est donc aux nuances de l'affinité moléculaire
à l'attraction exercée par les solides sur les élémen
chimiques et organiques du sang, que l'on doit at
tribuer ce mouvement centrifuge du fluide vivifiant, en vertu duquel il est entraîné dans tous le
tissus qui tendent à s'emparer de ses élémens nutritifs et excitateurs. L'affinité de l'oxygène pou
ces tissus, est sans doute une des causes de cette
attraction remarquable. Dans l'état normal, cette
action favorise la circulation, et elle est congé-
nère de celle du cœur; mais dans l'état morbide,
les organes enflammés sont autant de *diverticulums*
de centres d'affinité, où s'opèrent les combinaisons
chimiques les plus variées, et qui s'emparent d'une
portion plus considérable du fluide qui doit fournir
à ces combinaisons, tandis que l'autre suit la grande
voie qui lui est ouverte pour revenir au cœur.
Après avoir exposé les causes de la circulation
dans l'état normal, achevons d'examiner celles des
anomalies qu'elle éprouve.

CIRCULATION DANS L'ÉTAT FONCTIONNEL ET DANS L'ÉTAT MORBIDE.

Phénomènes locaux. L'état fonctionnel et l'état
morbide tendent à changer le rhythme de la circulation, et sont caractérisés également par un mouvement des fluides et du sang surtout vers les parties où les organes dont l'action est augmentée par
une stimulation ou une irritation quelconque. Les
faits que nous avons exposés dans cet ouvrage ont

déjà prouvé que ce phénomène devait être rapporté aux lois de l'affinité; mais il importe encore d'offrir quelques preuves à l'appui de cette opinion. L'observation nous a prouvé que dans la digestion les fluides affluent vers les organes digestifs, et que le tissu muqueux du tube gastro-intestinal est le siège d'un double courant électrique, en vertu duquel les fluides muqueux sont déposés en plus grande quantité que dans l'état normal, tandis que le chyle et les autres fluides sont absorbés avec beaucoup de rapidité. Les poumons et les tissus, en général, nous ont offert ces deux courans qui sont d'autant plus intenses, que les excitans agissent avec plus d'énergie. Qu'on examine le cerveau, les organes de la génération, les muscles, etc., pendant l'exercice de leurs fonctions, l'utérus pendant la gestation, et l'on observera un phénomème analogue; on verra que l'excitation locale y appelle les fluides et dilate les vaisseaux, que le cœur soit ou ne soit pas excité d'une manière sympathique.

Si l'on examine maintenant un organe, un tissu quelconque, atteint d'irritation ou d'inflammation, on voit un phénomène semblable se manifester; la partie qui l'éprouve devient le siège d'un embarras sanguin et le terme d'une congestion. Les vaisseaux qui s'y rendent, se développent, et on remarque que ce tissu offre aussi deux courans opposés, qu'il absorbe des fluides, et qu'il en exhale une certaine proportion; mais que, comme dans l'état fonctionnel, le mouvement attractif l'emporte sur le mou-

vement répulsif. C'est en vertu de cette cause, pa[r]
exemple, que les muscles souvent exercés deviennent plus épais et plus robustes, et que les tissu[s]
enflammés s'engorgent et se tuméfient. On a cherché à la vérité à nier le pouvoir absorbant de[s]
tissus frappés d'irritation ou d'inflammation ; mai[s]
l'absorption des substances vénéneuses des *viru*[s]
vaccin, blennorhagique, variolique, sur les tissu[s]
qui éprouvent cette affection, l'avidité de ces tissu[s]
pour l'eau, le prompt desséchement des compresse[s]
humides, appliquées sur les tumeurs inflammatoires, démontrent la fausseté d'une semblable opinion, et prouvent que l'absorption ou l'endosmos[e]
est très-active dans les tissus atteints d'inflammation[.]

Les changemens suivans : 1° afflux considérabl[e]
des liquides; 2° dilatation des vaisseaux; 3° nutrition plus active ou engorgement des tissus e[t]
des organes où ces vaisseaux viennent se rendre;
4° augmentation des sécrétions, de l'exhalation et d[e]
l'absorption; 5° développement du calorique, tel[s]
sont les principaux phénomènes qui caractérisen[t]
l'état fonctionnel et l'état morbide, bien que ces
phénomènes se présentent à un plus haut degr[é]
dans ce dernier état que dans ce premier. Il est évident que, dans ces deux circonstances, le sang
afflue dans les parties excitées ou irritées par l'effet
d'une action locale quelconque, sans que le cœur
soit influencé, et sans qu'il réagisse, d'une manière
appréciable, sur les parties qui sont le siège d'un
mouvement fonctionnel ou morbide.

Si nous cherchons les causes de ces phénomènes importans, nous trouverons que les physiologistes modernes ont adopté des théories divergentes, qui ne peuvent en expliquer la génération, car ces théories sont fondées sur des principes erronés que nous avons déjà combattus. Ces phénomènes ont été rapportés surtout, 1° à la contractilité capillaire ou à l'oscillation des vaisseaux qui se rendent aux parties irritées, comme à ceux qui les composent; 2° à l'expansion active ou à l'érection vitale; 3° à l'asthénie vasculaire; 4° au mouvement spontané du sang; 5° à l'affinité *vitale.*

Nous avons suffisamment prouvé que l'oscillation des vaisseaux capillaires est due à l'impulsion que le cœur imprime au sang qui remplit ces vaisseaux, et qu'aucune observation n'en a démontré l'existence lorsque cet organe cesse d'agir. Cette prétendue cause de la circulation capillaire ne doit donc plus nous occuper, puisque l'expérimentation comme le raisonnement nous démontrent qu'elle est absolument imaginaire. Nous avons aussi prouvé que l'expansion active ou l'érection vitale ne pouvait être admise, car elle ne pourrait vaincre les obstacles que les tissus ambians, membraneux, fibreux, cartilagineux, osseux, opposeraient à son action; elle ne pourrait se vaincre elle-même et produire le déchirement des tissus vasculaires enflammés, qui seraient ainsi étendus, dilatés par cette prétendue propriété vitale. D'ailleurs, au moyen de cette entité on ne pourrait expliquer l'altération des liquides et des solides qui composent les tissus atteints d'inflammation, les compositions et les décompositions chimiques que nous offre si souvent cette affection. On doit donc renoncer de toute nécessité à des théories qui sont à la fois fausses et incomplètes, puisqu'elles ne sauraient nullement expliquer l'ensemble des phénomènes qui caractérisent l'inflammation. Ce reproche peut être aussi adressé à la doctrine de ceux qui prétendent que l'asthénie des vaisseaux est la cause de l'accumulation du sang dans les tissus enflammés, et sans doute aussi dans les tissus et les organes chargés d'importantes fonctions. Que ces physiologistes nous disent donc comment l'asthénie des vaisseaux peut attirer le sang dans les capillaires, au point d'amener une distension excessive des tissus ambians, qui compriment avec tant de force ces vaisseaux *débiles*, comment cette compression douloureuse, loin de diminuer cette faiblesse prétendue, augmente d'une manière si évidente les dangers de l'étranglement. Qu'ils nous apprennent pourquoi le débridement, en favorisant la *dilatation passive* ou la cause du mal, parvient à le guérir avec tant de promptitude ; qu'ils nous expliquent enfin l'altération des solides et des liquides, la formation des tissus accidentels, des sécrétions nouvelles, l'accroissement de la chaleur dans les parties qui sont affectées de l'*asthénie vasculaire*, et nous nous empresserons de reconnaître la supériorité de leur doctrine.

Cependant la théorie que nous combattons est

admise par beaucoup de physiologistes modernes, et on vient dernièrement de l'étayer d'observations dont nous allons chercher à apprécier les principaux résultats. M. Leuret, qui préconise cette singulière théorie, a pratiqué une série d'expériences sur les animaux à sang chaud et sur les animaux à sang froid, afin de connaître la cause de l'accumulation du sang dans les capillaires ou dans les tissus atteints d'irritation ou seulement irrités, et il est parvenu à résoudre ainsi les questions suivantes :

« 1° *Lorsqu'une partie quelconque du corps a été piquée,* » *le plus ordinairement elle s'enflamme ; c'est-à-dire,* » *qu'elle devient douloureuse, chaude, se tuméfie et rou-* » *git.* Ce fait est vrai et ne peut être le sujet d'aucune » contestation, 2° *La piqûre active la circulation dans* » *le lieu qui en est le siège.* Cet effet n'a lieu que dans » le cas où le vaisseau sanguin a été ouvert.

» 3°. *L'activité communiquée à la circulation par la* » *piqûre dépend d'une irritation qui attire le sang et* » *l'oblige à affluer vers l'endroit blessé même contre* » *son cours ordinaire.* Cette assertion est fausse et les » expériences que je vais rapporter le prouveront » sur-abondamment.

» 4°. *Les expériences de Haller et de Spallanzani* » *démontrent qu'il se fait une sorte d'attraction du* » *sang vers l'endroit piqué.* Les expériences de ces » deux auteurs ne démontrent rien de cela ; on les

____

(1) Journal des progrès des sciences médicales, t. V, VII et VIII.

» a mal lues, mal interprétées, et on en a tiré des
» conséquences auxquelles ni Haller ni Spallan-
» zani n'ont jamais pensé. »

Les expériences tentées par M. Leuret prouvent
en effet que les piqûres n'ont point attiré le sang
dans les vaisseaux sur lesquels elles ont été pratiquées ; mais l'histoire de l'acupuncture démontre
l'inocuité des piqûres et atteste que l'inflammation
n'en est pas toujours le résultat. Or, elles pourraient
donc ne pas toujours produire le phénomène de
l'attraction moléculaire, d'où résulte l'inflammation, sans qu'on soit pour cela en droit de conclure
que, lorsque cette affection se développe, elle doit
être attribuée, non à l'affinité moléculaire, mais à
l'asthénie de vaisseaux. L'observation prouve que
les parties irritées attirent les fluides, si ce n'est *im-*
médiatement, au moins d'une manière consécutive,
dans la généralité des cas. Voyons maintenant si
Haller et Spallanzani *n'ont jamais pensé* à attribuer
l'afflux du sang, vers les parties lésées ou irritées, à
la cause qui nous paraît être la seule réelle et la
seule par conséquent que l'on puisse admettre. Nous
employons à dessein ces mots : parties lésées et
irritées, parce que l'acupuncture n'appelle par
constamment les fluides vers les tissus sur lesquels
on la pratique, et fait même cesser l'irritation ;
mais lorsqu'elle ne produit aucun effet appréciable, on ne peut dire de quelle manière elle agit,
et décider une question aussi importante par des
preuves négatives. Examinons avec une scrupu-

leuse attention, les faits sur lesquels notre opinion
est fondée, et puisque la méthode expérimentale
doit résoudre la question qui nous occupe, rapportons les principaux résultats des expériences de
Haller lui-même, puisqu'ils sont étayés des expériences des autres micrographes.

« Dans une artère *presque vide*, dit cet illustre
» physiologiste (1), on voit une seule file de glo-
» bules à l'extrémité de l'artère s'avancer, balancer,
» aller en sens contraire, enfin disparaître, sans
» que les meilleurs microscopes puissent faire voir
» le plus petit mouvement dans les vaisseaux. »
Nous avons répété ces expériences, et il nous a été
facile de constater la vérité des observations de
Haller, de voir qu'aucun mouvement n'agite les
vaisseaux, tandis que les mouvemens variés qui
semblent animer les globules leur sont absolument propres, lorsque l'action du cœur a cessé,
ou qu'on les observe hors des vaisseaux. Assurément de semblables phénomènes ne peuvent être
attribués à aucune des causes occultes indiquées
par les vitalistes, et ils ne dépendent ni de l'asthénie, ni de la contractilité vasculaire, ni de la révulsion, ni enfin de la pesanteur. Haller a encore
observé (2) que quand il y a du sang amassé en
deux endroits d'un vaisseau, il se forme alors une

------

(1) Mémoire sur les mouvemens du sang, p. 138.
(2) *Ibid.*

oscillation entre ces deux espèces de masses *magnétiques* (ce sont les expressions mêmes de ce physiologiste), qui offrent deux courans opposés de
globules, jusqu'à ce que l'une finisse par l'emporter et par *attirer* tous les globules intermédiaires,
et même la petite masse opposée. Ainsi des recherches approfondies et des expériences faites avec
beaucoup de soin, et sans idée préconçue, viennent
étayer de preuves convaincantes l'opinion que nous
avons émise sur les propriétés électro - chimiques
des molécules organiques.

Haller a encore fait remarquer (2) que lorsque
les vaisseaux lésés se ferment, la plaie offre une humeur lymphatique qui environne également leurs
bords, en dedans et en dehors du vaisseau, et que
la fente de la veine lésée est remplie par un caillot de
globules rouges coagulés. Nous avons remarqué le
même phénomène en observant la circulation dans
la queue des petits poissons, et les globules sanguins se sont amassés en grande quantité vers l'ouverture des vaisseaux de cette partie dont la dernière extrémité avait été retranchée. Si l'on compare ce phénomène constaté par une foule d'expériences, avec celui que l'on observe dans les tissus
vasculaires ou non-vasculaires piqués, ou totale-
ment divisés avec ou sans hémorrhagie, on sera
pleinement convaincu qu'il ne peut être déterminé,

------

(1) L. C., p. 161.

si dans ces diverses circonstances, que par une action
électro-chimique ou attractive, qui a lieu entre les
molécules adhérentes des parties lésées, et les molécules mobiles du fluide sanguin. L'opinion de
Haller ne diffère pas essentiellement de celle que
nous émettons et qui est aussi le résultat de l'expérimentation. Nous rapporterons seulement deux de
ces expériences afin de prouver que c'est à l'attraction, mais à une attraction dont la cause lui était
inconnue, que Haller a réellement rapporté le phénomène de l'afflux des liquides vers les tissus vivans qui éprouvent une lésion quelconque.

Expér. ccxvi, *sur une grenouille.*

« J'arrachai le cœur avec promptitude, le ba-
» lancement du sang se soutint pendant quelques
» secondes, mais il ne dura guère. Dans les veines,
» le sang qui coulait déjà languissamment, perdit
» d'abord le mouvement; mais la saignée le lui
» rendit.
» Je vis des globules entre les lames du mésentère
» suivre les lois de la pesanteur, J'y vis *encore celle*
» *de l'attraction* déjà indiquée, exp. 215. Le sang
» extravasé sur le bord de l'intestin, suivit ce bord,
» en remontant contre son propre poids. »

Expér. ccxviii, *sur une grenouille.*

« Les artères étaient vides; et dans la veine il n'y

» avait que peu de sang qui les traversait avec len-
» teur. J'arrachai le cœur à l'animal ; il resta peu de
» mouvemens au sang veineux, j'ouvris alors une
» veine, le sang se précipita de tous côtés dans
» l'ouverture de la veine, comme si le cœur avait
» été en bon état. Toutes les branches qui com-
» muniquaient avec la veine que j'avais ouverte, lui
» fournirent du sang jusqu'à ce que la plaie se fer-
» mât et que le sang cessât d'en couler.

    » Je distinguai trois sortes de mouvement dans le
» sang veineux de cet animal : il y avait un mouve-
» ment dirigé par la pesanteur, il y en avait un
» d'oscillation, par lequel les globules *allaient et*
» *venaient en sens contraire.* Le troisième paraissait
» dans les globules épanchés dans le mésentère,
» il avait du rapport à *l'attraction*, les globules
» remontaient le long de la surface extérieure de
» l'artère et de la veine, ils faisaient une parabole
» pour descendre. »

    Dans les expériences qui suivent, et dans une
foule d'autres qui précèdent, Haller ayant constaté
les effets de la dérivation et de la pesanteur sur le
cours du sang, a été forcé d'admettre, outre ces
causes motrices, une autre cause qui manifeste son
action dans les vaisseaux, dans les globules épanchés, et qui diffère des premières, puisqu'elle agit
également contre la pesanteur, et sans aucune
action des parois musculaires, ainsi que le démontrent les nombreuses expériences sur lesquelles son
opinion est fondée. Cette puissance, enfin, est in-

dépendante du cœur, puisque son action se manifeste avec plus d'intensité lorsque cet organe est
extirpé ou que les mouvemens sont languissans.

« J'appelle cette cause *attraction*, dit-il (1), parce
» que la plus grande partie des phénomènes se font
» effectivement vers un objet non contigu qui pa-
» raît les déterminer. Il m'a paru que le sang est
» attiré par les membranes du corps de l'animal, et
» qu'il l'est aussi par le sang même, dont les glo-
» bules sont attirés du côté où il y a un amas de
» leurs semblables. » D'ailleurs, Haller avoue qu'il
ignore la cause de ce mouvement appelé *attraction*,
et il remarque que *l'irritation nerveuse* détermine un
phénomène semblable, et peut même exciter l'hémorrhagie des vaisseaux sur lesquels son influence
a lieu. Terminons enfin par une dernière citation
qui prouvera d'une manière décisive quelle fut l'o-
pinion de cet homme illustre, sur la cause du phénomène important qui fixe toute notre attention.
*Vis adtractionis, quæ sanguinem ad parietes mem-
branosos, adque alios jàm natos sanguinis acervos ad-
licit; perindè, dùm fluit vitalis liquor, eum pergit
regere. Eam enim vim recepi, quod motum aliquem
absque corde superesse viderem, qui neque a pondere
esset, neque a derivatione, neque in vasis unicè, sed
etiam extrà vasa conspiceretur. Debilis cæterum est*

---

(1) Loc. citat., p. 340.

*parumque velox : duratione ferè motum a derivatione
natum æquat* (1).

Spallanzani a remarqué des phénomènes semblables dans ses belles observations microscopiques ; il
a vu les globules sanguins se mouvoir quoique placés à une certaine distance les uns des autres, hors
de leurs canaux, et, chose digne d'attention, il a
remarqué qu'un globule arrêté se met en mouvement par l'influence, à distance, d'un autre globule qui passe près de lui sans le toucher. Qui ne
voit, dans l'ensemble de ces phénomènes, dans la
réunion de tous ces faits, dans l'enchaînement de
toutes ces preuves, que l'action des globules sanguins
entre eux, comme celle qui tend à les porter vers
les parties solides, surtout lorsqu'elles sont lésées
assez profondément, ne dépend que de l'affinité moléculaire et d'une action électro-chimique? Faut-il
donc sans cesse accumuler les preuves sans aucun résultat avantageux pour la science? Pourquoi donc accumuler tant de faits et tant d'expériences, puisque
nous en possédons un assez grand nombre pour nous
élever à des principes généraux, fixes et invariables?
Rassemblons donc les faits connus, en les comparant,
en les coordonnant, en les éclairant les uns par les
autres, et il nous sera facile de nous élever, par la
méthode expérimentale, à des lois générales qui
jetteront la plus vive lumière sur l'ensemble des

---

(1) Elementa physiologiæ, t. ii, lib. vjj, p. 222.

phénomènes de l'organisme vivant. Mais n'abandonnons pas encore le domaine de l'expérience, ne donnons nos dernières conclusions qu'après avoir démontré, jusqu'à l'évidence, la certitude et la vérité des principes que nous avons adoptés; préférons de rapporter les résultats obtenus par d'autres observateurs, que de donner ceux de nos propres expériences, afin qu'on ne puisse nous accuser d'avoir voulu expliquer les lois de l'économie par des idées préconçues et un système *à priori*, qui nous auraient conduit à des résultats trompeurs. Nos observations s'accordant avec celles des expérimentateurs que nous citons, nous devons préférer, dans l'intérêt de la science, de rapporter exactement les résultats généraux qu'ils ont obtenus; car le témoignage d'un seul homme serait insuffisant pour assurer le triomphe de la vérité. Les tentatives d'un observateur, quelque habile qu'on le suppose, peuvent conduire à l'erreur, et ne sauraient l'emporter, dans la balance, sur les résultats identiques des expériences d'une foule d'expérimentateurs très-distingués.

Fabre a observé, dans des expériences faites sur des grenouilles, que lorsqu'on irrite les nerfs, la partie rouge du sang afflue avec rapidité vers l'endroit irrité, sans que l'ordre de la circulation soit interverti, dans les gros vaisseaux. Il compare ce phénomène à celui qui survient dans certaines parties qui exercent quelque fonction, comme les parties de la génération dans les deux sexes, le mammelon dans la femme, par l'effet des agacemens et

des frottemens qui attirent le sang dans le tissu
spongieux de ces parties. Assurément, dans ces diverses circonstances, on ne peut nier que l'appel du
sang ne soit le résultat immédiat de la stimulation
déterminée sur les tissus vivans; mais il paraît que
l'excitation du système nerveux a une puissante influence dans la production de ces phénomènes; ce
qui prouverait d'abord que l'asthénie (1) ne peut les
déterminer, et que l'action augmentée du système
nerveux, par l'effet d'une cause physique quelconque, soit dans l'état morbide, soit dans l'état normal, ne produit la contraction musculaire, et l'appel
du sang dans les vaisseaux, que par le dégagement
du fluide électrique. Le rapprochement d'une foule
de faits prouve encore ici que nous n'établissons
pas une frivole hypothèse. L'appareil nerveux doit
agir de la même manière sur les molécules de la
matière concrète, et sur celles de la matière fluide,
puisque ces molécules sont de même nature. Ici,
toutes les hypothèses des vitalistes, des autres ontologistes et des mécaniciens viennent échouer; on
est forcé de reconnaître l'identité d'action du système nerveux dans ces deux cas; et ne pouvant l'expliquer par aucune des théories que nous avons combattues, on est encore forcé de reconnaître que:

---

(1) L'asthénie n'est qu'un état électrique, un phénomène,
et c'est tomber dans l'ontologie que de supposer qu'elle puisse
devenir la cause réelle d'une action quelconque. C'est dans
ce sens que nous avons employé les mots sthénie, asthénie,
dysergie, etc.

celle qui semble être le résultat des expériences même de Haller, de Spallanzani, de Fabre, etc., est la seule admissible.

On apprécie donc, d'après ces principes, les véritables rapports de l'excitation fonctionnelle et de l'excitation morbide, on conçoit maintenant comment un tissu stimulé trop vivement, dans le premier cas, peut offrir d'abord les phénomènes qui caractérisent le premier mode d'excitation, et ensuite les phénomènes du second : il suffit souvent d'augmenter la quantité du même excitant, comme on peut le remarquer dans l'acte de la digestion, par exemple, où une quantité un peu plus consi-dérable d'alimens et de liqueurs alcooliques aug-mente la congestion, pour développer de la douleur et une chaleur anormale, et faire succéder l'excita-tion morbide à l'excitation physiologique. Il suffit d'observer ces actions pour se convaincre que tous ces phénomènes se rattachent à une cause unique qui ne peut être, et qui n'est en réalité que celle que nous avons fait connaître. Ce qu'il y a de bien remarquable, c'est que, dans ces deux états, les artères, les vaisseaux capillaires et les veines se dilatent, et la circulation devient plus active, les courans sanguins sont plus forts et plus rapides, et cependant une congestion se forme dans ces vais-seaux, le sang s'y arrête et y aborde continuelle-ment en raison de la stimulation, malgré l'amplia-tion évidente du système vasculaire. Quel est donc la cause qui appelle et qui fixe ainsi le sang dans les

vaisseaux où il a un passage plus large et plus facile? e
Sont-ce les entités appelées asthénie, contractilité,
expansion ou érections vitales? Mais lors même
que vous aurez admis ces fictions, il faudra recourir
aussitôt aux lois de l'affinité pour expliquer les
autres phénomènes de l'état fonctionnel et de l'état
morbide; il faudra admettre une cause vitale pour
diriger les courans sanguins, et une cause physico-
chimique pour opérer les combinaisons chimiques
que l'on observe dans ces deux états, ce qui est inadmissible. L'insuffisance et la fausseté des doctrines
que nous combattons sont donc complètement démontrées.

Est-il donc encore nécessaire de prouver que
le développement de la chaleur, de la douleur,
des pulsations dans la partie enflammée, que l'activité de la circulation ne peuvent dépendre de l'asthénie ni des autres causes inventées par les ontologistes? Comment supposer qu'une stimulation
quelconque, une piqûre, par exemple, puisse jeter
le tissu qui la reçoit, dans un état de débilité, lorsqu'elle est suivie d'une réaction générale et locale
très-considérables? Ce serait donc l'asthénie d'un vaisseau qui produirait des douleurs atroces, des convulsions, la fièvre, des tumeurs dont la dureté excessive
et la tension seraient assez considérables pour amener la rupture des vaisseaux, et exiger de prompts
débridemens? Non assurément, ce n'est point cette
faiblesse prétendue qui augmente les contractions
du cœur, toutes les actions et combinaisons molécu-

...aires, qui provoque cette tension excessivement
douloureuse des tissus atteints d'inflammation. On
s'étonne que des médecins instruits adoptent des
théories aussi évidemment erronées et cherchent
surtout à les étayer des résultats de la méthode
expérimentale. On voit donc qu'il ne suffit pas toujours de multiplier les expériences, et qu'elles peuvent aussi nous conduire dans la voie de l'erreur,
lorsque l'on ne peut remonter à des principes certains, par le rapprochement et la comparaison
d'une foule de faits et de phénomènes.

Ceux qui ont répété les expériences de Leeuwenhoek, de Baglivi, de Van-Heyde, de Haller, de
Spallanzani, et qui ont examiné avec le microscope
le mouvement du sang, dans les vaisseaux capillaires des animaux, ont vu, comme ces observateurs, que ce fluide suit toute sorte de directions,
et que l'irritation nerveuse augmente ce trouble et
finit par attirer le sang vers le point irrité. Une
épine enfoncée dans un tissu vasculaire et nerveux,
est un centre d'attraction où viennent se réunir les
globules sanguins, et lors même qu'elle est reti-
rée, ce mouvement continue souvent, les globules
s'amassent en grande quantité, dilatent les vaisseaux
et peuvent même déterminer leur rupture. Il
suffit d'examiner la conjonctive, lorsqu'un corps
étranger s'est introduit entre les paupières, pour
apercevoir aussitôt une rougeur qui annonce l'afflux du sang, vers le point irrité. Les irritations
excitées dans tous les tissus vasculaires, produisent

le même phénomène, soit d'une manière immédiate, soit d'une manière consécutive. Lá chaleur,
la douleur tensive, l'activité de la circulation, la
dilatation violente des vaisseaux, l'épaississement
de leurs parois, annoncent évidemment que l'inflammation est due à des actions et à des combinaisons moléculaires beaucoup plus actives, que
dans l'état normal, et qu'elle ne peut être en résumé le résultat, ni de l'expansion active, ni de
l'érection vitale, ni de la contractilité, ni de l'asthénie; car toutes ces entités n'expliquent point le
développement de ces phénomènes; et les effets
funestes de la méthode stimulante, dans le traitement de l'irritation, annoncent qu'on ne saurait
l'attribuer à la cause que nous venons d'indiquer.

Les physiologistes qui expliquent la circulation
capillaire, dans les trois états que nous avons re-
connus, (états normal, fonctionnel, morbide) par
le mouvement spontané du sang, ou par son activité vitale, n'ont aussi entrevu qu'un seul ordre de
phénomène. Comme Trevirianus, ils pensent que
cette prétendue force réunie à celle du cœur, suffit
pour déterminer la circulation capillaire. Les propriétés physico-chimiques du sang ont sans doute une
influence quelconque sur le cours qu'il affecte; mais
c'est plus particulièrement dans l'état fonctionnel
et morbide, que dans l'état normal, qu'on a occasion d'observer cette influence. L'affinité des globules
entre eux, ne sert qu'à les unir, d'une manière plus
intime, afin de prévenir leur division, lorsque la

circulation devient languissante, et de favoriser le mouvement de totalité de la masse sanguine. Des faits remarquables démontrent que cette action n'est pas illusoire. Nous avons dit que la section du cordon ombilical n'est pas suivie d'hémorrhagie, lorsque l'enfant a respiré, et que cependant il existe une libre communication entre les artères ombilicales et les iliaques; que la section des troncs artériels des membres, dans les amputations, n'est pas toujours accompagnée de cet accident, au rapport de plusieurs chirurgiens modernes, qui ont cherché à démontrer *l'inutilité* de la ligature de ces vaisseaux. On ne peut attribuer exclusivement ce phénomène et celui que l'on observe dans le canal artériel, le trou botal, les artères ombilicales, à la cause que nous avons indiquée, à la force qui unit les globules sanguins entre eux, et aussi à celle en vertu de laquelle la respiration tend à attirer les colonnes sanguines poussées *à tergo*, par les ventricules du cœur: il faut admettre que l'action électro-chimique dont sont doués les tissus organiques, et qui constitue l'endosmose, a une grande influence dans la production de ces phénomènes. Lorsque cette action n'a plus lieu, les globules sanguins cessent d'être attirés dans ces tissus, et ils sont entraînés dans une autre direction, ou ils s'accumulent dans le réseau capillaire.

Le mouvement d'impulsion, *à tergo*, communiqué au sang veineux qui n'a point suivi la grande voie de la circulation, est donc déterminé par l'action électro-chimique des tissus qu'il traverse, ou du parenchyme intermédiaire, entre les vaisseaux capillaires et les radicules des veines.

Dans l'état fonctionnel et dans l'état morbide, la cause principale de la circulation, l'action du cœur est pour ainsi dire vaincue, ou ses effets sont en partie neutralisés par l'affinité des liquides ou des molécules sanguines, pour les molécules de la substance solide ou concrète, qui est le siège d'une stimulation vive ou d'une action électro-chimique. Les molécules mobiles viennent s'unir à celles de cette substance, et on dit alors qu'il y a déviation, dérivation, ou mieux, *attraction moléculaire.* On est conduit invinciblement à reconnaître cette dernière action d'abord par voie d'exclusion; car, ainsi que nous venons de le dire, aucune des entités admises par les vitalistes ne peut dévoiler le mécanisme de la circulation capillaire dans l'inflammation locale; on est encore forcé de reconnaître que l'affinité et les combinaisons moléculaires peuvent expliquer seules tous les phénomènes qui caractérisent cet état. Admettre en effet une cause métaphysique ou occulte, appelée érection ou expansion vitale, pour présider au mouvement du sang dans les capillaires, et recourir ensuite à une affinité *vitale* pour expliquer la fixation du sang aux solides, et les combinaisons chimiques de ce liquide, ses diverses transformations, le développement du calorique, etc., c'est compliquer la question et la rendre insoluble. Les doutes doivent donc céder au témoignage de tant de faits et à la réunion des preuves ; on ne peut donc point nous accuser de nous livrer à de vaines hypothèses, lorsque nous démontrons, par l'ensemble des faits et des phénomènes, la vérité des principes que nous avons adoptés. On peut donc admettre maintenant que lorsqu'un tissu est excité ou irrité, dans l'état normal, dans l'état fonctionnel ou dans l'état morbide, il prend aussitôt l'état électro-négatif, et qu'il s'établit un courant de fluide impondéré qui entraîne les molécules des fluides et du sang, vers le tissu qui est le terme de cette action physico-chimique.

Il est donc inutile de combattre l'opinion de ceux qui admettent que l'affinité vitale est la cause des phénomènes qui fixent en ce moment notre attention, puisque, suivant l'opinion de ces physiologistes, cette prétendue propriété est sous l'influence de la contractilité de l'expansion vitale, de la chimie vivante, instrumens invisibles et immatériels de la force vitale.

Si l'on demandait à ces physiologistes comment le sang se transforme en pus ou en sanie, comment ce fluide, en apparence homogène, fournit les élémens au moyen desquels les organes produisent des composés très-nombreux, comment les tissus sains dégénèrent en tissus morbides, sous l'influence de l'irritation, comment enfin les combinaisons variées des liquides forment des tissus accidentels, des productions chimiques nouvelles, des calculs, des concrétions d'une nature très-variée ; nous l'avons déjà dit, ils ne sauraient répondre à de semblables questions. Il est évident que toutes ces productions, toutes ces transformations de la matière animale, annoncent une série de combinaisons moléculaires, soumises à l'action thermo-électrique, mais dont les lois spéciales sont inappréciables. Si l'on profitait de cet aveu pour se jeter de suite dans les mystères de l'ontologie et du vitalisme, pour chercher à couvrir d'un voile plus épais les opérations de la nature, pour tourner contre nous un argument très-décisif, en apparence, nous répondrions : les chimistes et les physiciens reconnaissent que l'attraction moléculaire est la cause unique qui détermine les transformations des substances inorganiques, qu'elle est le résultat de l'action de l'oxygène sur ces substances, ou de la combinaison des fluides électriques; mais il ne leur est pas toujours possible d'en déterminer les *lois spéciales*. Eh bien ! suivons donc l'exemple qu'ils nous donnent, admettons les mêmes principes, et faisons ainsi qu'eux de nouveaux efforts pour en suivre toutes les conséquences.

PHÉNOMÈNES GÉNÉRAUX.

Si nous jetons maintenant un coup-d'œil sur l'ensemble des anomalies que présente la circulation dans l'état morbide, nous pourrons concevoir l'action qui les détermine, qui provoque ces mouvemens généraux, ces balancemens fréquens qu'éprouve la masse sanguine, soit de la périphérie au centre, soit du centre à la périphérie. Pour expliquer ces grandes mutations, il importe de connaître les voies par lesquelles elles peuvent s'opérer, et jusqu'alors on ne les a pas indiquées avec assez de précision. Le système nerveux et le système sanguin, dont nous avons exposé les rapports généraux, et les relations les plus intimes, sont les deux appareils excitateurs des actions organiques, au moyen desquels tous ces changemens s'opèrent. Ces appareils sont unis entre eux par des divisions multipliées dans tous les organes de la vie assimilatrice, comme dans ceux de la vie de relation, d'une manière si intime, que, dans leur action locale, comme dans leur action générale, cette influence réciproque a toujours lieu. L'excitation du tissu nerveux appelle le sang dans le réseau capillaire, et l'afflux du sang dans une partie vivante y détermine une action électro-motrice plus considérable, de manière que si l'on peut dire : *ubi stimulus, ibi fluxus*, on peut aussi admettre la proposition inverse : *ubi fluxus, ibi irritatio*. La position déclive d'une partie enflammée augmente l'afflux des liquides, exaspère la douleur dont cette partie est le siège, et entretient l'inflammation, ce qui prouve évidemment la justesse de cette proposition. Dans l'état normal, la ligature des artères qui se rendent aux membres détermine la paralysie des nerfs qui s'y distribuent, et réciproquement la section de ces cordons médullaires ralentit le cours du sang, en diminuant l'action électro-chimique des tissus, ou l'endosmose, qui favorise la circulation capillaire et veineuse.

Les physiologistes peuvent étudier, à l'exemple de Bichat, les rapports réciproques du système capillaire pulmonaire, et du système capillaire général, car dans l'un s'opère l'oxygénation du sang, et dans l'autre s'effectue la désoxydation. C'est dans ces deux systèmes que s'opèrent les fonctions les plus importantes à la vie, c'est aussi aux dernières limites du système nerveux et du système artériel que s'exécutent l'innervation, l'exhalation, les sécrétions, la nutrition et la calorification. Mais les physiologistes qui veulent étudier le mécanisme des grandes mutations que l'on observe dans le système sanguin, soit dans l'état fonctionnel, soit dans l'état normal, doivent envisager les rapports du système capillaire destiné aux appareils de la vie organique, de l'encéphale, et à ses annexes, avec les divisions capillaires qui vont porter le sang aux appareils extérieurs, aux muscles, au tissu cellulaire sous-cutané et à la peau. Dans l'état normal, on observe une suite d'actions et de réactions, des mouvemens de totalité de la masse sanguine, tantôt du système capillaire périphérique au système capillaire interne ou viscéral, et tantôt dans un sens opposé.

Ces balancemens alternatifs de la masse sanguine sont soumis à l'influence des systèmes nerveux et capillaires, qui sont confondus dans leurs divisions les plus ténues, dans les appareils des deux vies; ils paraissent s'opérer sans l'influence active du cœur, lorsqu'ils ont lieu d'une manière lente et graduée. Dans ce cas, la cause de l'irritation locale appelle les globules sanguins de proche en proche ; ils se précipitent successivement des rameaux dans les ramuscules, des branches dans les rameaux, et des gros troncs artériels dans celles-ci. Il s'établit donc des courans sanguins très-rapides vers les tissus affectés ou seulement excités, qui opèrent une soustraction du sang dans les autres parties du système vasculaire. Les organes, qui sont le terme de cette attraction, sont donc des *diverticulums* qui tendent à empêcher le retour du sang au cœur, et à déranger le système de la circulation générale. Ces courans sont locaux ou généraux, suivant la violence et l'étendue de l'excitation ou de l'irritation locale. Lorsque ces dernières sont modérées, les globules se précipitent dans les capillaires irrités, les dilatent et facilitent, par ce mouvement, le passage du sang transmis aux artères par les contractions du cœur.

Ces changemens dans la circulation, expliquent pour quelle raison le sang ne peut couler par les piqûres des sangsues, ou par l'ouverture de la veine dans les congestions vastes et dangereuses des organes internes ; ils expliquent le refroidissement et la pâleur de la peau, la chaleur brûlante et la rougeur des membranes muqueuses dans les congestions internes qui sont étendues ; ils expliquent enfin pourquoi le pouls radial est faible, petit, lorsque le pouls carotidien, le pouls abdominal et enfin le pouls des artères qui se rendent aux foyers de l'inflammation offrent un caractère opposé, sont forts, grands, pleins lorsque le cerveau, les organes abdominaux, et d'autres parties où on les explore sont le siège d'inflammations graves.

Ainsi, dans l'état normal, dans l'état morbide, et dans l'état fonctionnel, la masse sanguine se porte dans diverses directions, suivant le siège et la violence des inflammations, ou suivant l'intensité des actions chimiques. Lorsqu'elles sont modérées, le cœur est forcé d'obéir à l'appel des systèmes capillaires, ou plutôt il reçoit à peine les effets des changemens locaux ou généraux ; mais dans le cas où ces actions électro - chimiques sont vives, et étendues, alors il est excité de la manière indiquée ; ses contractions deviennent plus énergiques et plus fréquentes, et il communique au sang une plus forte impulsion : mais les colonnes sanguines, destinées aux organes enflammés, sont plus volumineuses que celles qui sont dirigées vers les régions opposées de l'organisme, par l'action des causes extérieures ; et même si l'inflammation est vive et profonde, les vaisseaux qui ont des rapports médiats avec ceux qui sont le siège de l'action anormale, sont gorgés de sang, les globules y sont attirés de proche en proche par la tendance attractive des tissus qui sont le siège d'une action électro-négative.

DE LA CIRCULATION CONSIDÉRÉE SOUS L'INFLUENCE DES AGENS THÉRAPEUTIQUES.

Les vives discussions qui se sont élevées dans le cours du XVIe siècle, sur le mode d'action des saignées révulsives et dérivatives, et sur la préférence que l'on doit leur accorder, dans le traitement des maladies, n'ont point décidé cette question. Les modernes, en accordant une préférence presque exclusive à ces dernières, ont prouvé qu'ils comptent peu sur l'effet des saignées révulsives, tandis qu'ils obtiennent des saignées dérivatives des résultats prompts et efficaces. La méthode d'ouvrir les veines, les artères, les vaisseaux capillaires, le plus près possible des tissus atteints d'inflammation, est d'une utilité incontestable dans le traitement des maladies. Les faits les plus multipliés prouvent, en effet, que les saignées générales ou locales sont d'autant plus efficaces, qu'elles agissent sur les veines ou sur les capillaires sains, dont les connexions avec les vaisseaux de la partie affectée sont plus prochaines et plus multipliées. Ces faits prouvent que le mouvement de dérivation, c'est-à-dire, celui qui s'opère vers le lieu où se trouve l'organe enflammé, est très-marqué et très-salutaire, que le mouvement de révulsion qui s'opère de l'organe affecté, vers une partie éloignée où l'on pratique la saignée locale ou générale, est moins considérable, et en général beaucoup moins efficace. La dérivation, considérée de cette manière, est le mouvement local du sang de la partie affectée, vers l'ouverture des vaisseaux circonvoisins, tandis que la révulsion est le mouvement de totalité de ce liquide de l'organe malade, vers une partie éloignée, sur laquelle on a pratiqué la saignée. La phlébotomie, les ventouses, les sangsues, les vésicatoires, etc., peuvent donc être mis en usage, tantôt comme dérivatifs, et tantôt comme révulsifs. Essayons de déterminer les causes des différens changemens qui s'opèrent dans la circulation sous l'influence de ces divers agens.

DE LA RÉVULSION.

Aucun phénomène ne prouve, d'une manière positive, que le sang se porte directement des parties affectées, vers celles où l'on pratique la saignée locale ou générale, lorsque ces parties sont opposées ou très-éloignées; car alors, aucun courant ne peut s'établir entre l'organe affecté et le tissu ou les vaisseaux sur lesquels la saignée s'opère, lorsque le cœur se trouve placé entre ces parties, et qu'il n'existe aucune communication immédiate, au moyen des capillaires, qui puisse expliquer une semblable action. Ainsi, dans la saignée du pied, par exemple, si souvent mise en usage dans les maladies de la tête, ce courant ne peut avoir lieu, car l'action du cœur s'y oppose évidemment ; l'organe affecté reçoit ses artères de l'aorte ascendante, et ses veines se rendent dans la veine cave supérieure, tandis que l'aorte descendante et la veine cave inférieure, fournissent les vaisseaux qui vont se distribuer aux extrémités abdominales. Ce courant, établi de la tête vers ces extrémités, serait d'ailleurs empêché par l'acte de la respiration qui a, comme on sait, la plus grande influence sur le cours du sang veineux. Ainsi, la révulsion, considérée de cette manière, ne peut avoir lieu par suite de la disposition anatomique de l'appareil vasculaire, et par l'action énergique du cœur et de la respiration.

Cependant on a observé depuis long-temps les effets favorables de la saignée du pied dans les maladies de l'encéphale, où elle a paru préférable à celle du bras, et, quoique, dans une pratique très-étendue, nous ayons souvent employé alternativement ces deux moyens, nous n'avons pas constaté, en définitive, que l'un fût décidément préférable à l'autre, dans les maladies de la tête. Souvent si la première semble agir avec plus d'efficacité, c'est parce qu'elle est le plus ordinairement employée après la seconde, et que très-souvent elle est plus abondante, par l'impossibilité de pouvoir estimer d'une manière rigoureuse la quantité de sang que l'on a extraite. Cette saignée est parfois poussée jusqu'à la syncope, et les observateurs savent que dans ce cas la saignée générale est très-efficace, ainsi qu'une foule de faits nous l'ont prouvé, parce qu'il s'opère un mouvement de révulsion des capillaires

vers le cœur et les gros vaisseaux, mouvement qui
entraîne dans cette dernière direction une partie du
sang, dont les tissus atteints d'inflammation sont
remplis.

Il faut néanmoins convenir que la sympathie des
extrémités inférieures avec la tête a une influence
quelconque sur les effets de la saignée des veines
du pied, dans les maladies des organes encéphaliques; mais alors cette influence ne dépend point
de l'établissement d'un courant sanguin des parties
supérieures vers les parties inférieures; il dépend
entièrement de l'action électro-chimique, excitée
par l'eau chargée de calorique sur les capillaires ner-
voso-sanguins, et de l'influence sympathique qui
résulte de cette action. Ce qui le prouve, c'est
que si l'écoulement de ce liquide s'effectue avec
lenteur par la veine ouverte, et que l'eau dans
laquelle les pieds sont plongés ne soit pas à une
température assez élevée, alors la saignée de pied
ne produit aucun des effets particuliers qu'on lui
attribue, elle n'agit que par la perte de sang
qu'elle procure, et par la faiblesse ou par la sédation qu'elle détermine à la manière des saignées
abondantes.

Nous avons observé que dans cette saignée, l'é-
coulement du sang est en raison directe de l'ouverture de la veine et de la chaleur de l'eau dans
laquelle les pieds sont plongés. L'étroitesse de l'ouverture et la diminution de la température, de ce
liquide, amènent constamment un ralentissement de

la circulation veineuse et capillaire, tandis que les
conditions opposées déterminent des résultats inverses. Pour s'assurer que la chaleur de l'eau a la
plus grande influence sur l'activité de la circulation
locale, il suffit de plonger graduellement le pied
dans ce liquide, après l'ouverture de la veine, alors
il est facile de se convaincre que le jet du sang est
d'autant plus considérable que l'ouverture de la veine
est plus près de la surface de ce liquide, dont la température doit être assez élevée pour rendre le phénomène plus sensible. Le gonflement des veines, la
rougeur et la tuméfaction de la peau, indiquent
bien que le sang est attiré en plus grande quantité
dans les extrémités inférieures. Les relations sympathiques qui unissent ces appendices à l'extrémité
céphalique, expliquent donc en partie les effets
spéciaux de la saignée du pied, bien qu'ils ne soient
pas durables, parce qu'il se manifeste après les
saignées abondantes, quelles que soient les parties
où on les pratique, un mouvement de la périphérie au centre, dont nous chercherons bientôt à
reconnaître les causes et les effets.

Les phénomènes locaux qui accompagnent la
saignée du pied prouvent donc évidemment que
cette partie reçoit une plus grande quantité de sang
que dans l'état ordinaire, que la circulation y est
plus active, que cette activité s'accroît surtout lorsque l'ouverture pratiquée aux tégumens et à la veine
est en contact avec l'eau chaude. Ces effets, dont
la cause est encore inconnue, ne dépendent ni de

l'expansion active, ni de la dilatation passive ou de l'asthénie des vaisseaux ; on ne peut encore les expliquer que par l'action chimique qu'exerce le calorique sur les solides et sur les fluides organiques. Les bords de l'ouverture de la veine et des tégumens, le réseau capillaire du pied offrent alors l'action électro-négative qui a pour résultat l'accumulation du sang dans ces vaisseaux et son issue par l'ouverture pratiquée à la veine. Mais si l'on examine les effets des lotions chaudes sur l'écoulement des piqûres des sangsues et sur des plaies récentes, celle des lotions froides dans les mêmes circonstances, on sera convaincu que la chaleur humide des bains, des lotions chaudes, des cataplasmes, n'agit qu'en excitant un mouvement attractif vers l'extrémité périphérique du réseau vasculo-nerveux. Cette tendance explique l'action favorable de ces divers agens dans les inflammations soucutanées et les effets souvent contraires qui en résultent dans les érysipèles, par exemple, bien que l'absorption de l'eau vienne diminuer ou détruire souvent l'influence fâcheuse de la révulsion opérée sur le tissu affecté lui-même, par l'action électro-négative du calorique. Ce serait peut-être ici le lieu de prouver que les *révulsifs irritans*, tels que les sangsues, les ventouses, les vésicatoires, le séton, le moxa, les frictions sèches, l'urtication, etc. agissent à la manière des *révulsifs émolliens*, tels que les bains locaux et généraux, les cataplasmes, les lotions chaudes, c'est-à-dire qu'ils tendent également à attirer le sang dans

la portion du système capillaire où ces agens exercent leur action ; mais il serait alors indispensable
d'entrer dans une discussion beaucoup trop étendue
sur leurs effets spéciaux. Contentons-nous donc
en ce moment de faire observer que les effets du
bain chaud dans la saignée du pied, ceux des cataplasmes et des lotions chaudes sur la piqûre des
sangsues prouvent, d'une manière évidente, l'analogie de cette action. Les révulsifs émolliens sont
beaucoup moins actifs, l'attraction capillaire qu'ils
excitent est moins considérable que celle qu'exercent
les révulsifs irritans ; mais, d'un autre côté, l'absorption de l'eau éloigne les molécules sanguines,
diminue l'activité des combinaisons moléculaires
qui caractérisent l'inflammation, et s'oppose ainsi à
ces progrès lorsqu'elle est peu intense.

DE LA DÉRIVATION.

Haller et Spallanzani ont prouvé, par des expériences multipliées dont il a déjà été question, que
l'ouverture d'un vaisseau, soit artériel, soit veineux,
détermine l'irruption rapide du sang vers cette ouverture, contre son cours ordinaire, et même contre
les lois de la pesanteur. Ainsi, ce fluide s'y précipite souvent par un mouvement rétrograde, qui
se fait sentir dans les vaisseaux environnans, qui
se vident ainsi avec une rapidité proportionnée
à la force du courant, et par conséquent à la
grandeur de l'ouverture du vaisseau. Un autre phé-

nomène important a été observé lorsque la circulation est languissante et presque nulle : l'ouverture
d'une veine suffit pour la ranimer et pour communiquer au sang un mouvement d'oscillation remarquable. « La circulation se faisait avec lenteur
» dans les veines mésentériques, et dans leurs rami-
» fications, dit Spallanzani (1), le tronc de ces vais-
» seaux a été à peine ouvert, que le sang s'est précipité
» à travers l'incision, sans excepter même celui des
» rameaux qui se prolongent jusqu'aux intestins.
» Toutes ces veines conservaient encore après onze
» minutes quelque reste de mouvement.

» J'ai incisé l'artère pulmonaire : le sang qui
» circulait dans les rameaux les plus voisins, a ré-
» trogradé, et s'est échappé par l'ouverture, il a
» conservé entre le cœur et l'incision la vélocité
» ordinaire (2). »

Les nombreuses expériences de Haller prouvent
de même, 1° que le mouvement du sang est accéléré dans la veine qu'on ouvre, comme dans celles
qui communiquent avec elle, et dans le réseau capillaire; 2° que la saignée tend à augmenter l'activité
de la circulation lorsqu'elle est ralentie, ou à la
ranimer lorsque le sang a perdu son mouvement ;
3° que dans la phlébotomie comme dans l'artério-
tomie, le sang afflue à l'ouverture du vaisseau,

---

(1) Expériences sur la circulation du sang. Exp. 48.
(2) L. C. Exp. 50.

contre son cours naturel et malgré l'influence de la pesanteur ; 4° que la saignée peut même résoudre le sang, qui s'est en partie coagulé ; 5° enfin que l'ouverture d'un vaisseau appelle et retient au pourtour de ses bords une certaine quantité de globules rouges, ainsi que nous l'avons déjà rapporté.

Si l'on rapproche tous ces phénomènes et si on les compare entre eux, il sera impossible de les attribuer exclusivement à une cause mécanique ou hydraulique : le défaut de résistance qui résulte de l'ouverture d'un vaisseau, peut sans doute favoriser l'écoulement du sang ; mais la rapidité du mouvement de ce liquide, dans un sens contraire à la circulation normale et contre les lois de la pesanteur, sa tendance à s'échapper en raison directe de l'ouverture du vaisseau, l'accumulation des globules rouges sur ses bords, enfin l'action de la saignée sur les amas de ces globules, celle des sangsues, des piqûres, des irritations variées du tissu vasculonerveux, avec ou sans émission de sang, attestent évidemment que l'incision d'un vaisseau appelle le sang vers cette partie, par une action électro-chimique qui se propage de proche en proche aux autres globules, qui ont entre eux une affinité remarquable, et qui tendent ainsi à se précipiter vers cette ouverture. Nous sommes sans doute loin de nier que le défaut de résistance et la contraction vasculaire n'aient point part à la production de ce phénomène ; mais les faits que nous venons d'exposer nous autorisent suffisamment à admettre

que cette cause n'est pas la seule qui puisse le produire, et qu'il faut nécessairement reconnaître l'intervention d'une action attractive des bords de l'ouverture sur le sang qui la traverse, phénomène
analogue à celui qu'on observe dans une irritation
quelconque.

Si l'on compare les effets de cette lésion chez les
animaux à sang froid et chez les animaux à sang
chaud, on trouvera que les effets de la dérivation
sont plus sensibles chez les premiers que chez les
seconds; mais ce qui est plus évident encore, cette
dérivation est d'autant plus active que l'ouverture du vaisseau est plus étendue, non-seulement
d'une manière absolue, mais relativement au volume de ce vaisseau et à la grosseur de l'animal.
On conçoit pourquoi les effets dérivatifs obtenus
par les observateurs que nous venons de citer sont
très-remarquables par leur intensité, tandis que
chez l'homme, par exemple, ils sont si peu
évidens. Chez ce dernier et chez les mammifères,
la saignée n'accélère pas d'une manière sensible la
circulation locale ; la compression des veines, les
frictions, les mouvemens musculaires, sont très-
souvent nécessaires pour favoriser l'écoulement du
sang ; ce qui tend à prouver que les autres actions
qui maintiennent l'équilibre de la circulation, ont
une plus grande activité que les causes locales
qui tendent à la déranger. La pression immédiate de l'air, son effet irritant sur les vaisseaux
des animaux, chez lesquels Haller et Spallanzani ont

observé les effets de la saignée, ont sans doute
contribué à accroître l'intensité de ces effets. C'est
encore ici qu'il ne faut pas confondre les résultats
souvent trompeurs des vivisections, les conditions
de l'état morbide avec les résultats directs de l'observation et les conditions de l'état normal.

Si nous étudions sur l'homme les effets des saignées des veines et des vaisseaux capillaires (sangsues
et ventouses scarifiées) près des organes atteints
d'une irritation plus ou moins vive, il nous est
facile de voir que les effets de la révulsion sont à
peu près nuls, et que le mouvement de dérivation,
celui qui s'opère de l'organe affecté vers le lieu peu
éloigné où s'écoule le sang, est très-marqué. L'application des sangsues aux environs des tumeurs
atteintes d'inflammation, en détermine promptement l'affaissement et même la résolution dans une
foule de cas. Ce moyen suffit pour amener la cessation instantanée de la douleur, de la pesanteur,
et des autres signes de l'inflammation des organes
renfermés dans les cavités splanchniques, lorsqu'il
est appliqué sur la région qui correspond à ces
organes. Lorsque l'on applique ces annelides sur
une partie éloignée, et qui n'a aucune relation sympathique avec l'organe lésé, leur action est souvent
nulle, très-lente, et ne produit que des effets peu
salutaires, à moins que la saignée capillaire ne soit
très-abondante, et qu'elle n'agisse alors au moyen
de la déplétion, c'est-à-dire à la manière de la saignée des veines.

Les faits sur lesquels la théorie, dont nous venons d'exposer les principes, est fondée, sont très-nombreux; les praticiens instruits savent que dans la sciatique, le rhumatisme aigu, l'application des sangsues, *loco irritato*, les saignées des veines qui avoisinent les parties affectées, sont bien plus efficaces que les applications et les saignées éloignées du siège du mal. Dans les inflammations des extrémités, dans les phlegmons du bras et de la main, qui surviennent si souvent à la suite des panaris, des piqûres, nous avons pratiqué l'ouverture des veines de la main et du bras affectés avec beaucoup de succès, sans craindre les effets de la révulsion, ou l'abord d'une plus grande quantité de sang, vers les parties lésées. Parmi les faits curieux que nous possédons, sur l'emploi des saignées locales et générales, sur leur mode d'action, et qui prouvent la préférence que l'on doit accorder aux saignées dérivatives, dans les inflammations locales, nous nous bornerons à rapporter les trois suivans.

Première observation (1). Un homme robuste et sanguin, âgé de 75 ans, courbé par l'excès et le genre de ses travaux, plus que par les progrès de l'âge, ayant la figure très-colorée, éprouvant parfois des étourdissemens, à la vérité peu considérables, est atteint inopinément d'une paralysie du

______

(1) Des observations semblables à celles que nous rapportons ont, en physiologie pathologique, la même valeur que des expériences décisives.

mouvement de l'extrémité abdominale du côté droit, avec engorgement du pied correspondant. On combat vainement cette affection, par des rubéfians, des frictions sèches ou irritantes, sur le membre affecté, par trois applications de sangsues, soit à l'anus, soit aux lombes; l'amélioration est nulle, malgré l'abondance de l'écoulement sanguin. Nous conseillons alors de poser les sangsues derrière les apophyses mastoïdes, le long des jugulaires, le plus grand nombre au côté opposé à la paralysie. A chaque application, les mouvemens s'exécutent avec plus de facilité dans le membre paralysé, et sont bientôt dirigés par l'action volontaire du cerveau. La station et la progression deviennent faciles, les forces reparaissent au fur et mesure que l'irritation et la congestion cérébrales cèdent à l'action efficace de la saignée capillaire pratiquée près de l'organe malade.

Deuxième observation. Une fille robuste et très-active, âgée de 30 ans, éprouve depuis quelques jours une éruption légère à la face dorsale des mains, où elle ressent une chaleur et une douleur incommode, qui l'engagent à plonger ses bras dans un seau d'eau très-froide. Elle est prise le même jour d'une douleur vive, au dos des mains et aux poignets, douleur qui s'étend jusqu'aux extrémités des doigts, et qui suit la direction des tendons extenseurs. Ces parties n'offrent d'ailleurs aucune trace d'éruption et aucun gonflement. Malgré l'emploi des fomentations émollientes et des bains locaux,

la douleur s'accroît pendant la nuit, et le lendemain elle est si vive, que la malade se roule dans
son lit et jette des cris perçans. La pression la plus
légère des parties affectées est excessivement douloureuse, notamment sur le trajet des tendons extenseurs, les doigts sont raides et demi-fléchis, le pouls
n'offre aucune altération. Nous ouvrons de suite la
salvatelle de la main gauche et nous laissons couler
le sang abondamment dans un manuluve tiède.
La douleur de cette partie diminue insensiblement
et devient presque nulle le soir. L'autre main, que
nous n'avons pas saignée d'abord, est restée excés-
sivement douloureuse jusqu'à la fin de la journée.
L'ouverture de la salvatelle, de ce côté, a mis fin
presque instantanément aux intolérables souffrances de la malade, et au bout du troisième jour de
maladie, ses doigts commencèrent à devenir flexi-
bles; ils exécutaient aisément les mouvemens de
flexion et d'extension qui étaient devenus absolument impossibles. Doit-on considérer cette singulière affection, comme une irritation des tendons
et des gaines aponévrotiques qui les enveloppent?
Quoi qu'il en soit, il est impossible d'offrir un
exemple plus frappant de l'utilité des saignées
dérivatives, et des effets plus favorables des saignées révulsives.

Troisième observation. Une jeune fille de 18 ans,
d'une constitution faible, d'un tempérament lymphatique, est atteinte d'une angine pharyngienne
très-aiguë. Le deuxième jour, les menstrues coulent

abondamment, mais ne s'opposent point aux progrès de l'inflammation. Le troisième jour, nouveaux progrès de la pharyngite, malgré la persévérance et l'abondance de l'écoulement menstruel, fièvre vive, céphalalgie, impossibilité d'avaler les liquides. Nous prescrivons alors vingt-cinq sangsues au pourtour du cou, qui prennent avec beaucoup d'avidité. A l'instant même, la malade annonce à ses parens qu'elle est soulagée, que la douleur et l'embarras qu'elle éprouve dans la gorge se dissipent. En effet, dans la même journée, elle peut avaler les liquides. Le lendemain, la déglutition est très-facile, les autres symptômes se dissipent, et l'écoulement menstruel continue et cesse enfin à l'époque ordinaire.

Ce dernier fait prouve qu'il ne faut pas craindre d'employer les saignées locales, et même les saignées générales près des organes souffrans, même pendant l'éruption des règles, ou pendant le cours d'une hémorrhagie quelconque qui est trop peu abondante, ou qui ne soulage pas, lorsque la violence des accidens l'exige ; car alors, le mouvement inflammatoire et le mouvement hémorrhagique peuvent s'effectuer au même instant dans des organes éloignés, sans que l'un arrête ou suspende la marche de l'autre. Dans une foule de cas, il est beaucoup de malades qui deviendraient les victimes de l'expectation des médecins et des théories qui pourraient les engager à adopter cette méthode. Il est des cas où il convient

sans doute d'agir suivant les tendances de la nature., *quò natura vergit*; mais il en est beaucoup
d'autres où il faut s'éloigner de ce précepte. Notre
but n'est point de faire connaître toutes ces applications; nous avons voulu entrer un instant dans
le domaine de la pathologie et de la thérapeutique,
afin d'offrir quelques faits en faveur de l'opinion
que nous avons adoptée sur les effets de la dérivation et de la révulsion.

La piqûre des sangsues est l'agent dérivatif le
plus puissant de la thérapeutique, et c'est sans
doute pour cette raison qu'il est si souvent employé
dans le cours des maladies. La piqûre du réseau
vasculo-nerveux, la succion, l'écoulement du sang
sont les trois causes qui favorisent l'appel du sang
vers les parties où l'on applique ces annélides. Les
tissus où ils exercent leur action est un foyer d'attraction, où les globules sanguins viennent se jeter
de proche en proche et déterminer une sorte de
fluxion, qui peut être suivie de toutes les nuances
de l'inflammation proprement dite, tels que érysi-
pèle, furoncles, anthrax, phlegmon, dépôt, ulcère.
La piqûre des sangsues offre donc un foyer d'irritation avec écoulement sanguin, et ce double effet
indique l'action d'un agent très-énergique. L'hémorrhagie qui succède à ces applications est semblable à celle qui complique les irritations des organes
internes; elle est d'autant plus difficile à arrêter, que
les piqûres sont plus profondes et que la stimulation
est plus vive. Les théories admises jusqu'à ce jour

pour expliquer l'action des révulsifs ou des dérivatifs étant erronées, elles ne peuvent en aucune
manière nous éclairer sur le mode d'action des
sangsues. Si l'on admet l'influence de la contractilité oscillatoire, il est facile de démontrer que les
piqûres attaquant la partie la plus excentrique
du système capillaire, cette prétendue contractilité devrait être beaucoup plus active au lieu
même de là piqûre que plus profondément, et devrait par conséquent chasser le sang dans les artérioles et dans les veines capillaires, et non l'attirer
vers la partie qui est le siège de cette propriété
imaginaire. On peut faire la même objection à ceux
qui admettent les entités asthénie, érection ou expansion vitale; car leur action supposée ne pourrait s'exercer qu'au lieu même des piqûres et non
sur le sang contenu dans les vaisseaux éloignés. Si
ce fluide est attiré de proche en proche jusqu'au
tissu irrité, ce ne peut être que par une force inhérente aux molécules de ce fluide et aux tissus
qui l'attirent ; or nous sommes encore forcés d'admettre l'intervention de l'affinité pour expliquer
les effets immédiats, comme les effets consécutifs
de l'application des sangsues ou des autres agens
révulsifs, puisqu'ils peuvent déterminer l'inflammation lorsque leur action est trop vive ou trop
prolongée, et développer par conséquent une série
de phénomènes électro-chimiques que les vitalistes
sont dans l'impossibilité la plus absolue d'expliquer
au moyen de leurs prétendues propriétés.

Les révulsifs et les dérivatifs attirent donc les fluides sur les surfaces membraneuses où on les applique, en vertu de la même loi qui amène le développement de l'inflammation sous l'influence d'une cause irritante quelconque. Les tissus qui en éprouvent l'action tendent donc à prendre l'état électro-négatif, et sont le terme d'une congestion qui est entièrement due à une action moléculaire entre les solides et les fluides. L'organe irrité tend au contraire à prendre l'état électrique opposé; il s'établit donc un courant de matière pondérée et de matière impondérée de cet organe vers les tissus qui sont le siège de l'irritation artificielle. Lorsque celle-ci est plus forte, alors la dérivation s'opère, les vaisseaux de l'organe atteint d'inflammation se contractent, ne recevant plus une aussi grande quantité de sang. Mais lorsque l'irritation artificielle ne peut faire cesser l'irritation ou l'affinité morbide primitive, alors il s'établit un double courant entre les deux centres d'affinité, comme lorsque l'inflammation se manifeste sur deux organes qui sympathisent entre eux; le courant qui est dirigé des surfaces où l'on cherche à opérer la révulsion sur l'organe souffrant étant plus considérable que le courant opposé, il en résulte nécessairement que la révulsion ne peut avoir lieu, et que le mouvement morbide acquiert plus d'intensité.

Les bains, les lotions chaudes, les cataplasmes agissent comme les piqûres des sangsues, c'est-à-dire par une action électro-négative remarquable, qui

est salutaire, inefficace ou nuisible, suivant l'intensité de l'affinité anormale primitive.

Les causes des phénomènes locaux déterminés
par les agens révulsifs, et surtout par les émissions
sanguines, ayant été suffisamment appréciés, nous
terminerons cet article en indiquant celles qui produisent le changement général, qui est souvent le
résultat des saignées abondantes. L'effet de ces saignées est, comme on sait, de déterminer la pâleur,
l'affaissement des veines soucutanées, de produire
la débilité, la syncope, une sueur générale, des
évacuations alvines. Ces phénomènes démontrent
que la saignée a produit une débilité dans le système vasculaire et nerveux, bien qu'il existe des
phénomènes de réaction qui semblent prouver le
contraire. Ce mouvement du sang des gros vaisseaux
vers les capillaires de tous les organes, et surtout
vers ceux de la peau et de la membrane muqueuse
gastro-intestinale, n'est que momentané, et, quelque temps après la saignée, le sang se porte vers
le cœur et les gros vaisseaux, et en général vers les
organes essentiels à la vie. Les effets primitifs
de ce mouvement centripète sont les contractions
violentes du cœur avant ou après la syncope, la dé-
coloration de la peau, et l'action souvent très-
énergique du système nerveux. Ainsi, tous les observateurs ont remarqué que les animaux qui meurent
d'hémorrhagie éprouvent souvent, avant de mourir,
des convulsions violentes, qui semblent indiquer
les efforts d'un principe conservateur. Ce phéno-

mène remarquable indique seulement que le fluide
électrique abandonne l'extrémité périphérique des
nerfs, où il était attiré par la présence du sang,
pour se concentrer dans le prolongement rachidien
et dans l'encéphale : enfin ce fluide se porte instantanément et avec force vers les muscles de
la vie de relation, et s'épuise en déterminant
des contractions violentes et des convulsions. Le
fluide électro-nerveux, en se portant sur le cœur
et sur les gros vaisseaux, au moyen des nerfs qui
s'y distribuent, appelle ainsi le sang vers ces
parties en vertu de cette loi *ubi stimulus*, *ibi fluxus*.
Ce liquide tend d'ailleurs à se précipiter dans cette
direction par un effet de l'action continuelle des
organes internes et de l'influence puissante du
système nerveux qui s'y distribue, et qui exerce
encore son action lorsque les appareils extérieurs
n'offrent plus de mouvement depuis quelque
temps. Les effets consécutifs de ce mouvement
de la périphérie au centre sont l'émaciation rapide
des appareils de la vie animale, la pâleur, le
refroidissement de la peau, la faiblesse considérable observée dans les mouvemens musculaires.
L'émaciation est bien moins rapide dans les organes
internes, et leurs fonctions s'exécutent en général
avec plus de facilité et d'intensité que celles des
organes de la vie de relation. On voit donc que les
appareils que la vie anime les premiers sont aussi
ceux qui dépérissent et qui meurent les derniers,
et qui éprouvent, avec moins d'intensité, les effets

débilitans et spoliateurs des émissions sanguines.

Ces faits prouvent donc que si le sang est d'abord porté du centre à la circonférence, dans les saignées abondantes, il est attiré ensuite dans une direction opposée; de telle sorte que les effets de la saignée se font sentir d'une manière beaucoup plus marquée sur les appareils de la vie de relation que sur ceux de la vie intérieure, bien que ceux-ci éprouvent les effets de la sédation d'une manière proportionnée à l'abondance des émissions sanguines. On doit nécessairement induire de ces faits mêmes, que la dérivation déterminée par les saignées générales abondantes n'est pas durable, et que le mouvement de la circonférence au centre lui succède bientôt, et tend à conserver l'action des organes les plus importans à la vie. Ces faits prouvent donc enfin que la phlébotomie, quelle que soit la partie où on la pratique, agit avec plus d'intensité sur les capillaires périphériques que sur les capillaires internes, et sur ceux-ci que sur les gros vaisseaux.

L'ensemble des faits que nous avons rapportés dans cet article, démontrent aussi, d'une manière convaincante : 1° Que le cœur est l'agent principal de la circulation et que son action seule suffit pour faire parcourir au sang le long circuit, compris entre le ventricule gauche et l'oreillette droite, comme le circuit moins étendu qui constitue la petite circulation. 2° Que les autres causes de la circulation, telles que la respiration, l'action musculaire, ne sont point indispensables à l'exercice de

cette fonction. 3° Que les systèmes capillaires ne jouissent pas des propriétés qu'on leur a arbitrairement accordées, et que le sang veineux circule par l'effet de l'impulsion des ventricules du cœur, et au moyen de l'action électro-chimique des tissus intermédiaires qui existent entre les vaisseaux capillaires et les veines, et qui constitue l'endosmose. 4° Que les organes dans l'exercice de leurs fonctions, comme lorsqu'ils sont atteints d'inflammation, sont à l'état électro-négatif, et qu'ils attirent les fluides non en vertu de propriétés occultes, mais suivant les lois de l'affinité. 5° Que la dérivation et la révulsion s'expliquent d'après les mêmes principes, que, soit que l'on considère l'action locale des révulsifs ou des dérivatifs irritans, ou l'action de ceux que nous avons appelés émolliens, on doit également les rapporter aux mêmes lois, puisque l'influence du calorique, comme celle des autres stimulans, tend à augmenter l'activité de la circulation capillaire, les actions et les combinaisons moléculaires. 6° Enfin, tous les faits que nous avons rapportés dans cet article démontrent que les globules sanguins, qui concourent à la formation des solides, jouissent de propriétés électro-chimiques. Ces faits viennent donc confirmer les propositions que nous avons émises, dans la première partie de cet ouvrage, et qui prouvent que les molécules composantes et intégrantes des corps organisés ne jouissent que des propriétés que nous avons observées dans les globules sanguins.

Si nous sommes entré dans un long examen des
phénomènes de la circulation, si nous avons rapporté un grand nombre de faits à l'appui des opinions
que nous avons adoptées, c'est afin de combattre
avec plus de succès les doctrines erronées que l'on
a admises, et qui ne cessent de s'introduire chaque
jour dans cette partie importante de la physiologie,
qui a pour objet la circulation du sang, considérée
dans l'état normal, dans l'état morbide, et sous
l'influence des agens thérapeutiques. Ces faits auront
une grande valeur pour ceux qui connaissent l'histoire de la physiologie, et qui savent que les observateurs qui les ont recueillis, avaient adopté
pour la plupart des doctrines qui étaient en quelque sorte en opposition avec ces faits.

DE LA NUTRITION.

LES corps vivans offrent, dans toutes les parties qui les composent, un mouvement continuel de composition et de décomposition, depuis l'époque de leur formation jusqu'au moment de la mort. En attribuant ce mouvement remarquable à l'oxygène chez les animaux, à ce gaz et au fluide solaire chez les végétaux, c'est déjà prouver qu'il est sous l'influence des causes physiques, et qu'il ne peut consister qu'en une action électro-chimique analogue à celle qui constitue l'endosmose et l'exosmose. Chez le fœtus, l'enfant, l'homme adulte, le mouvement de composition ou d'agrégation chimique jouit d'une prépondérance remarquable; tandis que dans la vieillesse le mouvement de décomposition ou de disgrégation prédomine. Dans le premier les particules des fluides se concrètent et se solidifient; dans le second les solides se fluidifient et leurs particules sont portées dans le torrent circulatoire, enlevées par les organes sécréteurs ou déposées aux surfaces des membranes.

Dans ce mouvement général d'agrégation et de disgrégation, ou d'endosmose et d'exosmose, chaque appareil, chaque organe, chaque tissu, et enfin toutes les molécules intégrantes qui les composent, ont une action chimique spéciale sur celles des liquides : dans cette action électro-chimique, les tissus attirent les particules de ces derniers, en raison de la densité et de la composition chimique de ces deux composans immédiats de l'organisme. Les particules liquides, dont l'hétérogénéité n'est pas trop considérable, sont attirées avec plus d'intensité par les tissus dont elles forment les molécules intégrantes; tandis que celles qui n'ont point, avec ces dernières, le même degré d'affinité, ou qui sont tout-à-fait homogènes, sont entraînées par le mouvement qui constitue l'exhalation ou l'exosmose.

Dans cette action chimique, les particules qui ont servi à la composition des solides et qui ont perdu une partie de la tendance électrique qu'elles avaient entre elles sont enlevées dans le mouvement de décomposition, ou rentrent dans le torrent de la circulation avec une partie de celles qui n'ont pu être agrégées. On chercherait en vain à expliquer cette double action au moyen d'une disposition mécanique particulière, à l'exemple des iatro-mathématiciens, ou de la force et des propriétés occultes des vitalistes. Aucune théorie, si l'on n'en excepte celle qui n'est qu'une conséquence de la doctrine physico-chimique, ne peut expliquer la cause du mou-

vement de composition et de décomposition que les organismes ne cessent d'offrir, depuis le premier mouvement qui constitue la vie jusqu'à son extinction qui amène la mort.

Il suffit que les expériences aient démontré que les tissus vivans sont doués de l'action électro-chimique qui constitue l'absorption et l'exhalation, pour adopter la théorie que nous proposons, et qui est d'ailleurs étayée de faits nombreux que l'on ne peut plus nier. Les principes dont cette théorie se compose sont fort simples : on sait que les tissus vivans n'agissent sur les élémens qui sont introduits dans les tissus organiques, que d'une manière électro-chimique ; on sait aussi que ces élémens jouissent de propriétés chimiques, avant comme après leur introduction dans les appareils et les organes; on sait enfin, que c'est dans ce mouvement d'absorption intersticielle que ces élémens s'unissent à la matière organique : on doit donc admettre nécessairement que l'union intime de deux espèces de molécules électriques ne peut s'opérer qu'au moyen des fluides impondérés qui leur communiquent les propriétés dont elles jouissent. Il faut renverser les faits nombreux qui servent de base à la doctrine physico-chimique, nier les résultats obtenus par MM. Magendie, Fodéra et Dutrochet, sur les causes de l'absorption et de l'exhalation, prouver à M. Bellingieri, que le sang, la bile, le mucus et les autres fluides organiques sont non-électriques, ou admettre que la nutrition n'est que le résultat d'une action electro-chimique. Les considérations suivantes, comme les faits, dont elles ne sont qu'une déduction rigoureuse, vont encore montrer l'évidence de cette proposition.

Chaque végétal trouve dans les lieux qu'il habite les matériaux les plus propres à le nourrir ; il existe donc un rapport intime entre les molécules de l'être organisé et celles du sol où il est fixé. Tel arbre, telle plante, s'élèvent et végètent avec vigueur, là où un arbre et une plante d'une autre espèce dépérissent et finissent par mourir. Que l'on examine la nature chimique du sol où ces végétaux sont fixés, et l'on pourra se convaincre que les uns y choisissent des élémens nutritifs qui réparent les pertes qu'ils éprouvent, tandis que les autres ne peuvent y trouver les matériaux alibiles qui sont indispensables à leur existence.

La même loi s'observe dans le règne animal. Les individus qui en composent les divers genres et les espèces, qui ont une organisation et une composition chimique différentes, ne peuvent trouver de matériaux réparateurs que dans des substances souvent opposées entre elles, par leurs propriétés physiques et chimiques. Un aliment qui est salutaire pour quelques animaux, devient un véritable poison pour ceux d'une autre espèce. On ne peut trouver la cause de ces différences que dans celles qui existent dans la composition intime de ces corps organisés. Ce qui s'observe dans les espèces et dans les individus, se remarque aussi dans les organes qui les composent. Chaque organe ou chaque tissu ne reçoit point indifféremment tous les matériaux qui lui sont transmis par la circulation; il choisit ceux qui lui sont propres, et rejette les élémens trop hétérogènes qu'il ne peut assimiler. Sans cette affinité élective, il est absolument impossible d'expliquer les rapports intimes de la matière organique et de la matière inorganique, comme la tendance qui porte leurs élémens les uns vers les autres; il est enfin impossible d'indiquer, sans cette action chimique, les combinaisons spéciales dont chaque organe est le siège.

Chez les animaux rudimentaires, ou dans les premiers temps de la vie embryonique, avant l'époque où les ontologistes fixent approximativement l'incarnation de leurs propriétés vitales; à cette époque enfin où l'agrégat organique n'offre aucun des phénomènes attribués à la contractilité, à l'expansibilité, la nutrition ne s'opère évidemment que par l'action électro-chimique qui détermine l'absorption. Chez les animaux plus parfaits, comme chez le fœtus, la multiplicité des organes et des appareils ne peut rien changer aux lois de la nutrition. Seulement, les actions chimiques, en vertu desquelles elle s'opère, offrent des phénomènes et des produits plus variés. Le nombre et la variété de ces produits chimiques, considérés dans la généralité des êtres organisés, nous démontrent avec évidence, que ces êtres ne sont que des laboratoires vivans, où s'opèrent une série de compositions chimiques qui diffèrent suivant chaque espèce.

Les organismes, dans leurs combinaisons variées, composent des substances nouvelles, des corps élémentaires, binaires, ternaires, quaternaires, qu'on ne peut former par les procédés de la chimie, tels que le phosphore, la civette, le musc, le castoreum, les poisons que sécrètent les animaux venimeux, et enfin les virus. Les végétaux offrent des produits chimiques encore plus variés : la quantité considérable des agens médicinaux et toxiques qu'ils fournissent, nous donne une idée de la variété des combinaisons qui s'opèrent dans ces organismes. La tige et la graine des plantes céréales contiennent beaucoup de silice, au rapport de plusieurs observateurs, lors même que la terre dans laquelle on les a fait croître est privée de cette substance. C'est ainsi que chez les animaux, une très-grande quantité de phosphate calcaire est formée par l'action des appareils organiques, sans que l'on puisse encore reconnaître où ils prennent les matériaux propres à sa formation. Que l'oxygène cesse d'exercer son action sur les organismes, et bientôt ces combinaisons moléculaires sont suspendues, et ensuite abolies d'une manière définitive, si la suspension de cette action est durable. Les combinaisons inorganiques suivent les mêmes lois.

Parmi les phénomènes remarquables qui résultent des combinaisons variées, dont l'ensemble caractérise la nutrition, on doit ranger la formation des tissus accidentels, la reproduction des parties enlevées à quelques animaux placés dans les dernières séries de l'ordre zoologique ; on doit aussi ranger les fluides vénéneux que secrètent certains reptiles, et les virus que peuvent former les liquides et les solides organiques qui éprouvent les effets de l'affinité anormale. Nous allons examiner rapidement les propriétés de ces derniers fluides , afin de chercher à éclaircir un point très-important de physiologie pathologique. Ces considérations eussent sans doute pu trouver place dans l'article suivant ; mais nous avons préféré d'adopter l'ordre dans lequel les faits se sont successivement offerts à notre pensée.

Les virus , dont l'existence a été contestée dans ces derniers temps , ont de l'analogie , sous quelques rapports , avec les fluides vénéneux que secrètent quelques reptiles , avec les liquides qui proviennent de l'irritation de certains tissus , quoiqu'alors cette affection soit déterminée par des causes générales, ou enfin par l'altération consécutive des liquides organiques. Ces fluides délétères peuvent être désignés sous le nom de *poisons animaux*. Ils ne diffèrent les uns des autres que par la natur encore inconnue et l'activité des principes chimiques qui entrent dans leur composition ; mais cependant la spécialité de leur nature est parfaitement démontrée par la spécialité de leur action.

L'observation prouve que les larmes, la salive, le suc gastrique, la bile, le sang lui-même, le mucus acquièrent des propriétés chimiques délétères qui développent parfois les phénomènes généraux de l'inflammation locale. Il suffit donc que les liquides altérés des animaux soient déposés sur des tissus que l'épiderme ne recouvre plus, pour qu'ils excitent des actions et des combinaisons moléculaires abormales. Lorsqu'ils pénètrent dans le torrent de la circulation, ils altèrent les propriétés physico-chimiques du sang, et ils déterminent ainsi, dans les viscères, des altérations souvent mortelles. Le virus variolique peut se transmettre de la même manière; il peut agir à la fois sur les membranes muqueuses et sur la peau, et même sur d'autres organes, sans que l'on puisse attribuer ces effets généraux aux actions sympathiques.

Mais il est des virus, ou des liquides animaux d'une composition chimique spéciale, qui n'agissent que sur les tissus où ils ont été déposés, qui les ont secrétés, et qui perdent toute leur activité lorsqu'ils sont en contact avec d'autres tissus; tels sont les virus vaccin et syphilitique. Par la raison qu'ils affectent de préférence les tissus qui les ont sécrétés, on ne pourrait en conclure qu'ils ne sont pas des virus; c'est au contraire leur action spéciale sur tel ou tel autre tissu qui démontre le caractère *sui generis* de leur composition chimique. L'opium, les cantharides, le nitrate de potasse, le mercure, ont aussi une action chimique spéciale sur quelques organes, qu'ils doivent aux élémens qui les composent; comme certains virus, ils circulent avec le

sang, et n'irritent que les tissus avec lesquels ils ont des rapports électro-chimiques spéciaux. On pourrait croire que le virus vénérien se transmet aussi de cette manière, et que ce n'est pas toujours par sympathie qu'il agit sur des parties éloignées du lieu où il a été déposé. Mais au reste, lorsque l'on aura prouvé que les affections non-syphilitiques se transmettent aussi de la bouche au pénis ou à la vulve, et réciproquement; lorsque le pus des chancres vénériens déterminera la variole, ou que le fluide variolique produira la syphilis, et enfin, lorsque le fluide vaccin deviendra le préservatif de cette dernière affection, nous renoncerons à cette manière de voir, et nous nous réunirons volontiers à la plupart des médecins modernes pour proclamer la non-existence des virus.

Ainsi donc, les liquides organiques altérés dans leur composition chimique, agissent d'une manière générale ou locale, comme les agens chimiques tirés du règne minéral. Comme eux, ils ont une spécialité d'action qui dépend de la nature des élémens chimiques qui entrent dans leur composition. En vain, on prétendrait nier l'action spéciale des fluides animaux altérés dans l'inflammation, par la raison que celle qu'ils ont provoquée peut se guérir par le traitement antiphlogistique. Ce traitement a un succès non équivoque dans la variole, dans la morsure des animaux venimeux, et cependant, la virulence de ces affections ne saurait être contestée.

Nous avons aussi observé des blénnorrhagies bien caractérisées, compliquées de l'engorgement des testicules, et qui étaient évidemment déterminées par l'action du mucus vaginal altéré dans des leucorrhées chroniques; mais nous n'en avons pas conclu qu'il n'existe point de virus ou de fluides chimiques spéciaux, par la raison que les simples produits de l'inflammation peuvent déterminer des affections de même nature. Le seul fait de la transmission ou du développement constant d'une affection quelconque, dont les caractères spéciaux sont invariables, par l'inoculation d'un fluide animal, suffit pour démontrer la nature virulente ou *sui generis* de ce fluide.

Ainsi, nier l'existence des virus comme causes et comme effets de l'irritation ou de l'affinité anormale, c'est nier l'évidence, c'est rejeter les preuves multipliées offertes par l'observation. De même que chaque organe sécrète une humeur particulière, ayant aussi des propriétés chimiques, *sui generis*, de même dans l'inflammation chaque liqueur animale peut acquérir des qualités actives, des propriétés délétères; et elle n'a alors d'action que sur quelques tissus, tandis qu'elle est inactive sur ceux qui n'ont pas la même composition chimique. Les physiologistes ne demanderont plus, sans doute, pourquoi le virus syphilitique attaque de préférence les membranes muqueuses et les ganglions lymphatiques, et pourquoi il ne porte pas son action sur le cerveau, sur les muscles, et en général sur les appareils de la vie nutritive. Sa composition chimique spéciale est nécessairement la cause de la spécialité de son action.

On peut donc induire de ces faits et de ces considérations, que dans le mouvement continuel de composition et de décomposition que les corps organisés éprouvent, il se forme des humeurs qui ont des propriétés chimiques particulières, soit dans l'état normal, soit dans l'état morbide, et que c'est dans ce dernier cas seulement qu'elles acquièrent des qualités délétères spécifiques, qui caractérisent les virus. C'est en vertu des mêmes lois que se forment les autres poisons animaux.

Lorsque l'on connaîtra la nature des agens chimiques auxquels on donne le nom de virus, que l'on aura déterminé celle des fluides impondérés auxquels ils doivent leurs propriétés actives, on appréciera mieux leur mode d'action sur les tissus vivans, et on pourra plus facilement découvrir des agens qui puissent les neutraliser et préserver ces tissus de leur atteinte funeste. Tout indique que le virus vaccin ne neutralise le principe chimique qui doit déterminer la variole que par la combinaison de deux fluides impondérés dont l'un est en excès chez les individus qui n'ont éprouvé ni la variole, ni la vaccine.

Le mouvement de composition et de décomposition qui constitue la nutrition, comme celui de l'absorption et de l'exhalation, est soumis à l'action galvanique de l'appareil nerveux. L'irritation des extrémités des nerfs, confondues avec les tissus, finit par appeler les fluides et par déterminer dans ces tissus des combinaisons chimiques anormales qui altèrent la composition des solides et des fluides. La section des nerfs a déterminé, dans plusieurs expériences, l'inflammation, l'ulcération et l'atrophie des tissus où se distribuent les nerfs qui avaient été divisés. Les névralgies profondes et anciennes amènent souvent l'amaigrissement et même l'atrophie de la partie affectée ; la section entière des nerfs d'un membre produit un effet semblable. La paralysie détermine assez fréquemment l'engorgement du membre qui l'éprouve et parfois l'amaigrissement de cette partie. Le développement des organes est aussi soumis à l'influence électro-chimique du système nerveux : plus un organe est actif, plus ses fonctions ont d'énergie et plus l'action de cet appareil se manifeste. L'inertie ou le repos trop prolongé d'un appareil en amène l'amaigrissement, ou au moins la faiblesse. Cet état est le résultat de la diminution de l'activité des actions et des combinaisons moléculaires, et, par conséquent, de la diminution de l'action électro-chimique du système nerveux.

Enfin, suivant la remarque de plusieurs anatomistes modernes, les fœtus qui offrent des altérations profondes des parties extérieures, ou chez lesquels ces parties ne se sont pas développées, sont aussi entièrement privés des nerfs qui doivent s'y distribuer. Il existe donc un rapport très-remarquable entre l'action électro-chimique de l'appareil nerveux, les actions et les combinaisons moléculaires qui s'opèrent dans les organismes, soit avant, soit après la naissance. On peut donc dire, avec un médecin célèbre, qui suit encore les erremens du vitalisme, qu'il existe une chaîne non-interrompue depuis les mouvemens moléculaires de la chimie organique jusqu'aux phénomènes de l'instinct et de l'intelligence. Cette pensée profonde est du genre de celles que l'on trouve dans les ouvrages de Cabanis, de MM. Lamarck et Cuvier.

Tous ces faits, comme ceux qui sont exposés dans cet ouvrage, nous montrent donc le véritable mode d'action du système nerveux sur les appareils organiques des deux vies et sur les molécules qui les composent; ils nous démontrent que l'absorption et l'exhalation, la respiration et la digestion, la nutrition et les sécrétions, qui ne sont dues qu'à des actions et à des combinaisons chimiques, sont elles-mêmes sous l'influence électro-motrice de l'appareil nerveux. Les résultats décisifs des expériences tentées sur les animaux vivans, le nombre des faits que nous avons coordonnés, enfin l'ensemble et la succession des phénomènes organiques sont des preuves irréfragables qui viennent démontrer la certitude des principes de la doctrine électrochimique.

Ainsi, en jetant un coup-d'œil sur l'ensemble des phénomènes qui caractérisent la nutrition chez tous les êtres organisés, on peut voir que l'action de l'oxygène, celle du fluide électrique et du calorique sont les causes physiques de ces phénomènes;

soit que ces derniers fluides agissent d'une manière immédiate sur le tissu des organismes dépourvus de système nerveux, comme les zoophytes et les végétaux, soit que ces fluides soient transmis à la substance animale par l'intermédiaire de cet appareil excitateur. Les vitalistes, qui admettent les rapports intimes et réciproques de toutes les parties de cet appareil avec les molécules qui composent les autres organes, doivent donc reconnaître aujour-d'hui que ces rapports ne peuvent s'établir qu'au moyen des fluides électriques que l'appareil ner-veux dégage aussitôt qu'il reçoit l'influence du sang oxygéné ; ils doivent donc abandonner fran-chement leurs principes et leurs théories, puisque nous venons d'en démontrer encore l'inanité.

Nous sommes donc obligé d'attaquer les principes fondamentaux de la physiologie moderne, qui est fondée sur l'existence des propriétés de la force vitale, et par conséquent de rejeter les opinions du professeur Broussais, dont la physiologie est fondée sur ces entités, ainsi qu'on peut le voir dans le passage suivant : « Cette force (la force vitale), dit ce médecin célèbre, (1) est assurément inconnue dans son essence, car c'est une cause première ; mais elle se manifeste à nos sens par des changemens de forme dans la matière. Ces changemens consistent

____

(1) Traité de physiologie appliquée à la pathologie, t. 1er, p. 28.

dans une modification spéciale des affinites moléculaires qui président à la chimie des corps inanimés ;
c'est-à-dire qu'elle se fait connaître par des phénomènes chimiques , mais d'une chimie propre à chacun des corps vivans. Or *cette chimie vivante*, est
le phénomène le plus reculé qui frappe nos sens ;
elle n'est pas sans doute *la force vitale proprement
dite* , mais elle en est le premier instrument, *l'ins-
strument invisible, immatériel*, que nous ne connaissons que par le raisonnement. En un mot, c'est
l'instrument par lequel la force vitale , en agissant
sur la matière , produit les instrumens secondaires
purement matériels perceptibles à nos sens , et où
nous pouvons découvrir ce que nous appelons *propriétés vitales de tissus*. » C'est M. Broussais , lui-
même , qui a pris soin de souligner ces derniers
mots , et de nous manifester son opinion tout entière sur la nature immatérielle de sa chimie vivante;
de nous apprendre comment cet instrument invisible de la force vitale peut produire des instrumens secondaires ou matériels , en agissant sur les
parties de la matière. Nous avons suffisamment
démontré dans cet ouvrage, que l'on ne peut plus
admettre l'action de toutes ces entités dans la production des corps organisés et des phénomènes qu'ils
offrent à notre observation. Si ce médecin célèbre
n'eût pas fait intervenir à chaque instant les entités, force et propriétés vitales, chimie vivante,
dans l'explication et la production de ces phénomènes, il occuperait en physiologie un rang dis-

tingué parmi les physico-ontologistes : ce mélange
de chimisme et de vitalisme est un progrès réel dans
la recherche de la vérité et dans la science de
l'homme, puisque nous avons préféré nous-même
de conserver provisoirement quelques locutions
consacrées par les vitalistes, plutôt que de changer
entièrement le langage physiologique.

DES SÉCRÉTIONS.

LA diversité du produit des sécrétions est en rapport avec la variété des substances alimentaires, avec la multiplicité de leurs élémens, avec la composition différente des organismes et des organes sécréteurs qui sont chargés de séparer, comme leur nom l'indique, les matériaux que leur offre l'appareil circulatoire. Il suffit d'analyser les produits des sécrétions, dans chaque espèce, suivant l'organe qui les fournit, de les comparer avec les autres élémens formés par une foule d'espèces différentes, pour avoir une idée de la variété des combinaisons chimiques qui s'opèrent dans le corps des animaux. Si nous jetons un coup-d'œil sur les actions composantes et décomposantes qui s'observent dans les végétaux, si nous examinons les propriétés physiques et thérapeutiques des corps nouveaux qu'ils nous offrent, il ne nous restera absolument aucun doute sur le mécanisme des fonctions organiques, sur les causes qui les mettent en jeu, et sur la nature du travail dont les corps vivans sont le siège.

COMBINAISONS MOLÉCULAIRES.

Que l'on analyse la salive, la bile, la sueur, ou l'urine seulement, quelle quantité de principes chimiques n'y découvre-t-on pas? Dans ce dernier liquide, on trouve une grande quantité d'urée, des sulfates de potasse et de soude, des phosphates de soude et d'ammoniaque, des hydrochlorates de soude et d'ammoniaque, de l'acide lactique libre, du lactate d'ammoniaque, une matière animale soluble et une autre insoluble, des phosphates terreux, avec un vestige de chaux, de l'acide urique, de la silice, et enfin, une très-grande portion d'eau (Berzelius). D'où proviennent tous ces élémens, comme ceux que les autres organes produisent à chaque instant ? Comment ces organes peuvent-ils les séparer du sang, ou les former de toute pièce, par des combinaisons très-variées? Le chyle, le sang, dont l'homogénéité nous paraît évidente, contient sans doute les principes chimiques qui doivent former tous ces produits, puisqu'ils se composent d'oxygène, d'hydrogène, de carbone et de l'azote, et que déjà même, ces principes élémentaires sont à l'état de combinaison dans le sang, et forment des sels et d'autres principes immédiats; mais ces élémens sont portés également vers tous les organes, par l'impulsion du cœur, et ces organes doivent choisir ou attirer les élémens qui sont indispensables à leur nutrition, comme ceux qu'ils doivent séparer du sang, et combiner d'une manière particulière, suivant l'organisation, le mode de composition chimique des tissus. Vainement on voudrait chercher d'autres causes pour expliquer le mécanisme des sécrétions, comme celui des autres fonctions; les théories mécaniques, comme celles du vitalisme, sont frappées de la plus évidente nullité et ne peuvent nous offrir les moindres notions sur les causes des phénomènes chimiques qui nous occupent. La porosité variable des tissus sécréteurs, la disposition des capillaires qui s'y rendent, leurs anastomoses avec les radicules des vaisseaux excréteurs, ou la quantité de substance animale qui sépare ces deux ordres de vaisseaux, sa composition chimique, ont la plus grande influence sur la nature des combinaisons moléculaires qui s'opèrent dans les organes sécréteurs. Mais quelle puissance peut-on accorder à la sensibilité et à la contractilité des particules dont ils sont composés, dans la production des phénomènes chimiques qui nous occupent? On tenterait vainement d'expliquer la composition et la décomposition des fluides organiques, ou seulement leur progression, au moyen de ces prétendues propriétés.

Le parenchyme des glandes, les ganglions lymphatiques et même les vaisseaux capillaires où circule la matière fluide, jouissent de la propriété de l'altérer, de lui enlever ses propriétés pour lui en donner de nouvelles, et de combiner par conséquent les élémens dont elle se compose. La différence que l'on observe entre le chyme et le chyle , entre le sang veineux et le sang artériel tient surtout à l'action chimique des vaisseaux. Mais lorsque le sang ne suit point la grande voie qui le conduit directement des artères dans les veines par le réseau capillaire qui unit ces deux ordres de vaisseaux, qu'il est déposé, molécule par molécule, dans un parenchyme intermédiaire, et qu'il est absorbé ensuite par d'autres capillaires *plus denses*, alors les molécules libres étant long-temps en contact avec les molécules concrètes se combinent, et l'action électro-chimique qu'elles exercent les unes sur les autres suffit pour décomposer les premières, et leur donner des propriétés nouvelles. Telle est sans doute le mode d'action en vertu duquel se forment les larmes, la salive, le fluide pancréatique, la bile, l'urine et les autres fluides que les organes parenchymateux sont chargés de former avec les matériaux que le sang leur fournit.

Nous ne décrirons point d'une manière spéciale les phénomènes que présentent les appareils sécréteurs dans l'exercice de leurs fonctions; nous devons nous borner à des considérations générales suffisantes pour prouver que ces phénomènes résultent, comme ceux qu'offrent les autres appareils organiques, des actions et des combinaisons moléculaires. Et d'abord, ce qui paraît prouver que ces combinaisons sont dues à une action électro-chimique, c'est que les produits des sécrétions sont acides ou alcalins, et que ce double phénomène semble

résulter d'une action analogue à celle de la pile voltaïque, ainsi que l'ont pensé plusieurs observateurs.
L'expérience bien connue de M. Wollaston dépose
encore en faveur de cette théorie ; elle prouve qu'un
appareil simple, formé d'une pièce d'argent et d'un
fil de zinc, suffit pour rendre sensible, en deux
ou trois minutes, la décomposition d'un peu de
muriate de soude dans deux cent quarante fois son
poids d'eau. Pour obtenir cet effet, on prend un
tube de verre fermé à l'une de ses extrémités avec
un morceau de vessie, on verse dans le tube une
petite quantité d'eau, avec 1/240 de son poids
de sel marin ; et après avoir mouillé la vessie en
dehors, on la pose sur la pièce d'argent, on re-
courbe le fil de zinc de manière qu'une de ses extrémités touche le métal, et que l'autre soit plongée
dans le liquide à la profondeur d'un pouce. A l'instant même la face externe de la vessie indique la
présence de la soude pure, et sous une influence
électrique aussi faible, la décomposition du sel
marin a lieu, et l'alcali, séparé de l'acide, traverse
le tissu membraneux (1).

Dans cette manière d'envisager l'action du système
nerveux, la théorie chimique s'accorde parfaitement
avec les notions que nous avons données, avec
d'autres physiologistes, sur les rapports intimes de
ce système avec les divisions capillaires des artères,

____

(1) Annales de chimie, tom. LXXIV, p. 298.

soit à la périphérie , soit dans les viscères. Il est évident que c'est dans le système capillaire, et dans le parenchyme où il vient déposer les molécules sanguines, que se manifestent les principaux phénomènes de la nutrition , tels que le développement de la chaleur, les combinaisons moléculaires, les sécrétions, et que c'est aussi dans les mêmes tissus que l'appareil électro moteur dégage le fluide impondéré dont il est pénétré.

Les liqueurs alcalines, telles que la salive, la bile, la lymphe, la synovie, etc., doivent leurs propriétés essentielles à une petite quantité de soude ; elles sont formées de matières salines que le sang contient, et de substances animales particulières ; de plus, l'eau est le véhicule dans lequel se trouvent ces substances. Quoique quelques chimistes admettent que la plupart des sels paraissent étrangers aux humeurs alcalines, il n'en faut pas moins convenir que sans eux , les membranes muqueuses sur lesquelles une partie de ces humeurs sont déposées ne seraient point suffisamment stimulées , et qu'elles ne solliciteraient faiblement les sécrétions muqueuses et les contractions des plans musculeux correspondans. Les liqueurs acides sont au nombre de trois, l'urine, la sueur et le lait. Si l'on en croit M. Berzelius , on doit attribuer cette acidité à l'acide lactique, tandis que M. Thénard la croit due à l'acide acétique. Les progrès de la chimie feront sans doute cesser les doutes et les discussions des chimistes sur ce point de leur doctrine, lorsqu'ils auront découvert des acides intermédiaires, et qu'ils connaîtront les nuances insensibles et peut-être insaisissables qui les unissent.

Les combinaisons chimiques qui produisent les fluides sécrétés, ne s'opèrent pas toutes avec la même rapidité; les unes sont très-actives, comme on l'observe dans la formation de l'urine, tandis que d'autres s'opèrent avec beaucoup de lenteur, comme celles qui forment le fluide spermatique. Les exhalations qui s'opèrent par la peau et les poumons, et que, sous quelques rapports, on pourrait rapprocher des sécrétions, sont encore plus actives, et font perdre à l'animal, dans un temps donné, une quantité très-considérable de sa propre substance. Les expériences de Sanctorius, et celles de MM. Lavoisier et Seguin, prouvent avec quelle rapidité s'opère le mouvement de décomposition organique. Nous nous bornerons à rapporter les résultats principaux que ces derniers expérimentateurs ont obtenus (1).

1° Quelque quantité d'alimens que l'on prenne, quelles que soient les variations de l'atmosphère, le même individu, après avoir augmenté en poids de toute la quantité de nourriture qu'il a prise, revient tous les jours, après la révolution de vingt-quatre heures, au même poids, à peu près, qu'il avait la veille, pourvu toutefois qu'il soit d'une forte

_____

(1) Annales de chimie, tom. xc, p. 14.

santé, que sa digestion se fasse bien , qu'il n'engraisse pas , qu'il ne soit pas dans un état de croissance, et qu'il évite les excès.

2° Lorsque les circonstances sont les plus favorables, la perte de poids la plus considérable, qu'occasione la transpiration insensible , est de 32 grains par minute , et par conséquent 3 onces 2 gros 48 grains par heure , et de 5 livres en 24 heures.

3° La perte la moins considérable est de 11 grains par minute, conséquemment 1 livre 11 onces 4 gros en 24 heures.

4° C'est immédiatement après le dîner que la transpiration est à son maximum.

5° Pendant la digestion, la perte éprouvée par la transpiration est à son minimum.

6° Le terme moyen de la transpiration insensible est de 18 grains par minute; sur cette quantité, 11 grains dépendent de la transpiration cutanée , et 7 de la transpiration pulmonaire.

7° La transpiration pulmonaire est la seule qui varie, pendant et après le repas.

8° La transpiration pulmonaire, relativement au volume des poumons, est bien plus considérable que la transpiration cutanée, comparativement à la surface de la peau.

9° Le défaut d'une bonne digestion est une des causes les plus directes de la diminution de la transpiration.

10° La transpiration cutanée, dépend immédiatement de la vertu dissolvante de l'air.

Ces faits démontrent la porosité remarquable des tuniques cutanée et pulmonaire ; le rapport fonctionnel de la peau avec des membranes muqueuses gastro-intestinales ; ils donnent une idée de la quantité considérable des fluides qui sortent à chaque instant du corps des animaux, de l'influence que cette sécrétion doit avoir sur la composition de l'air ambiant ; enfin ils prouvent encore que le corps humain, comme le corps des autres animaux, est environné d'une atmosphère particulière, formée d'émanations qui diffèrent suivant la nature des animaux, leur âge, leur sexe, leurs passions, et qui provoquent, ainsi que nous l'avons dit, une foule de déterminations instinctives. Ces faits viennent donc confirmer les opinions que nous avons adoptées sur une des causes principales de ces déterminations, et expliquer ce consensus remarquable que nous avons observé chez les êtres éminemment instinctifs.

Les faits qui précèdent, comme ceux qui ont été rapportés aux articles digestion, exhalation et respiration, démontrent l'existence de plusieurs courans de matières liquides et gazeuses à travers la trame de nos tissus : à la peau, dans le poumon, le courant qui détermine l'exhalation ou l'exosmose, est bien plus fort que le courant opposé ; dans les voies digestives, au contraire, ce dernier prédomine habituellement et l'absorption ou l'endosmose y est très-active. On peut donc comparer les membranes gastro-intestinales aux racines des végétaux, les membranes pulmonaire et cutanée aux feuilles et aux parties extérieures de ces êtres organisés. Dans ces deux classes d'êtres, les deux courans opposés ont des rapports très-intimes, et sont excités par les mêmes causes. Les alimens, les liquides accroissent le dernier courant, le premier est augmenté par l'action de l'air, du calorique et du fluide solaire. L'un ne peut exister sans l'autre; les causes qui provoquent l'exosmose excitent nécessairement l'endosmose; et réciproquement. On pourra concevoir facilement le rapport intime de ces deux fonctions, en étudiant l'influence des causes extérieures sur les corps vivans.

ACTIONS MOLÉCULAIRES.

L'action en vertu de laquelle les produits des sécrétions sont portés des organes élaborateurs vers les surfaces libres des membranes, est entièrement inconnue des naturalistes et des physiologistes. Les uns et les autres attribuent le transport de la matière fluide à la contractilité des canaux excréteurs, à celle des poches membraneuses où ils aboutissent, et quelques-uns supposent la contraction des molécules mêmes qui composent les parenchymes sécréteurs. « Jadis on attribuait le dégorgement de la vésicule biliaire à la pression exercée par l'estomac sur tel organe, dit le professeur Broussais, (1) mais ce mode

____

(1) Traité de physiologie pathologique; t. 2, p. 353 et 354.

tout-à-fait mécanique, ne saurait être admis aujourd'hui ; il faut *concevoir* la tunique propre de la vésicule comme contractile, et se la *figurer* obéissant à la stimulation de la membrane muqueuse. Le même effet doit avoir lieu dans chaque grain glanduleux du foie, qui reçoit la stimulation propagée le long des canaux excréteurs. » La cause mécanique, à laquelle on attribuait autrefois l'excrétion de la bile, pourrait n'être pas entièrement nulle; car l'action mécanique des muscles de la mastication favorise l'issue du fluide salivaire, et des autres fluides contenus dans les poches vésiculeuses dont certains reptiles, les ophidiens sont pourvus. Si l'on considère la position de la vésicule biliaire pendant la digestion, il est facile de voir qu'elle se trouve pressée entre l'estomac, les intestins distendus par les substances alimentaires, et le foie dont la résistance est augmentée par l'extension des muscles abdominaux qui tendent sans cesse à se contracter. Les canaux excréteurs n'étant pas soumis à la même pression, on conçoit donc qu'ils puissent laisser écouler la bile, la salive, etc., poussées mécaniquement dans les cavités buccale et intestinale.

Mais, évidemment, cette cause n'agit pas dans toutes les circonstances, et il en est une plus puissante, qui mérite de fixer toute notre attention. D'abord, il nous paraît presque superflu de réfuter l'opinion des physiologistes modernes qui accordent, aux vaisseaux excréteurs, et même aux grains glanduleux des organes parenchymateux, une force de contraction, en vertu de laquelle ils pousse-raient, *à tergo*, les fluides sécrétés, dans la direction des surfaces libres. L'observation ne prouve aucu-nement l'existence de cette prétendue force; la struc-ture et la disposition anatomiques démontrent au con-traire qu'elle n'est qu'une supposition inadmissible. Supposer, chez l'homme, la vésicule biliaire con-tractile, lorsqu'aucune expérience ne tend à prou-ver l'existence d'un semblable phénomène, accorder la même propriété au tissu parenchymateux, c'est chercher à expliquer les phénomènes de l'organisme par les fictions de l'ontologie; c'est avouer ingénue-ment l'impossibilité de remonter aux véritables causes de ces deux phénomènes, et par conséquent à celles du mouvement sécréteur et excréteur. Suppo-ser ensuite que la stimulation sympathique détermine vers ces tissus, non contractiles, une action supé-rieure à celle qui sera excitée immédiatement par le stimulant, sur l'orifice muqueux et irritable du vaisseau excréteur, c'est encore former une hypo-thèse gratuite. Toutes ces parties, lorsqu'elles sont stimulées, deviennent le siège d'une congestion san-guine, qui s'oppose à la contraction des élémens des organes glanduleux. Et d'ailleurs, dans la cir-culation des fluides sécrétés, dans celle du sang con-tenu dans les capillaires, la contraction permanente comme la prétendue contractilité oscillatoire s'op-poserait plutôt au cours de ces fluides, qu'elle ne tendrait à le favoriser. Où commencerait donc l'exercice de cette prétendue force? Dans les molécules de la substance glanduleuse? Eh bien! son action tendrait évidemment à faire refluer le sang dans les vaisseaux capillaires: si vous supposez cette action dans les ramifications des conduits excré-teurs, elle doit produire un effet semblable, et empêcher ce fluide sécrété, d'arriver dans le ré-servoir qui lui est destiné ou sur les surfaces mu-queuses, à moins que vous ne supposiez une action intelligente à la prétendue contractilité oscillatoire, ou à la force occulte.

Les hypothèses des ontologistes sont donc entiè-rement inadmissibles, sur tous les points, et il faut encore chercher ici en vertu de quelles lois s'opèrent les mouvemens des fluides, des organes qui les sécrètent vers les surfaces libres des mem-branes où ils sont déposés. Dans la production de ce phénomène, nous pensons que la stimulation ou plutôt l'action électrique des membranes muqueuses, est communiquée aux organes sécréteurs correspon-dans, soit par la membrane muqueuse qui forme ces canaux, soit par l'entremise des nerfs; mais au lieu de supposer que l'action qui conduit ces fluides vers les surfaces libres dépend d'une force *à tergo*, nous pensons, au contraire, que cette action s'opère dans un sens opposé, des surfaces muqueuses vers les organes sécréteurs. On admettra cette dernière opi-nion, si l'on considère que les canaux excréteurs se terminent, dans les membranes muqueuses, par une ouverture étroite, tapissée par une portion de ces membranes, et que l'occlusion habituelle de cette ouverture s'oppose à l'écoulement de la salive, du fluide pancréatique, de la bile, qui circulent librement, d'ailleurs, dans toute l'étendue des canaux excréteurs. L'effet d'une excitation ou d'une électrisation quelconque, est donc d'appeler les fluides qui y sont contenus, en agissant sur les molécules de la matière concrète de la membrane muqueuse, et de l'extrémité correspondante du canal excréteur. Ces parties deviennent ainsi le terme d'une action électro-négative, en vertu de laquelle elles attirent les molécules de la matière fluide ou contenue, comme on l'observe dans les vaisseaux capillaires irrités, et comme on le remarque dans la tige des plantes exposée à l'action solaire et à celle du calorique, dans le travail de la digestion, et pendant l'action des agens révulsifs. Ce phénomène ne résulte point d'une force impulsive ou *à tergo*, mais d'une action attractive, et tout nous indique donc, que les excrétions s'opèrent principalement en vertu de cette action, ou par *adfluxion*.

Lorsque nous disons que l'adfluxion ou l'attraction que les molécules concrètes exercent sur les molécules des fluides, est en réalité la puissance qui les appelle vers les surfaces libres irritées ou à l'état électro-négatif, nous n'excluons ni l'action mécanique ni l'action électro-chimique qui détermine la sécrétion elle-même. Relativement à cette dernière, on sait que toute stimulation sympathique appelle de suite le sang dans les parenchymes, que ce fluide est bientôt transformé en un autre fluide, qui s'engage dans les canaux excréteurs. Cette action électro-chimique des tissus non vasculaires, en vertu de laquelle les molécules des fluides sont attirées par la substance concrète ou la plus dense et surtout par celles des canaux excréteurs, détermine une impulsion suffisante pour transporter ensuite ces molécules sur les surfaces libres des membranes muqueuses, où elles sont attirées par l'action électrique de ces surfaces, lorsqu'elles sont à l'état électro-négatif. Ces deux mouvemens doivent s'opérer de la même manière dans l'état normal. Ce dernier ne s'effectue sans doute que lorsqu'une excitation électrique est déterminée sur les surfaces libres de ces membranes. L'espèce de sphyncter muqueux des canaux excréteurs suffit pour empêcher les fluides qu'ils contiennent de fluer sans cesse vers ces surfaces. Dans l'état fonctionnel et dans l'état morbide, ces deux actions électro-chimiques s'influencent réciproquement, et il s'établit un courant de matière fluide de l'organe influencé vers les tissus irrités, qui sont le terme électro-négatif de cette double action.

Si nous examinons successivement la sécrétion et l'excrétion de larmes, de la salive, de la bile, de l'urine, du fluide pancréatique et des autres fluides, il sera difficile de ne pas adopter une doctrine dont les théories simples éclairent le mécanisme obscur des fonctions organiques, et n'offre point ces principes hétérogènes et incompatibles dont se compose le système des derniers physiologistes ou des chimico-vitalistes.

La stimulation ou l'électrisation de la conjonctive appelle le sang dans son tissu et dans celui de la glande lacrymale, en vertu des mêmes lois. Les larmes sont alors sécrétées en plus grande quantité, et poussées *à tergo* par l'action thermo-électrique, des tissus vers le canal formé par la réunion des paupières et vers les points lacrymaux. Ici les ontologistes sont dans l'impossibilité de recourir à leur contractilité oscillatoire, et ils seront forcés de convenir que le mouvement *à tergo* n'est autre que l'effet d'une action électro-chimique semblable à celle qui détermine l'endosmose; ils seront aussi forcés d'avouer que les points lacrymaux n'offrent, aux yeux armés du meilleur microscope, aucune espèce de contraction alternative; et sans doute qu'ils s'empresseront de convenir avec nous qu'on ne peut expliquer les fonctions des orifices et des canaux lacrymaux que par une attraction capillaire, à petite distance, et que les idées que l'on a émises sur la prétendue succion de ces canaux, sur leur érection vitale ou sur leur expansion active, ne doivent plus être considérées que comme d'ingénieuses fictions propres à voiler notre ignorance sur les véritables causes des actions organiques. Les vitalistes s'empresseront d'autant plus vite d'embrasser les principes de la doctrine physico-chimique, qu'ils seront dans l'impossibilité d'opposer des faits concluans à ceux que nous avons présentés, et de donner une théorie plus claire et à la fois plus positive que celle que nous venons d'offrir.

Notre intention n'est pas de suivre le cours des larmes dans le canal nasal et dans les narines, où elles tombent par leur propre poids et où elles se répandent sur les surfaces muqueuses qui les absorbent en partie.

La sécrétion de la salive ne s'opère pas d'une autre manière, et son élimination, hors des canaux qu'elle parcourt, a lieu aussi par une action sympathique ou électro-chimique, qui détermine la sécrétion de ce fluide, ou par une action directe qui l'attire sur la surface de la membrane muqueuse, qui tapisse la bouche. La salive contenue dans ces canaux, est donc placée, pour ainsi dire, entre deux actions, dont l'une est répulsive et l'autre attractive, et qui suffisent souvent pour lancer ce fluide hors de la bouche, à une distance considérable, lorsque la faim et la présence des mets excitent vivement l'action du cerveau, sa réaction sur les glandes et sur les membranes muqueuses. Cette manière d'envisager l'influence du cerveau sur les glandes, étant en opposition avec la doctrine des physiologistes les plus modernes, qui admettent que la stimulation cérébrale est dans ce cas transmise primitivement à ces membranes, qui la communiquent ensuite aux organes sécréteurs correspondans, il convient de donner les raisons qui nous portent à ne pas adopter leur opinion, au moins d'une manière exclusive.

Aucune disposition anatomique n'indique rigoureusement que les membranes muqueuses aient le

privilége exclusif de recevoir primitivement l'action
nerveuse, car les organes parenchymateux et glan-
dulaires reçoivent les faisceaux nerveux indépendans
de ceux qui sont destinés aux membranes muqueuses;
et, lorsque les mêmes filets nerveux se distribue-
raient à ces parties, on ne pourrait encore rien
induire de cette disposition anatomique, en faveur d'une opinion contraire à la nôtre, puisque
les courans du fluide électro-nerveux, partant du
cerveau, doivent se diriger simultanément dans tous
les conducteurs qui vont se distribuer aux viscères et
aux membranes. A la vérité, ces membranes reçoivent un nombre bien plus considérable de ces
conducteurs, et éprouvent bien plus vivement
que les organes parenchymateux, les effets de l'action électro-motrice; elles doivent par conséquent
communiquer cette action, dans un grand nombre de cas, à ces organes, et devenir, elles-mêmes,
le terme d'un mouvement électro-négatif. L'observation confirme cette opinion et prouve que la plupart des causes irritantes portent plus spécialement et
plus vivement leur action sympathique sur les surfaces libres, que sur les viscères, et notamment
sur les membranes muqueuses gastro-intestinales,
où elles excitent des sécrétions plus ou moins abondantes, et fort souvent les phénomènes de l'irritation.

C'est sans doute pour cette raison que quelques
médecins du plus grand mérite, et notamment le
célèbre auteur de l'histoire des phlegmasies chroni-

ques, ont pensé que les membranes muqueuses jouissent d'une manière exclusive du privilége de recevoir,
primitivement les stimulations cérébrales. Lorsqu'une impression désagréable, une affection pé-
nible excitent, l'écoulement des larmes, tout indique,
cependant que la conjonctive ne reçoit la stimulation nerveuse, pour nous servir des locutions adoptées, que d'une manière consécutive, ou simultanée,
et que la glande lacrymale éprouve la première et la
plus forte impression; car dans ce cas, l'explosion,
spontanée des larmes, leur abondance, leur durée est
en raison directe de l'intensité de l'action anormale,
du cerveau, et non en raison de l'irritation de la conjonctive. Ce qui le prouve évidemment, c'est que,
les pleurs cessent de couler, lorsque la tristesse ou,
le chagrin se dissipent, bien que la rougeur des
yeux, le gonflement des paupières, et en un mot,
tous les signes de l'irritation locale existent long-
temps après la disparition de larmes et de la cause
réelle qui les avait excitées. Lorsque l'ophthalmie
produit le larmoiement, ce qui n'arrive que quand
l'irritation dépasse de beaucoup, par son intensité,
celle qui résulte des émotions tristes, alors elle
agit d'une manière directe sur la glande lacrymale,
et rien n'indique la nécessité de l'intervention active du cerveau, pour la transmission de l'irritation
de la membrane à la glande.

Ainsi, dans le larmoiement qui résulte d'une irritation directe locale, comme d'une irritation cérébrale ou sympathique, les ontologistes ne peu-

vent mettre en jeu leur contraction et leur érection vitales, pour expliquer la sécrétion et l'excrétion des larmes ; car l'organisation et la structure anatomique de l'appareil lacrymal prouvent le peu de fondement de toutes ces hypothèses. Les faits que nous venons d'offrir démontrent donc que le cerveau peut transmettre directement des courans électriques aux glandes, et par conséquent aux viscères, bien que les membranes muqueuses soient le plus souvent le terme de ces courans, qu'elles réfléchissent avec beaucoup d'intensité sur ces derniers. Dans une foule de circonstances, l'appareil électro-moteur excite directement l'action des principaux organes, et détermine par conséquent la formation et l'élimination des sécrétions dont ils sont le siège.

Le foie, le pancréas, comme toutes les autres glandes, sont soumis, dans leurs fonctions, aux mêmes lois, et toujours suivant le mécanisme que nous venons d'indiquer. La super-sécrétion du foie est à la vérité bien plus souvent le résultat des excitations électriques, déterminées par l'action des stimulans sur la membrane muqueuse gastro-intestinale, que l'effet des excitations cérébrales directes. La présence des alimens dans l'estomac et dans le canal digestif, l'action des émétiques et des purgatifs, la présence des corps étrangers irritans, dans ces parties, excitent la sécrétion des fluides intestinaux, mais notamment la formation de la bile, et en provoquent l'issue de la même manière : l'affinité anormale, ou l'irritation, produit le même effet. Nous

avons même remarqué dans les nombreuses ouvertures cadavériques que nous avons pratiquées, soit
au Val-de-Grâce soit dans les autres hôpitaux, où
nous avons étudié et exercé la médecine, que la
bile est attirée dans les parties du canal intestinal
où siège l'irritation. M. Broussais a signalé le premier ce phénomène sans en indiquer les causes.
Ce n'est point former une hypothèse inadmissible
que de l'attribuer à la tendance invincible qu'ont
les fluides vivans à se porter vers les parties organiques, qui sont sous l'influence d'une action électro-négative, qu'ils soient ou non contenus dans
les vaisseaux. L'adhérence des fluides vivans
aux surfaces phlogosées des plaies, et les contractions continuelles dont le tube digestif est agité
annoncent assez que c'est à cette cause qu'il faut
rapporter un phénomène remarquable, observé
dans l'action des émétiques sur la membrane muqueuse de l'estomac. Le reflux de la bile dans ce
viscère ne peut être entièrement attribué aux
mouvemens antipéristaltiques du duodenum, puisqu'on l'observe, dans les irritations gastro-intestinales, où ce mouvement ne paraît point être déterminé.

Quant à la sécrétion et à l'excrétion de l'urine,
elles s'opèrent d'après les lois que nous avons indiquées précédemment; mais dans cette fonction,
aucune cause *d'adfluxion*, si ce n'est la présence
même de l'urine dans la vessie, ne vient accélérer
le cours de cette liqueur animale. Les combinaisons

chimiques plus ou moins actives qui la produisent deviennent donc une des causes principales du mouvement de l'urine des canaux excréteurs dans la vessie où elle s'accumule ; car la seule pression des molécules, du liquide déjà formé, suffit pour donner à celles qui les précèdent une impulsion qui les porte ainsi de proche en proche dans ce réservoir.

Le parenchyme des reins, comme celui des autres organes sécréteurs, peut donc être comparé, sous le rapport fonctionnel, au tissu des racines des végétaux ; il est le siège d'un mouvement continuel d'absorption, au moyen duquel la substance liquide traverse la substance concrète, en vertu d'une action thermo - électrique observée dans tous les tissus vivans. Cette action devient donc une cause d'impulsion au moyen de laquelle l'urine successivement formée par la substance parenchymateuse est poussée, *à tergo*, et de proche en proche, dans les conduits excréteurs, et de là dans la vessie d'où elle est expulsée par de véritables contractions.

On peut expliquer facilement l'accumulation de l'urine dans la vessie, par le resserrement habituel de son sphyncter, et l'émission de ce fluide par le canal de l'urètre, au moyen de la contraction des fibres du corps de cet organe. La présence de l'urine finit par exciter l'action électro-motrice des nerfs qui s'y rendent et d'où s'ensuit l'attraction des molécules qui composent les faisceaux musculaires de la vessie, le rétrécissement de sa cavité, et l'impulsion communiquée au fluide, qui peut vaincre facilement la résistance qui lui est opposée. Quand les nerfs, qui se rendent à ce réservoir, sont paralysés, alors l'action contractile est abolie, et l'urine s'y accumule. Le même effet est produit par l'inflammation de cet organe, mais il résulte d'une autre cause, dont nous avons démontré l'existence. Quand les combinaisons moléculaires s'effectuent avec trop de rapidité dans un organe, les actions moléculaires s'opèrent, en général, plus difficilement ou cessent même entièrement par l'accroissement insolite de ces combinaisons : c'est par l'influence de cette cause, que le muscle frappé d'inflammation, peut à peine se contracter malgré les efforts de la volonté, que le cerveau cesse ses fonctions, et que la paralysie est souvent le résultat de l'irritation, dont il est le siège. De même, l'irritation peut accroître, diminuer ou paralyser l'action de la vessie, en augmentant ou diminuant, ou anéantissant l'action moléculaire. Cet organe peut donc aussi offrir les états suivans : activité anormale, sthénie, asthénie, dysergie, paralysie, états dont nous avons indiqué les causes physico-chimiques.

Si l'on observe comment s'opère l'excrétion du lait, il sera plus facile encore de démontrer l'existence du mouvement d'impulsion, *à tergo*, déterminé par le passage des molécules des fluides à travers celles de la substance concrète, et du mouvement d'adfluxion produit par la titillation du mamelon, l'action de la chaleur humide, celle des ventouses, la succion. Le premier mouvement s'observe lorsqu'il y a pléthore, et que l'irritation fixée sur l'organe mammaire y attire les fluides, augmente la sécrétion du lait, et s'oppose, par l'effet de la douleur, à la succion de l'enfant, ou d'un jeune animal. Alors ce liquide s'écoule avec abondance, par le seul effet du premier mouvement, imprimé par l'action électro-chimique, qui préside à sa formation, et qui a son siège dans les molécules du parenchyme, intermédiaire entre les capillaires les plus déliés, et les radicules des conduits excréteurs. Le mouvement d'adfluxion est très-manifeste, lorsque les seins sont flasques, qu'ils contiennent peu de lait; alors les effets de la succion, ceux de la ventouse, comme ceux des frictions, et des titillations, prouvent que c'est de dehors en dedans, et non dans le sens opposé, que s'opère l'action électro-négative qui détermine l'excrétion du lait. On voit donc que les molécules laiteuses suivent le mouvement qui leur est imprimé soit par l'action de la matière glanduleuse elle-même, soit par celle que venons d'indiquer.

Les cryptes muqueux et sébacés sont soumis aux mêmes lois, et les excitations physiques ou chimiques qu'ils éprouvent, attirent les fluides, en vertu d'une action électrique, vers les points qui sont en contact avec les corps irritans. Tous les faits, tous les phénomènes, toutes les expériences, déposent donc en faveur des théories qui viennent d'être exposées. On ne peut plus douter maintenant que la digestion, l'absorption, et l'exhalation, la respiration et la circulation, la nutrition et les sécrétions, ne soient le résultat d'actions et de combinaisons moléculaires, de courans multipliés de fluides impondérés, et de matière pondérable liquide, soit dans des canaux particuliers, soit à travers les molécules de la substance concrète. Les phénomènes de la vie organique, comme ceux de la vie animale, ne sont donc que le résultat de ces actions, de ces combinaisons, de ces courans, et méritent par conséquent le nom de phénomènes physico-chimiques.

DE LA GÉNÉRATION.

Aucune expérience, aucune observation n'a pu jusqu'à ce jour dévoiler le mécanisme secret de la génération, et l'on peut dire encore que sa nature intime est couverte des ténèbres les plus absolues ; et même toutes les tentatives heureuses, toutes les notions qui ont été le résultat d'une foule d'expériences, semblent avoir reculé, et même augmenté, pour ainsi dire, la difficulté. La découverte des animalcules microscopiques dans la semence ne peut nous indiquer les procédés de la nature ; les expériences de Spallanzani, celles des modernes, ne sauraient conduire à un plus heureux résultat. Comment admettre en effet que des millions d'homoncules soient contenus dans un atome de semence, et comment concevoir que la fécondation puisse s'opérer avec un 2,994,687,500 de grain de cette liqueur. Cependant, Spallanzani a prouvé ce fait, et, dans ses fécondations artificielles des œufs de la grenouille, trois grains de sperme lui ont suffi pour spermatiser et rendre fécondante une livre d'eau, dont un seul globule pouvait vivifier un œuf et déterminer la formation d'un têtard. Assurément, si, dans les grands animaux, qui sont loin d'offrir des animalcules spermatiques proportionnés à leur masse, l'ovule offrait une ténuité comparable, il serait difficile de pouvoir admettre que deux corpuscules aussi microscopiques pussent contenir, dans un état rudimentaire, toutes les parties de l'animal, et qu'elles pussent acquérir en quelques jours un développement aussi considérable. Que l'on compare la quantité de matière séminale, destinée à former le nouvel être, et la quantité de molécules globuleuses qu'il offre à l'oeil nu, peu de temps après la fécondation, et on ne pourra expliquer un tel changement que par l'addition consécutive de particules organiques destinées à former le nouvel être. Tout indique donc que, dans l'acte de la fécondation, les molécules qui doivent former les principaux organes peuvent être seules réunies, et que le travail de la nutrition achève de composer, de toute pièce, le nouvel être sur le plan primitif, et en suivant les mêmes lois.

Si la cause des phénomènes primitifs se dérobe à nos recherches, parce que la ténuité des parties et la rapidité de l'œuvre mystérieuse de la fécondation ne nous permettent pas d'en saisir le secret mécanisme, il sera possible néanmoins d'environner de quelques lumières ce point obscur de physique animale, en étudiant les phénomènes qui s'observent avant, pendant et après la copulation. Lorsque, en physiologie, on ne peut obtenir des preuves directes, qui sont sans doute les plus décisives, il faut se borner à rapprocher et à coordonner les faits, et à expliquer les phénomènes les mieux connus, pour montrer la voie qui peut conduire un jour à des découvertes plus importantes. Afin d'arriver au but que nous nous proposons d'atteindre, nous examinerons : 1° les causes de l'instinct et de la reproduction ; 2° le mode d'action des appareils générateurs ; 3° les tendances des combinaisons moléculaires qui forment l'agrégat organique ; 4° les lois que suivent dans leur développement les êtres que la génération a formés ; 5° celles qui président au développement simultané du produit de la conception et de l'organe qui le renferme (grossesse) ; 6° enfin les causes physiques de l'exonération du fœtus (accouchement).

1° DE L'INSTINCT DE LA REPRODUCTION.

Nous avons déjà exposé à ce sujet des considérations assez étendues (article *Instinct*) auxquelles nous ajouterons de nouveaux faits , afin de démontrer que les déterminations instinctives des animaux et des végétaux ne sont point dirigées par des forces occultes, mais par des actions électrochimiques. Nous ne dirons donc point poétiquement, avec un ontologiste moderne, qu'on doit rapporter les mouvemens instinctifs à l'action d'un principe vivifiant, source commune de tout ce qui respire, qui n'est point de l'essence de la matière, mais qui est une émanation de la divinité; car si nous sommes parvenu à démontrer que toutes les fonctions organiques sont le résultat de l'action et des combinaisons moléculaires, si nous avons prouvé qu'un fluide impondéré circule dans les nerfs, anime toutes les parties, est la cause active ou vitale, il ne sera plus possible de se perdre dans le vague des hypothèses; tous les phénomènes réputés vitaux, relatifs à la vie de l'espèce comme à la vie individuelle, seront nécessairement rapportés aux mêmes lois, puisqu'ils sont déterminés par des causes identiques.

Il a été suffisamment démontré dans la première partie de cet ouvrage, que toute action organique, que tout mouvement partiel ou général, que toute détermination instinctive, dépend d'une action moléculaire déterminée par les agens excitateurs internes ou externes. Les faits que nous allons exposer vont encore déposer en faveur de cette doctrine. Lorsqu'une faim dévorante ou une soif inextinguible précipitent les animaux vers les alimens et les boissons, quelle est la cause première de cette tendance invincible? Lorsqu'ensuite la faim est assouvie et la soif étanchée, quelle est la cause de leur satiété, de leur répugnance et de leur dégoût? Ce qui se passe alors dans les viscères indique la cause de ces phénomènes, et semble expliquer le mécanisme par lequel l'animal est attiré par les corps ambians, ou s'en éloigne par un mouvement spontané, ce qui n'est pas, dans tous les animaux, le résultat de la volonté ni celui de la réflexion. Les mouvemens généraux de l'animal sont donc provoqués en dernière analyse, le premier par un mouvement d'attraction et le second par un mouvement de répulsion moléculaire. La volonté de l'animal est donc dirigée d'une manière plus ou moins impérieuse par cette action électro-chimique, et il ne peut pas toujours résister à l'impulsion qui l'entraîne, ou vaincre le dégoût ou l'aversion qu'il éprouve. C'est en vertu de cette loi, que l'animal fuit les poisons, qu'il reconnaît les substances nutritives et qu'il s'en empare. Si l'on étudie l'instinct de nutrition, depuis les plantes, les zoocarpes, jusqu'à l'homme, on sera pleinement convaincu que, quel que soit le nombre des appareils de la vie de relation, l'instinct de nutrition suit toujours les mêmes lois, et que les animaux supérieurs, comme ceux qui occupent les degrés les plus inférieurs de l'ordre zoologique, sont entraînés par un mouvement d'attraction, ou éloignés par un mouvement de répulsion, suivant la nature des corps ambians qui agissent sur eux.

L'intelligence, comme on la conçoit, n'est donc que la cause secondaire, médiate et directrice de ces mouvemens. L'action moléculaire qui s'opère dans les viscères en est la cause immédiate, primitive et impulsive. C'est pour cette raison, que tous les êtres vivans ont les mêmes tendances générales; que, dans leurs goûts, leurs appétits, leurs besoins, ils sont soumis aux mêmes lois, qu'ils offrent un aussi grand nombre d'appareils pour les satisfaire. Tous les animaux sont donc formés sur le même type, et ils présentent une foule de phénomènes analogues. Tous ne sont pas composés chimiquement de la même manière, et

ne peuvent offrir là même organisation ; de là, la variété de leurs goûts, la multiplicité de leurs tendances,
pour se mettre en rapport avec les corps qui peuvent leur fournir des élémens alibiles. Les combinaisons, qui s'opèrent dans l'intérieur des corps vivans,
sont le but de toutes ces tendances, et la cause éloignée de tous ces mouvemens, dont l'action moléculaire est la cause prochaine ou déterminante.

L'instinct de respiration, qui fait partie de l'instinct de nutrition, est aussi provoqué par des actions moléculaires, en vertu desquelles la substance
animale à l'état vitré tend à se combiner avec le gaz
oxygène ou résineux. De là ce mouvement rapide de
l'animal vers l'air atmosphérique, lorsque le poumon ne peut en admettre qu'une petite quantité à
la fois. Le poisson qu'on retire de l'eau éprouve le
même mouvement moléculaire, et par conséquent
le même besoin, lorsqu'il cherche à se plonger dans
ce liquide. Nous avons prouvé suffisamment que
les végétaux, les zoophytes, se dirigent vers la lumière, par l'action que ce fluide électrique exerce
sur ces corps à l'état vitré. Ces mouvemens sont
excités par la même action et sont absolument exé-
cutés en vertu des mêmes lois. Vainement on prétendrait que nous comparons des phénomènes et
des actions dissemblables ou opposés. La tendance
des êtres vivans, les uns pour l'oxygène, les autres
pour la lumière, a pour but l'entretien des combinaisons moléculaires, d'où dépendent immédiatement les phénomènes de la vie. Les mouvemens gé-

néraux, au moyen desquels ils cherchent à se diriger
vers le fluide résineux, sont sans doute différens,
parce que les organismes sont plus ou moins compliqués; mais les tendances qui les dirigent, les actions moléculaires qui les portent vers la substance
assimilable ou excitatrice sont absolument identiques, et ne peuvent être rapportées qu'à des causes
électro-chimiques.

Si l'on examine, d'après ces principes, les phénomènes que l'on observe au moment de l'acte de la
génération, chez les êtres dont les sexes sont distincts, on voit dans quelques végétaux, ainsi que
nous l'avons déjà observé, les étamines s'incliner
vers les pistils, les anthères se rapprocher des
stigmates; alors la poussière fécondante est absor-
bée, ou plutôt elle est attirée par les organes femelles de la plante. C'est à cette époque que plusieurs
observateurs, parmi lesquels nous citerons Duha-
mel, Schelver, Tréviranus, Sprengel, ont observé
des mouvemens généraux des organes de la génération chez beaucoup de plantes, qu'ils attribuent
à l'irritabilité. S'ils pensent que ces mouvemens
sont étrangers à la génération, c'est qu'ils ont été
guidés dans leurs recherches ainsi que nous nous
en sommes convaincu, par les principes d'une
fausse théorie. D'abord ce n'est qu'à l'époque de la
fécondation, ou peu de temps avant ou après cet
acte, que ces mouvemens s'observent; dans le premier temps, les étamines tendent à se rapprocher
des pistils, dans le second, elles paraissent au contraire s'en éloigner. C'est sans doute pour cette raison

qu'on a attribué ce mouvement à des causes étrangères à la génération. Ces mouvemens remarquables des étamines ont été observés dans les *polygonum orientale, ruta graveolens, parnassia palustris, saxifraga dactylis*. Elles se raprochent l'une après l'autre du stigmate, dit Tréviranus, et dans un certain ordre, pour reprendre leur position primitive après l'émission du pollen.

N'est-il pas évident que ce double mouvement des étamines ne peut être attribué à la cause imaginaire que l'on a supposée, c'est-à-dire, au développement de ces plantes, et qu'il est dû à une action magnétique, ou à l'attraction et à la répulsion, à distance, des organes générateurs? On sait qu'à l'époque de l'année où ces phénomènes se manifestent, la tige des plantes, et ces organes surtout, sont le terme d'un mouvement d'adfluxion très-considérable, en vertu duquel les fluides sont dirigés vers ces parties, avec plus de force; on sait enfin, d'après ce que nous avons exposé, que l'influence simultanée de la lumière, ou du fluide thermo-électrique, doit nécessairement développer les actions moléculaires, d'où résultent, en dernière analyse, tous les mouvemens organiques, comme toutes les déterminations instinctives des êtres vivans.

Schelver attribue les mouvemens lents des étamines des *parnassia, ruta, scrophularia, hyosciamus*, etc., au développement de la plante et aux mouvemens de la corolle; mais Tréviranus observe avec raison que lorsque les étamines se rapprochent

des pistils, elles se trouvent dans un état forcé ou
contre nature, qu'elles n'exécutent pas ce mouvement toutes à la fois, mais l'une après l'autre. On
remarque que, dans l'épine-vinette et dans d'autres
plantes, les anthères vont frapper contre les pistils, lorsqu'on applique un irritant au filet de l'étamine. Ces faits sont décisifs, si on les réunit à ceux
que nous avons déjà exposés à l'article instinct, et
qui prouvent évidemment que les mouvemens instinctifs, généraux ou partiels des plantes et des animaux, sont dus à une action électro-motrice. Assurément le témoignage de Tréviranus et des observateurs que nous venons de citer ne peut être
suspect; car ils attribuent les phénomènes qu'ils
ont observés à des causes occultes, à des changemens ou à des développemens de la fleur, qui ne
peuvent les déterminer.

Les phénomènes curieux, dont nous cherchons les lois, ont été remarqués par un grand
nombre d'observateurs, et ne pourraient être révoqués en doute. Quant à la cause qui les détermine,
elle a toujours été inconnue puisqu'on l'a supposée
vitale. Nous pensons donc que l'on doit admettre
l'explication que nous venons de donner, comme
la seule vraie, si l'on examine encore l'influence
solaire sur les mouvemens périodiques d'expansion
et de contraction de la corolle, sur la vie individuelle comme sur la vie de l'espèce; si l'on admet
que le mouvement de la sensitive soit dû à l'action
de la sève, et que les propriétés vivifiantes de

cette liqueur ne soient que le résultat de ses propriétés électro-chimiques. Tous les phénomènes organiques s'enchaînent d'une manière si intime, comme les actions moléculaires qui les déterminent, qu'il est désormais de toute impossibilité de les attribuer à des causes différentes ou occultes, et de retomber encore dans le vitalisme ou dans l'erreur.

Il sera donc impossible de ne pas admettre, malgré tout l'attachement que l'on puisse avoir pour cette doctrine, que les mouvemens des organes générateurs des plantes sont déterminés par une action moléculaire et par conséquent par l'action de l'électricité, puisque l'action du fluide solaire et du calorique sont les causes excitatrices de ces mouvemens. On sera donc aussi porté à admettre que les étamines sont à l'état électro-positif, relativement aux pistils qui offrent l'état électro-négatif, et qui tendent par conséquent à attirer à la fois l'organe mâle et la poussière fécondante. Il existe dans l'un un courant électro-magnétique majeur de l'organe mâle, vers l'organe femelle, et un courant mineur dans le sens opposé.

Le mouvement qui rapproche et qui unit d'une manière si intime les animaux des deux sexes et leurs organes générateurs, qui opère la combinaison intime des fluides qu'ils sécrètent, est-il donc produit par des causes spéciales ou *sui generis?* Le nombre des appareils, la multiplicité des actions, la variété des impulsions et des tendances, l'intervention de l'instinct perfectionné ou de l'intelligence, peuvent-ils nous faire méconnaître le but, les moyens, et enfin les véritables lois de la nature?

Qu'on examine les préludes de la copulation chez les animaux les plus élémentaires, chez ceux qui sont hermaphrodites, ou chez ceux dont les sexes sont séparés, dans la classe des annélides, des crustacés, des mollusques, par exemple, dont les déterminations instinctives et intellectuelles sont si bornées, et on remarquera que l'action qui tend à rapprocher les organes mâles des organes femelles, et à les unir intimement est à peine dirigée par des combinaisons de l'intelligence. L'état électrique opposé des organes de la génération paraît donc être, dans cette occasion, comme chez les végétaux, la cause déterminante de l'impulsion qui tend à rapprocher les organes générateurs qui caractérisent les deux sexes. Chez les animaux hermaphrodites, ces organes sont l'un à l'état positif, et l'autre à l'état négatif, comme chez les végétaux qui offrent les deux sexes réunis; et ce n'est que lorsqu'ils sont dans un état de rapprochement très-intime, que chaque molécule de l'organe mâle est dans le rapport le plus immédiat avec la molécule correspondante de l'organe femelle, que les électricités opposées se combinent, se neutralisent, et que la disjonction ou la répulsion a lieu.

L'animal qui éprouve le besoin physique ou réel de la copulation est donc dirigé invinciblement, et souvent à son insu, par l'état électrique des organes génitaux et l'action moléculaire qui en résulte, comme celui que le besoin des alimens ou de l'air attire vers les substances qui peuvent satisfaire ce besoin, et fournir les élémens indispensables aux combinaisons moléculaires, qui doivent s'opérer dans l'organisme en raison de la composition chimique des tissus qui en sont le siège. Les excitations directes, sympathiques ou cérébrales ne tendent à réveiller les déterminations instinctives et les besoins qu'en excitant, d'une manière soutenue, les actions moléculaires de l'organe où doivent s'opérer des combinaisons.

C'est donc à tort que les physiologistes modernes placent exclusivement dans le système nerveux la cause organique des déterminations instinctives, et même le besoin de la faim, de la soif, de la respiration, de la défécation, de la génération. Il faut distinguer le besoin, qui n'est que la tendance d'un organe pour un agent nutritif ou excitateur, du sentiment ou de l'impression cérébrale que ce besoin détermine, et qui porte l'animal à se diriger vers la substance nutritive, ou s'éloigner de la substance non alibile, ou trop hétérogène. C'est dans l'estomac, dans le poumon, dans le gros intestin, dans les organes génitaux, qu'est le siège véritable des actions moléculaires qui portent l'animal à chercher des alimens, à respirer l'oxygène, à exciter les contractions des muscles abdominaux, à se diriger vers l'autre sexe avec une intensité proportionnée à l'action moléculaire qui produit les déterminations instinctives et le sentiment ou l'impression cérébrale qui les dirigent.

Voici des faits qui prouvent la vérité de ces principes. Lorsque l'estomac est atteint d'une irritation qui s'oppose aux combinaisons moléculaires, la faim ne se manifeste pas. Quand cette irritation se dissipe, que les affinités électives reprennent une nouvelle activité, le besoin et le sentiment de la faim reparaissent. Il est évident que si le besoin était déterminé primitivement par un mouvement et une action du système nerveux, il se manifesterait dans cette circonstance, comme lorsque l'irritation a un autre siège et qu'elle occupe le bras, le pied, la jambe par exemple; on remarquera que c'est dans le cas où ces irritations éloignées agissent sur l'estomac, qu'elles font cesser le sentiment et le besoin de la faim; ce qui n'aurait pas lieu assurément, si le cerveau ou le système nerveux était en général le siège exclusif d'un besoin quelconque.

Ces principes sont applicables au besoin de la génération, comme aux autres tendances instinctives; on doit être convaincu qu'elles sont provoquées, soit par un état électro-positif, soit par un état électro-négatif des organes qui les déterminent. Il importe donc de distinguer les désirs et les sentimens que le besoin provoque, et qui peuvent à leur tour provoquer le besoin, de la cause déterminante ou immédiate, sans laquelle il ne pourrait être produit. C'est parce que l'on a confondu cette cause primitive d'impulsion, avec le sentiment qu'elle excite, que l'on n'a pu fixer, jusqu'à ce jour, le siège ou la cause organique de beaucoup de déterminations instinctives.

2° MODE D'ACTION DES APPAREILS GÉNÉRATEURS. — ACTIONS MOLÉCULAIRES. — COURANS ÉLECTRIQUES.

Les sensations relatives aux plaisirs de la génération suffisent pour exciter l'action génitale, et par conséquent le besoin qui résulte de cette action. Celle-ci, à son tour, peut déterminer seule le sentiment qui attire les sexes différens l'un vers l'autre. Les sensations voluptueuses cessent de produire le besoin, lorsque, par l'ablation des organes générateurs, ou par impuissance, ces organes ne peuvent entrer en action ; de même, l'action génitale ne peut provoquer l'action cérébrale, que lorsque le fluide séminal est sécrété, et que les organes génitaux n'ont pas perdu leur état turgide. Les désirs, les sentimens, qui ne peuvent solliciter l'action génitale, ou qui n'en sont pas le résultat, sont factices, et ne peuvent prouver que le mobile essentiel de l'instinct de la reproduction soit autre que les organes mêmes de la génération. Cependant, ceux qui ont placé, d'une manière trop exclusive, la cause organique de l'amour physique dans le cervelet, comme ceux qui l'attribuent aux organes générateurs, ont également commis une erreur ; car il est impossible de concevoir isolément l'action de ces deux organes, dans la production de l'instinct de la génération : il n'a pas de siège exclusif, et doit être

considéré comme le résultat d'une sympathie cé-
rébro ou cérébello-génitale.

L'on ignore encore la cause de cette sympathie
remarquable, de celle qui attire les sexes différens,
et de celle en vertu de laquelle les deux semences se
réunissent, pour se combiner d'une manière intime.
Cependant, cette sympathie ou ce rapport intime entre
les individus, entre les organes, entre les fluides
différens, doivent nécessairement se rapporter aux
mêmes lois. En effet, il est facile de prouver que
ces divers modes de sympathie dépendent, en dernière analyse, des actions et des combinaisons moléculaires. Les sympathies individuelles ou sexuelles
ayant déjà été rapportées à ces actions, il suffira
d'indiquer celles qui unissent les organes générateurs à l'encéphale. On sait que dans l'état normal,
cet organe exerce la plus active influence sur les
premiers, et que les désirs suffisent pour exciter le
phénomène de l'érection. Dans cet état, la verge
s'alonge, devient dure, ses vaisseaux se dilatent,
et tout indique que le sang afflue et séjourne dans
ces vaisseaux. Le développement de la sensibilité
locale, de la chaleur, des pulsations artérielles,
montrent que la verge est un centre de congestion,
ou plutôt d'affinité, vers lequel se précipite le sang;
mais la tension qu'elle éprouve indique aussi que
le fluide retourne avec plus de lenteur vers le cœur,
et qu'il est par conséquent retenu dans les vaisseaux
par une cause quelconque. Cette cause ne peut être
la prétendue contractilité vasculaire, ni l'asthénie

des vaisseaux, car on ne pourrait expliquer, par aucune de ces hypothèses, les phénomènes de l'érection. De plus, dans la dernière supposition, il suffirait de dire que, dans l'asthénie génitale, l'érection est incomplète ou impossible pour prouver qu'on ne peut admettre une hypothèse que nous avons déjà combattue, et dont la fausseté est prouvée par une foule de faits.

Les vaisseaux, les muscles de la région génitale, reçoivent de l'appareil nerveux le fluide excitateur qui augmente, par son accumulation, l'action et les combinaisons moléculaires; le pénis est donc aussi le terme d'un courant sanguin rapide, et offre par conséquent un état électrique très-marqué. Dans les frottemens qu'il détermine lorsqu'il est introduit dans les organes génitaux de la femme, on peut croire qu'il se développe une grande quantité d'électricité, et qu'il s'établit même un courant de ce fluide qui est dirigé de l'organe mâle vers la matrice, vers les trompes et l'ovaire. Ce courant suffit-il pour porter une portion du fluide spermatique jusqu'à ce corps glanduleux où il opère la fécondation? C'est ce qu'aucun fait positif ne démontre. Nous connaissons le mode d'action des organes génitaux de l'homme dans la génération; mais aucun fait ne révèle le mécanisme secret de ceux de la femme. On admet généralement que le col de la matrice tend à opérer une sorte de succion qui porte le fluide séminal dans la cavité de cet organe; mais, arrivé là, comment pourra-t-il franchir la trompe et arriver jusqu'à l'ovaire? les uns supposent une contractilité oscillatoire destinée à porter le fluide prolifique dans cette direction, jusqu'à cet organe, et un mouvement péristaltique dirigé dans un sens opposé pour porter le germe fécondé de l'ovaire dans l'utérus. En supposant même que ce dernier organe et les trompes puissent jouir d'un mouvement péristaltique semblable à celui des intestins, ainsi que quelques physiologistes l'assurent, on ne pourrait encore concevoir comment la trompe peut se fixer à l'ovaire, l'embrasser exactement, y rester adhérente, et même résister à des tractions assez considérables pour déchirer le tissu de pavillon, si l'on peut s'en rapporter au témoignage de quelques physiologistes (1).

Les théories admises jusqu'à ce jour pour expliquer l'action des organes génitaux de la femme, le passage du fluide spermatique de l'uterus jusqu'à l'ovaire et le transport de l'ovule, de cette glande dans l'utérus, sont sans doute entièrement erronées, et ne peuvent, en réalité, rien expliquer. On doit donc attendre de nouveaux faits, tenter de nouvelles expériences afin d'arriver au but qu'on se propose. On pourrait croire sans doute que le pavillon de la trompe se rapproche de l'ovaire par un mouvement péristaltique et une action érectile, ce qui est néanmoins difficile à concevoir; mais le mouvement péristaltique s'opposerait à la fixation ou au rapprochement intime de

---

(1) Dictionnaire de Médecine, en 18 vol., t. x, p. 204.

ces deux corps, ainsi que nous venons de le faire pressentir, et le pavillon n'embrasserait point l'ovaire d'une manière assez exacte, ni assez durable. Quelle est donc la force en vertu de laquelle le pavillon de la trompe vient se fixer sur l'ovaire? Nous pensons que ce phénomène, constaté par l'observation, est encore l'effet de l'attraction et du courant électrique dont nous avons parlé. Voici donc, selon nous, la seule théorie que l'on puisse admettre: au moment de la copulation, l'ovaire, la trompe et même la matrice, sont dans un état d'orgasme voluptueux déterminé par l'action électrique; l'ovaire est le terme négatif de cette action attractive. En conséquence, le pavillon de la trompe éprouve d'ailleurs la même tendance pour l'ovaire que celle qui dirige l'étamine vers le pistil. L'ovaire est donc, comme ce dernier, le terme du mouvement électro-magnétique, et, lorsque la trompe est fixée, il attire ensuite le fluide séminal par un véritable mouvement *d'adfluxion*, qui n'est lui-même qu'un résultat de l'affinité moléculaire. Ainsi, après la fixation de la trompe sur l'ovaire, la semence est attirée de proche en proche, jusqu'à cet organe, dans le canal non interrompu qui résulte du rapprochement instantané de ces diverses parties, comme la bile est portée du foie et de la vésicule biliaire vers la surface intestinale irritée par la présence des alimens, par l'action des excitans attractifs, et lorsque enfin cette membrane est à l'état électro-négatif. Ainsi donc, la tendance des tissus, comme celle des fluides qui

doivent se combiner pour former un nouvel être,
sont soumises également aux lois de l'affinité.

Après un laps de temps plus ou moins long,
l'orgasme vénérien ayant cessé, les parties internes
de la génération n'éprouvent plus cette tendance
remarquable que nous venons de signaler, la neutralisation des fluides impondérés et la combinaison
des fluides pondérables amènent la disjonction de
l'ovaire et de la trompe, ou le mouvement de répulsion qui sépare ces deux corps. Cette dernière,
en se détachant, se contracte successivement de sa
partie la plus évasée vers l'extrémité opposée, et ce
mouvement vermiculaire suffit pour entraîner l'o-
vule fécondé dans la matrice, où il s'y fixe encore
en vertu des lois de l'affinité.

Lors même que l'expérience prouverait, un jour,
que l'injection de la liqueur spermatique dans les
veines d'une femelle, apte à concevoir, a suffi pour
déterminer l'acte de la fécondation, et que cet acte
peut s'opérer par suite de l'absorption de cette liqueur
par les veines de la matrice et même du vagin, ce
qui n'est pas absolument inadmissible, toujours est-il
qu'il faudrait reconnaître que, pendant l'acte générateur, le fluide spermatique s'introduit dans la trompe,
où il a été trouvé, et que l'ovule descend de l'ovaire,
dans ce conduit et dans la matrice, suivant le mécanisme que nous avons indiqué. Il faut donc encore renoncer ici aux théories des vitalistes, qui ne
peuvent expliquer ni l'érection, ni les fonctions
des organes de la femme dans l'acte de la généra-

tion, ni enfin aucun des phénomènes qu'il présente.

Les deux êtres réunis dans l'acte de la généra-tion semblent confondre leur existence dans un mouvement irrésistible d'attraction , par le rap-prochement intime de leurs organes les plus sen-sibles. On peut croire qu'il se forme alors deux cou-rans opposés de fluide électrique, dont l'un , plus considérable, se porte du mâle à la femelle, et l'autre dans un sens opposé. Chez l'homme surtout les frottemens continuels des deux appareils géné-rateurs, l'exaltation de l'imagination, ou plutôt l'ac-tivité des actions cérébrales, excitent vivement tout l'appareil électro-moteur, et provoquent l'émis-sion d'une grande quantité de fluide électrique non combiné, ou à l'état de combinaison. L'a-battement et l'épuisement où jette l'acte de la copulation chez ceux qui s'y livrent avec trop d'ardeur et sans mesure, sont en partie le résultat de l'émission de ce fluide. Lorsque ce mouve-ment évident d'attraction , que l'on peut observer dans les fluides, dans les organes et dans les deux individus, a cessé, alors un mouvement de répul-sion s'observe chez ces deux êtres qui cherchent à se disjoindre, et même à s'éloigner après la neutra-lisation et la perte d'une partie de leur électricité. Que l'on n'oublie point que ce fluide est l'agent unique de toute action moléculaire, que toute ac-tion chimique est la cause primitive, immédiate de toute action organique et individuelle, et on ne nous accusera pas de nous livrer aux écarts de notre

Imagination, et de composer un roman au lieu d'exposer les véritables lois de l'organisme.

Quoique les spasmes voluptueux qu'éprouve la femme résident dans l'ensemble des faisceaux nerveux qui se distribuent aux parties de la génération, tout indique cependant que, chez elle, comme chez l'homme, le plaisir le plus vif résulte de l'action des organes extérieurs. Il est probable que c'est au moment où le pavillon de trompe embrasse étroitement l'ovaire, au moment où l'acte mystérieux de la fécondation s'opère, que le spasme voluptueux et l'excitation nerveuse sont portés au point d'exciter des battemens violens et précipités du cœur, une gêne profonde dans la respiration, des mouvemens désordonnés des membres et par fois même le délire. On remarque encore que, pendant l'acte de la copulation, la face rougit, que les contractions accélérées du cœur portent le sang oxygéné au cerveau avec plus d'intensité, et que les courans électriques qui ont lieu de l'encéphale vers tous les organes, mais surtout vers ceux de la génération, sont plus considérables; qu'ils excitent toutes les actions organiques, pour amener ensuite un état de faiblesse, si cette action est trop souvent réitérée.

Cette sympathie des organes génitaux avec les autres organes est très-remarquable dans l'état fonctionnel et dans l'état morbide. Dans ce dernier, c'est à une deutéropathie évidente, ou à l'action intime et réciproque du cerveau et des organes générateurs que l'on doit rapporter la nymphomanie et l'hystérie chez la femme. C'est à un rapport semblable que l'on peut attribuer le satyriasis chez l'homme, maladie très-rare, au moins dans nos climats, où la continence n'est malheureusement une vertu que chez les hommes voués au sacerdoce. Les tentations ou les hallucinations érotiques de Saint-Antoine sont dues à cette deutéropathie remarquable. Ceux qui placent exclusivement le siège de l'amour physique, soit dans le cervelet, soit dans les organes de la génération, se trompent évidemment comme ceux qui trouvent le siège des affections nerveuses que nous venons de citer, soit dans l'encéphale, soit dans ces derniers organes. On doit définitivement les considérer comme des deutéropathies cérébro-génitales. Nous aurons sans doute occasion de nous occuper de ce point important de doctrine, et de résoudre la question encore indécise, par des preuves que nous croyons décisives.

Lorsque les organes générateurs du mâle sont à l'état électro-positif, c'est-à-dire dans l'état de relâchement ou d'inertie, le besoin qu'il éprouve cesse, et ce n'est que lorsque l'épuisement de l'appareil nerveux s'est évanoui, qu'une nouvelle cause d'excitation directe ou sympathique vient réveiller l'organe assoupi, que les actions moléculaires qu'il éprouve réagissent de nouveau sur l'encéphale et excitent une nouvelle tendance à la copulation. S'il arrive que l'émission trop considérable du fluide impondérable et du liquide spermatique ait jeté l'organe génital dans un épuisement complet, alors les actions moléculaires ne peuvent être excitées, le courant électrique ne se dirige plus du cerveau vers cet organe, malgré la vivacité des désirs, mais dans un sens opposé. Les accidens qui se manifestent parfois au cerveau, chez les vieillards, dont les forces ne secondent plus les intentions, annoncent que l'encéphale devient le siège d'une congestion, et qu'il est, par conséquent, à l'état électro-négatif. C'est en vertu de la même loi, que la méditation, l'excès de l'étude, les émotions profondes, la crainte, le chagrin, le travail de la digestion, diminuent l'activité de l'appareil générateur, et accroissent celle du cerveau, de l'estomac et des autres appareils organiques.

Ainsi, dans l'état normal, les actions comme les combinaisons moléculaires ne peuvent s'opérer simultanément avec beaucoup d'intensité, dans plusieurs organes. Lorsque l'action moléculaire du cerveau est vivement excitée par des impressions étrangères au but de la génération, l'action et les combinaisons qui doivent nécessairement s'opérer dans les organes génitaux languissent, et, en vertu de la même loi, ceux qui exercent avec excès ces organes, finissent par diminuer l'activité des actions que le cerveau éprouve dans l'exercice de ses fonctions. Les sympathies étroites, qui unissent ces deux appareils importans, démontrent comme il a déjà été dit, que les fonctions cérébrales, ainsi que celles des autres organes, sont dues à des actions moléculaires, car les sympathies ou les rapports électro-chimiques-médiats, ne peuvent exister qu'entre des par-

ties similaires, qui jouissent des mêmes propriétés,
ou dont la composition chimique offre de l'analogie.

L'action moléculaire, excitée primitivement, soit
dans l'encéphale, soit dans les organes générateurs,
est donc, en définitive, la cause première de l'instinct
de la génération. Les effets de la castration prouvent
d'une manière convaincante l'influence active ou électro-motrice des organes générateurs sur le système
nerveux; car elle fait disparaître le besoin du coït, chez
les êtres mutilés, ainsi qu'on l'observe tous les jours
chez les chevaux, les chats, les moutons, les gallinacés,
qui ont tant de propension à se livrer à l'acte de la
génération, lorsqu'ils conservent leurs organes génitaux. S'il est des hommes qui, dans cet état, éprouvent des désirs, on doit les attribuer à l'action des parties que l'on a conservées, comme chez les eunuques
auxquels on n'a retranché que les testicules, et enfin à l'influence de l'imagination. Ces faits, auxquels
on pourrait en ajouter un plus grand nombre,
démontrent donc que l'amour physique n'a point
un siège unique, qu'il dépend d'une deutéropathie,
ou d'une double action moléculaire, qui commence
tantôt dans l'encéphale, et surtout dans le cervelet,
et tantôt dans les organes générateurs, et d'un
double courant de fluide électrique. L'intensité de
ces courans détermine une intensité proportionnée
dans ces deutéropathies, ou dans ces actions électro-
chimiques fonctionnelles ou morbides.

Telles sont les causes excitatrices et organiques
de cette passion véhémente, qui fait le bonheur et

parfois le malheur des hommes, dans le bel âge, et qui suscite des actions si variées chez les animaux soumis à son empire. Les êtres jeunes, robustes et sensibles, sont ceux qui en ressentent avec plus de force les effets, qui se livrent avec plus d'ardeur et d'impétuosité à ses impulsions et à son délire. Mais l'émission trop abondante du fluide séminal et du fluide électro-nerveux, soit à la suite des excès vénériens, soit par les progrès de l'âge, amène la faiblesse, la tiédeur, et même le refroidissement, qui éloignent les sexes différens, qui s'étaient cherchés et rapprochés avec tant d'ardeur.

Les naturalistes d'Allemagne, qui ont cherché à dévoiler le mécanisme secret de la génération et des autres fonctions, au moyen des entités, polarités, forces polaires, ne sauraient en réalité expliquer cette diminution ou cette augmentation d'action des organes générateurs, suivant les âges, l'action plus ou moins prolongée de ces organes, sans admettre l'émission ou la combinaison de fluides électriques. En opposant entre eux des corps, des appareils dont les forces sont toujours égales, on ne peut obtenir que des résultats uniformes; on ne peut en aucune manière expliquer la variété des phénomènes et des anomalies qui s'observent dans l'ordre physique et dans l'ordre physiologique.

Cependant, ceux dont nous combattons en ce moment la doctrine ont rassemblé des faits intéressans qui serviront un jour à la renverser, lorsqu'ils ne suivront plus une philosophie pleine de

subtilités et d'abstractions, et qui tend sans cesse à
faire entrer, si on peut s'exprimer ainsi, la physiologie et la physique dans la métaphysique. Ces
sectaires, dont nous n'avons pu examiner la doctrine que dans son ensemble, nous objecteront sans
doute que, puisque l'on ne peut expliquer l'action
même des fluides électriques qu'au moyen des
forces occultes, il convient d'admettre ces entités *à priori!*.... En philosophie, comme en physique, on ne doit point procéder ainsi à la recherche
de la vérité; il faut d'abord admettre ce qui est démontré d'une manière évidente par le témoignage
des sens, par des faits nombreux, et chercher ensuite ce qui est probable; on doit donc constater
l'existence des causes physiques avant de chercher à déterminer leur mode d'action, dans la production des phénomènes soumis à notre observation. Si l'on ne suit point cette méthode, on est
conduit infailliblement à l'erreur, et *à priori*, au
moyen des suppositions et des hypothèses.

3° COMBINAISONS MOLÉCULAIRES QUI FORMENT L'AGRÉGAT ORGANIQUE.

Nous avons prouvé, avec assez d'évidence, que
les sécrétions résultent d'actions et de combinaisons
moléculaires soumises aux seules lois de l'affinité.
Maintenant, il s'agit de savoir si le testicule, l'o-
vaire, offrent, par leur organisation, des rapports
identiques avec les autres glandes, si l'appareil génital présente, en un mot, les parties qui caracté-

risent un appareil sécréteur. Un semblable examen pourrait paraître superflu aux naturalistes et aux physiologistes qui ont étudié comparativement la structure de tous les organes, et qui connaissent l'organisation des diverses parties qui composent les animaux; mais, si nous démontrons que l'appareil générateur n'est qu'un appareil sécréteur, nous aurons prouvé qu'il suit, dans ses fonctions, les lois physico-chimiques et que le produit de sa sécrétion n'est qu'un agrégat chimique. On reconnaîtra nécessairement, que les appareils générateurs du mâle et de la femelle offrent un double organe chargé de la sécrétion du fluide séminal et de l'ovule, des canaux au moyen desquels ces produits sont transmis dans un réservoir particulier, et enfin d'autres conduits d'excrétion, par lesquels ces produits sont éliminés. Ces organes reçoivent des artères, le fluide vivifiant destiné à leur nutrition et à l'exercice de leurs fonctions. Enfin, des filets nerveux pénètrent leur tissu et leur communiquent le fluide excitateur qu'ils reçoivent de l'appareil électro-moteur. Quant au parenchyme même, les différences d'organisation et de composition chimique ne peuvent déterminer que des différences dans les qualités des produits sécrétoires, mais non une différence essentielle dans les propriétés de ces produits, et qui résulterait d'une loi d'exception, inconnue, appelée vitale. Ainsi, s'il est démontré que les organes sécréteurs n'exécutent leurs fonctions qu'au moyen des actions physico-chimiques, on ne pourra refuser la même action aux organes chargés de la sécrétion du fluide séminal du mâle et de l'ovule de la femelle.

De plus, si l'on examine comment s'opère la génération chez les végétaux et les animaux *agames*, tels que les infusoires, les zoophytes, quelques entelminthes, qui paraissent n'avoir que des organes femelles, au rapport de quelques naturalistes, il deviendra évident que la génération, ou plutôt l'organisation de ces animaux, est le produit d'une sécrétion particulière, en vertu de laquelle les molécules organiques se réunissent, suivant les seules lois de l'affinité, pour former de toute pièce un nouvel individu semblable à celui qui l'a procréé. Telle est la génération chez les gemmipares. Si, chez eux, une petite portion de substance peut se transformer en un autre animal, semblable à celui qui l'a fournie, on ne peut attribuer cette formation qu'à un nouvel arrangement moléculaire, favorisé et peut-être déterminé par l'action de l'oxygène, de la lumière et du fluide électrique. Dans cette nouvelle combinaison, les molécules ne changent pas de polarité, l'animal rudimentaire offre deux pôles distincts, comme les végétaux et le zoophyte qui ont fourni la substance dont l'agrégat organique a été formé. Si les animaux les plus élémentaires ont seuls la faculté de se reproduire par des *gemmules*, on doit attribuer cette propriété très-remarquable à la simplicité de leur organisation, et peut-être aussi à l'homogénéité des principes chimiques qui les composent. Les combinaisons étant très-simples, elles peuvent reproduire facilement un nouvel individu, puisque celui-ci ne résulte souvent que de l'agglomération de molécules organiques ou d'animalcules semblables, qui offrent déjà deux pôles opposés. L'ensemble des faits et le rapprochement des phénomènes prouveront qu'on ne peut concevoir cette formation que par une action moléculaire, soumise aux lois de l'affinité.

Dans les animaux d'une organisation compliquée, composés d'élémens chimiques et organiques plus nombreux, les combinaisons moléculaires n'ont plus ces tendances uniformes que l'on remarque dans les animaux élémentaires. La quantité d'élémens chimiques interposés entre les molécules intégrantes, et la variété de celles-ci, s'opposent à la formation immédiate d'agrégats organiques semblables, en tout, aux individus dont ils proviennent. Les corps composés d'une grande partie de matériaux hétérogènes devaient avoir des appareils compliqués, destinés à l'élimination de ces élémens chimiques; mais ils devaient posséder aussi des appareils particuliers, propres à combiner les molécules qui doivent servir à composer un nouvel être. Chaque appareil sécrétoire est donc destiné à éliminer des principes chimiques particuliers, et à les combiner d'une manière spéciale pour en former des liqueurs qui diffèrent beaucoup entre elles, mais qui conservent, dans chaque espèce, des propriétés constantes et *sui generis*. Les organes chargés de sécréter le fluide prolifique offrent aussi cette spécialité d'action, mais d'une manière beaucoup plus remarquable; ils sont chargés de séparer du sang les molécules intégrantes qui doivent, par leur réunion et leurs combinaisons, former un nouvel individu. On refuserait en vain d'admettre cette action sécrétoire et cette combinaison chimique, par la seule raison qu'on ne peut encore en trouver la théorie.

Si les testicules, qui sont chargés de la sécrétion ou de la séparation des molécules organiques, ont beaucoup d'analogie avec les autres glandes, ils en diffèrent essentiellement par le mode de distribution des vaisseaux qui s'y rendent, dont les flexuosités et les nombreuses ramifications tendent à diminuer l'activité de la circulation. L'organisation du testicule lui-même, les circonvolutions multipliées des conduits spermatifères, indiquent la nécessité d'une longue élaboration, pendant laquelle les molécules intégrantes doivent se réunir et s'agréger, d'après des lois spéciales de l'affinité; mais aussi suivant la nature, la configuration, la composition de ces molécules, et par conséquent suivant la composition chimique et l'organisation de l'animal. Ces combinaisons préliminaires ne peuvent s'opérer que d'après des lois semblables à celles qui président à l'agrégation des molécules dont les animaux gemmipares sont formés.

Mais plus on avance dans l'examen des phéno-

mènes de la génération, plus les causes qui les déterminent deviennent obscures et impénétrables,
et plus il devient difficile de concevoir le mécanisme
en vertu duquel l'homme et les animaux se forment
d'une morve prolifique. Des observateurs qui ont
examiné cette substance au microscope, se sont
assurés qu'elle contient une quantité prodigieuse
d'animalcules infiniment petits, et d'autres, parmi
lesquels on doit ranger Spallanzani, Jacobi, Rossi,
MM. Prévost et Dumas, ont prouvé, par des expériences décisives, l'influence d'une petite quantité
de la liqueur, dans laquelle nagent ces animalcules,
sur la formation et le développement du nouvel
être. Le premier observateur avait pensé que la présence de ces corps microscopiques n'était pas nécessaire pour déterminer la fécondation ; mais les
deux derniers ont reconnu, au contraire, qu'ils
sont absolument indispensables pour produire ce
phénomène. Ils fondent leur opinion sur les raisons suivantes : ces animalcules n'existent point
dans la première enfance et dans le dernier âge, et
ils ne se manifestent qu'à l'époque où l'acte de la
génération est productif; dans le coq et le pigeon,
on ne les observe qu'au temps de l'accouplement ;
les mouvemens dont ils jouissent sont en rapport
avec la *vitalité* de l'animal ; la santé et les maladies,
la force ou la langueur, la jeunesse ou la vieillesse
précipitent ou ralentissent ses mouvemens. Ces animalcules parviennent dans les cornes de la matrice
où on les a trouvés vivans et mouvans, jusqu'à la

descente des ovules; dans l'espace de vingt heures
ils cessent de se mouvoir et meurent : c'est précisément à cette époque que le sperme cesse d'être fécondant. Lorsque cette liqueur est filtrée ou distillée, elle ne féconde plus; la portion qui reste sur
le filtre ou dans la cornue, et qui contient seule
des animalcules, est aussi la seule qui soit fécondante. Enfin, ces corps organiques étant *tués* par
l'explosion répétée d'une bouteille de Leyde, expérience tentée par Spallanzani, le sperme cesse
d'être fécondant.

Ces faits ont porté MM. Dumas et Prévost à conclure que les animalcules spermatiques déterminent
seuls la fécondation; et voulant ensuite expliquer
leur mode d'action sur l'ovule, dans cet acte mystérieux, ils ont pensé que ce petit corps organique
forme la *gangue* cellulaire dans laquelle s'introduit
l'animalcule qui va former le système nerveux du
nouvel être. M. Rolando a adopté cette opinion, et pense qu'il est formé par la réunion du
système cellulo-vasculaire fourni par la mère et
par le système nerveux sécrété par le mâle; que,
par conséquent, l'ovule ne contient que les parties
rudimentaires du système cellulaire et vasculaire.
Cette théorie n'explique rien, absolument rien, et
nous laisse encore dans les ténèbres les plus absolues
sur la formation de l'embryon et des élémens qui
le composent. On peut sans doute avancer que l'o-
vule est le système cellulo-vasculaire, que l'animalcule spermatique n'est que le système nerveux,

quoiqu'aucun phénomène appréciable, aucun fait probant ne viennent étayer cette opinion ; mais comment expliquer leur formation , leur sécré- tion, par le testicule et par l'ovaire ? Assurément, s'ils sont formés par une véritable sécrétion, ce qu'on ne peut révoquer en doute, ce ne peut être que par une action et une combinaison électro-chimique.

Ne pas admettre ce mode d'action des organes glan- duleux, chargés de former l'ovule et les animal- cules, c'est rentrer aussitôt dans l'ontologie et le vitalisme, dans le mystère incompréhensible et inadmissible de la préexistence et de l'emboîtement éternel des germes; c'est enfin rejeter les faits im- portans que nous allons bientôt exposer.

Nous pouvons donc admettre, sans qu'on puisse nous accuser de former une hypothèse, que les animalcules, comme les ovules, sont formés par l'action sécrétoire ou physico-chimique des testi- cules et des ovaires, et qu'ils sont composés de par- ticules intégrantes fournies primitivement par le sang ; que ces particules sont soumises à une série de combinaisons d'où résultent des *agrégats* connus sous le nom d'ovules et d'animalcules. Nous pou- vons encore admettre que ces corps microscopiques contiennent les molécules des principaux organes, ou les molécules *primitives*, qui constituent essen- tiellement le nouvel être ; que les molécules *se- condaires* viennent se rendre au corps organique rudimentaire, en vertu de la force qui l'a formé primitivement, c'est-à-dire en vertu des lois de l'affinité, pour compléter son organisation, pour achever des organes à peine ébauchés, et enfin pour former ceux qui ne sont point le résultat des combinaisons primitives. Quelle que soit l'opinion que l'on embrasse, d'ailleurs, sur les lois spéciales d'après lesquelles ces combinaisons s'opèrent, il est évident que l'agrégat organique rudimentaire contient les principaux organes, et que c'est en suivant les lois d'après lesquelles il a été primitivement formé que les parties accessoires s'organisent et se développent. La plupart des vices de conformation de ces parties ont leur origine dans les organes centraux; il est donc très-probable que l'organisation des parties accessoires ou secondaires ne sont que des développemens successifs des premiers, que le sexe, la ressemblance, les difformités, dépendent de la quantité de molécules primitives fournies par le père et par la mère, et de l'intensité de leurs propriétés chimiques.

L'union de l'ovule et de l'animalcule spermatique, ou la combinaison des molécules primitives, fournies par la mère et par le père, est maintenant un fait incontestable, si l'on doit s'en rapporter aux expériences les plus décisives et aux faits les plus probans. Mais la manière dont cette union a lieu ne peut être constatée par l'observation, et ce n'est qu'au moyen de théories, ou si l'on veut d'hypothèses, plus ou moins probables, qu'on peut la concevoir. Dans les deux théories que nous allons proposer, l'action électrique qui attire le pavillon de la trompe, pour le fixer à l'ovaire, attire aussi les animalcules spermatiques vers cet organe, où un seul de ces corps microscopiques peut pénétrer, en raison de la tendance électrique qu'il a pour l'ovule, et de la neutralisation qui suit la combinaison de leurs élémens constituans. En adoptant la théorie des observateurs modernes, en considérant l'ovule comme un nid, où va se loger par instinct l'animal microscopique, on suppose, ce qui est à peu près inadmissible, et, d'un autre côté, on ne suppose pas que plusieurs milliers d'animalcules pourraient se loger et se développer dans l'ovule. De quelque manière que l'on envisage cette difficulté, elle paraît insurmontable, et ce phénomène serait aussi inconcevable que les autres mystères de la génération. Il faut donc renoncer aux théories des physiciens modernes.

PREMIÈRE THÉORIE.—Au moment où les deux agrégats organiques (l'ovule et l'animalcule) sont réunis par la force d'attraction, leurs molécules se séparent pour former à l'instant même une combinaison nouvelle, les parties microscopiques du mâle s'unissent aux particules correspondantes de la femelle, qui sont douées d'une électricité opposée. Il résulte de cette combinaison organique un nouvel être, dont le sexe est déterminé par le plus grand nombre de molécules fournies par l'un des individus. Si l'on considère que ces animalcules sont à l'état liquide, que la force qui les anime n'est qu'une force électromotrice, l'on pourra concevoir la possibilité d'une semblable combinaison. Seulement il est difficile de

croire que le premier travail de la nature puisse
être détruit en partie par une combinaison nouvelle, dont les faits les plus décisifs démontrent cependant l'existence.

DEUXIÈME THÉORIE. — L'animalcule est formé non-
seulement par le système nerveux, mais par les molécules primitives qui doivent former les viscères. On
pourrait alors le considérer comme un homoncule.
Lorsque les deux corpuscules microscopiques se trouvent réunis par la force électro-chimique, leurs molécules intégrantes s'unissent, sans que celles qui composent l'animalcule se séparent. Les molécules de l'o-
vule se disgrègent et viennent s'unir aux parties correspondantes de l'animalcule, et les pénètrent afin de
compléter son organisation. Ce changement a lieu
d'après les lois chimiques qui président aux métamor-
phoses variées des insectes. L'animal qui se métamor-
phose, ne se désorganise pas, mais il se transforme, en
quelque sorte en un autre animal, par un dépla-
cement insensible des molécules intégrantes. Dans
l'acte de la fécondation, cette combinaison s'opère
d'une manière beaucoup plus rapide, sans pour
cela désorganiser l'homoncule ou l'animalcule microscopique fourni par le mâle.

Nous n'avons proposé ces deux théories, ou mieux,
ces deux hypothèses, qu'afin de montrer qu'il n'est
pas absolument impossible de concevoir l'acte mystérieux de la fécondation, au moyen des lois physico-chimiques, et sans avoir eu aucunement la pré-
tention de les offrir comme des résultats positifs de

l'observation. Si on les trouve incomplètes et in-
suffisantes, ce ne sera point un motif pour se jeter
aussitôt dans les erreurs de l'ontologie, et dans les
obscurités du vitalisme; car ce serait abandonner une
méthode positive, des principes certains, pour se
jeter dans un océan de subtilités et de chimères.
Les théories doivent être admises en physiologie comme en physique et en chimie, lorsqu'elles
ne sont qu'une déduction rigoureuse des faits et des
principes; si elles s'en éloignent trop, elles peuvent
sans doute favoriser l'erreur, et ne méritent peut-être
que le nom d'hypothèses; mais dans le cas contraire,
elles offrent un puissant moyen d'investigation, lorsqu'il s'agit de remonter aux causes des phénomènes
que l'observation immédiate ne peut faire découvrir.

Rentrons maintenant dans le domaine de l'observation, d'où nous nous sommes éloigné à regret, et
prouvons que, quel que soit le mode des combinaisons moléculaires des deux agrégats organiques, qui
doivent former l'embryon, cette combinaison n'en
est pas moins un phénomène constaté par des
faits. La ressemblance de l'enfant au père ou à la
mère, ou à l'un et à l'autre à la fois, est souvent
très-frappante; elle s'observe dans les formes extérieures, dans la structure et l'organisation des parties,
dans les difformités, dans les dispositions morbides,
dans le caractère et le son de la voix, dans les passions
et les gestes. Nous avons observé des difformités et
une foule de maladies héréditaires; nous connaissons

un habitant de la campagne dont le nez est camard, et ses huit enfans, qui offrent absolument la même difformité, bien que le nez de leur mère ait des proportions convenables. Nous connaissons d'autres individus qui ont le physique de leur père, et le caractère de leur mère. Nous sommes, en partie, un exemple de cette disposition singulière.

Tantôt ce sont les hommes et d'autres fois ce sont les femmes qui transmettent leurs traits, leur stature, leurs imperfections et leurs difformités. Nous connaissons une famille dont le père avait trois phalanges à chaque pouce; une de ses filles a hérité de cette difformité qu'elle a transmise à un de ses enfans. Que de faits semblables nous pourrions citer! On voit donc que le père et la mère contribuent également à la génération, ainsi que le pensaient Hippocrate et beaucoup de médecins de l'antiquité, et que l'opinion d'Aristote qui croyait que la liqueur de la femelle fournissait la matière de l'embryon, et que celle de l'homme donnait la forme, comme l'opinion de Harvey qui pensait que la conception s'opère par une sorte d'aimantation, et enfin l'hypothèse de l'*aura seminalis*, etc., doivent être considérées comme des fables physiologiques.

Les animaux offrent les effets du mélange des deux semences, d'une manière très-remarquable, dans le croisement des races. On sait même d'avance quel doit être le résultat que l'on cherche à obtenir. Ainsi l'on obtient ordinairement un cheval d'une taille médiocre, lorsqu'on accouple un étalon élevé à une jument d'une petite taille, et un cheval d'une grosseur ordinaire, lorsque l'un des animaux fécondateurs est gros et l'autre petit. On connaît la différence qui existe entre le mulet et le bardot, qui sont le produit du cheval et de l'ânesse, de l'âne et de la jument. On peut même obtenir des résultats plus précis du croisement des races, et diminuer certaines difformités chez le nouvel animal, en accouplant deux individus offrant des difformités, ou si l'on veut des défectuosités opposées. Ainsi, si la jument a l'encolure étroite, on devra l'accoupler avec un étalon à large encolure, pour obtenir une conformation mixte ou intermédiaire. Si la tête, la croupe, les jambes de l'un de ces animaux, offrent des proportions qui soient au-delà ou en deçà du type ordinaire, on peut également en approcher par le croisement d'individus, dont la structure soit dans un rapport inverse. Nous ne savons trop ce que pourraient dire ceux qui attribuent des résultats comparables, obtenus chez l'homme, à l'influence de l'imagination, si on les interrogeait sur la cause de résultats aussi positifs et aussi multipliés. Assurément l'imagination de l'âne et de la jument ne peut influer à ce point sur l'organisation de leur progéniture. Tous ces faits démontrent donc le mélange des deux semences, et par conséquent la nécessité d'une combinaison chimique.

Si l'on voulait exposer tous les faits qui prouvent d'une manière irrésistible l'union des deux agrégats organiques, et, par conséquent, la nécessité ab-

solue de la combinaison de leurs molécules intégrantes, on pourrait encore faire une incursion dans
le domaine de la physiologie végétale, et l'on verrait
les effets multipliés de cette combinaison dans cette
variété infinie de plantes et de fleurs, qui sont le
résultat de la culture et de la méthode artificielle.
L'art, comme la nature, possède deux moyens
d'augmenter cette variété ; la différence des lieux et
des expositions, l'abondance et la quantité des différens principes chimiques et nutritifs que le sol peut
offrir, et de plus l'action et les combinaisons de la
poussière fécondante, fournies par les espèces voisines. Mais remarquons que, dans le règne végétal
comme dans le règne animal, le croisement des espèces
ne dépasse pas certaines limites, et que les combinaisons électro-chimiques, car il n'est plus possible
maintenant de les révoquer en doute, ne peuvent
s'opérer que lorsque les molécules primitives, qui doivent composer les agrégats organiques, offrent un certain degré d'homogénéité qui favorise ces combinaisons. Ces faits prouvent d'une manière évidente que
dans le règne végétal comme dans le règne animal
les classes et les genres ne se confondent pas, et que
dans chaque règne on ne peut remonter à une souche
commune, qui aurait produit, dans le premier,
tous les végétaux, et, dans le second, tous les animaux, par une série de développemens et une succession de transformations.

La génération spontanée des êtres vivans, que
l'on ne peut révoquer en doute, s'opère aussi par

des combinaisons moléculaires, soit dans les corps vivans, soit dans les corps privés de vie, au moyen des molécules intégrantes qui composent leurs tissus, ou par l'union de principes chimiques et par leur transformation en molécules organiques. Le premier mode de génération s'observe dans les animaux vivans, et nous avons déjà prouvé que les hydatides, qui offrent les propriétés intermédiaires entre le tissu et l'animal, que les espèces de vers qui se développent *exclusivement* dans les organismes, qui n'ont point été engendrés et qui meurent sans postérité, etc., se développent en suivant les lois de l'affinité, ou par des combinaisons moléculaires. Quant aux animaux et aux plantes qui paraissent produits spontanément par la transformation des élémens chimiques en molécules organiques, on ne peut révoquer en doute leur formation au moyen des combinaisons de ces molécules secondaires; mais l'observation n'a encore rien appris sur les lois spéciales de ces développemens successifs. On a nié à la vérité les générations spontanées, on a même prouvé que l'eau distillée ne produit point de plantes ni d'animalcules, que les tissus organisés, privés du contact de l'air, ne peuvent engendrer de vers. Assurément, s'il n'existe point de matière libre et à l'état concret, des êtres matériels ne peuvent se former des élémens déjà combinés d'un liquide; et si on enlève à la matière l'oxygène, principe de toute combinaison organique, on ne peut espérer de voir se développer des corps vivans. Ce serait nous éloigner trop du but que nous allons atteindre que de réfuter tous les argumens ou plutôt tous les sophismes présentés par les partisans de l'évolution et de l'emboîtement éternel des germes, contre la doctrine opposée.

Il suffit sans doute de considérer les procédés de la nature dans la formation des vers, des poux, dans plusieurs affections, d'observer le développement d'une foule d'insectes dans les maladies de plusieurs végétaux, pour s'assurer que des combinaisons chimiques peuvent former des animaux rudimentaires sans le concours des germes. Si l'insecte qui se développe sur les plantes ou sur différens animaux offre des formes constantes, suivant les espèces, on ne peut attribuer ce phénomène qu'à l'identité des causes qui le déterminent, et à la nature même des molécules qui composent les animaux et les végétaux qui nous l'offrent. L'ensemble des phénomènes et la multiplicité des faits tendent donc à démontrer que la génération des êtres vivans ne peut s'opérer que par une combinaison électro-chimique très-compliquée.

4° LOI DE DÉVELOPPEMENT DES ÊTRES FORMÉS DANS L'ACTE DE LA GÉNÉRATION.

Dans la première partie de cet ouvrage, nous avons rapporté le résultat d'expériences microscopiques tentées par d'habiles expérimentateurs, qui prouvent que l'embryon humain, comme celui de beaucoup d'animaux soumis à ce mode d'investiga-

tion, se compose de molécules agglomérées et dis-
posées d'une manière différente suivant l'espèce
d'animal, et suivant la conformation de ses organes.
Cette disposition anatomique vient donc confirmer
nos principes et prouver que nous ne sommes point
égarés dans le vaste champ des hypothèses, en attribuant la génération à une combinaison de molécules organiques. Nous ne partageons donc pas
l'opinion de Buffon qui pensait qu'un moule intérieur sert à réunir ces molécules, dans un ordre
déterminé, pour former les organes et les appareils
qui composent les êtres vivans. Ce moule prétendu
ne peut exister nulle part, et n'a été imaginé par
l'illustre naturaliste, que parce qu'il n'a pu découvrir les véritables lois de leur formation.

Tout prouve que la génération ne forme qu'un
être incomplet ou rudimentaire, qui passe successivement par tous les degrés intermédiaires de l'a-
nimalité, jusqu'à son entier développement, ainsi
que l'ont démontré de célèbres naturalistes. Les molécules secondaires viennent donc se réunir aux
molécules primitives en vertu des lois qui ont
formé et agrégé ces dernières. Les membres, les
parois des cavités splanchniques, les parties extérieures, comme les organes accessoires de l'animal,
et peut-être même les organes de la génération,
sont les résultats de cette formation consécutive et
complémentaire, qui ne s'opère que suivant le mode
primitif de composition, et suivant la prédominance des matériaux fournis par chaque individu

accomplissant l'acte générateur. Il n'est donc pas nécessaire de supposer autant de molécules organiques qu'il y a de parties accessoires, puisque leur développement consécutif est un résultat nécessaire du développement primitif des principaux centres nerveux et organiques, et de la prédominance de tel ou de tel autre élément de formation. On voit donc que les objections très-fondées, que l'on avait émises contre la doctrine de Buffon, cessent d'être applicables à celle que nous avons adoptée, et qui se trouve d'ailleurs étayée des recherches microscopiques.

L'observation paraît prouver que les difformités des organes accessoires ou secondaires se transmettent moins souvent que celles des organes essentiels et primitifs; elle prouve aussi que lorsqu'un vice de conformation se manifeste dans un de ces organes, les parties accessoires correspondantes éprouvent une altération remarquable qui paraît en être la conséquence. MM. Geoffroy Saint-Hilaire, Béclard, Tiedemann ont observé que les difformités congéniales de plusieurs organes importans, du cerveau et des diverses portions du système nerveux surtout, déterminent des vices de conformation analogues dans les parties extérieures avec lesquelles ils ont des connexions anatomiques. Ces observations prouvent donc encore que l'organisation n'est qu'une suite de développemens qui s'opèrent du centre à la périphérie, suivant les lois physico-chimiques, qui ont présidé à la formation de l'agrégat primitif, ou de l'animal rudimentaire.

Nous allons offrir une comparaison qui achèvera de fixer l'opinion sur le sujet qui nous occupe, et qui prouvera que la distinction que nous avons admise entre les molécules primitives de formation et les molécules secondaires ou d'organisation et de nutrition, n'est point illusoire. On sait que lorsque l'on coupe la patte d'une écrevisse, par exemple, cette partie se reproduit si elle n'est pas enlevée jusqu'à son origine; car, lorsque l'ablation du membre est complète, il ne s'opère plus de régénération. Ce n'est, ni par le prétendu moule de Buffon, ni par la force vitale, ni par la force médicatrice, ni enfin par les autres entités de ce genre que s'opère la reproduction des parties détruites; mais par une suite d'actions et de combinaisons électro-chimiques, dont les molécules de formation primitive sont la base, et sans lesquelles les parties enlevées cessent de se régénérer. Tous les animaux élémentaires, comme l'embryon lui-même, sont soumis à cette loi; les parties essentielles et primitives fournissent la base des développemens successifs qui viennent compléter l'organisation. La partie de l'animal correspondant à la surface lésée est un centre d'affinité, qui produit des bourgeons charnus, des végétations polypeuses chez les animaux d'une organisation compliquée, et qui reproduit le membre enlevé chez ceux dont la structure est élémentaire. Les procédés de l'action organisatrice, ou électro-chimique, sont les mêmes dans ces diverses circonstances, et la partie lésée est à l'état électro-négatif : mais dans le premier cas la quantité des élémens chimiques et la rareté des élémens organiques, donnent lieu à des combinaisons chimiques très-variées et à des combinaisons organiques imparfaites, tandis que dans les derniers cas, l'abondance des molécules organiques détermine des combinaisons plus parfaites entre ces molécules, et peut, par conséquent, reproduire des parties de l'animal élémentaire, et même cet animal tout entier dans les dernières séries.

. Chez les animaux dont l'organisation est compliquée, comme chez l'homme et chez les mammifères, ces deux ordres de molécules produisent des agrégats organiques, comme des hydatides, des entelminthes, des animalcules; ou des agrégats inorganiques, comme des calculs, des graviers, des concrétions de diverse nature, suivant l'espèce de molécules combinées. La plupart des animaux sont donc formés de ces deux genres de molécules; et s'il est plus difficile de concevoir la formation des agrégats organiques, au moyen des combinaisons chimiques, que celle des agrégats inorganiques, dans l'intérieur des êtres vivans, ce n'est point une raison pour révoquer en doute l'identité des lois qui président à leur développement; car les faits que nous avons coordonnés dans cet ouvrage suffisent pour démontrer que ces différens corps résultent également de combinaisons chimiques normales ou anormales.

5° DE LA GROSSESSE.

Le développement de la matrice, pendant la grossesse, a été le sujet de plusieurs hypothèses qui n'ont point éclairci une question aussi importante : il semblerait que tout dût rester mystérieux dans l'œuvre de la génération. On a dit que ce développement était l'effet d'une expansion active ; d'autres ont prétendu que cette dilatation était passive ; mais ces deux causes ne peuvent être admises, car elles ne sont que des suppositions déduites des principes erronés que nous avons combattus ; et d'ailleurs, elles ne peuvent absolument expliquer l'ampliation de la matrice et de la super-nutrition de son tissu. L'expansion active, comme la dilatation passive, en les admettant un instant, ne peuvent, en aucune manière, nous expliquer cet excès de nutrition, cette tendance remarquable des fluides, vers la partie contenante et vers les parties contenues. La méthode d'exclusion, comme l'ensemble des faits, nous conduisent donc encore aux principes et aux théories physico-chimiques.

La présence de l'embryon est une cause d'excitation électrique pour les parois de l'utérus, car il est, relativement à cet organe, à l'état électro-négatif. On peut croire que le premier effet de la présence de l'ovule est de déterminer le resserrement de l'utérus, qui embrasse alors plus étroitement ce produit de la conception ; mais bientôt, il s'établit entre eux un double courant de matière pondérable, ainsi qu'il a été dit en parlant de la circulation du fœtus, et leurs rapports ne doivent conséquemment s'établir que par des combinaisons et des actions moléculaires. L'attraction électro-chimique favorise l'union de la paroi interne de l'utérus à l'embryon, au moyen de molécules secondaires qui forment le placenta, ses annexes, et dont le développement est, en général, en rapport avec celui du fœtus et de la matrice. La formation de ce nouveau corps, le développement simultané de toutes ces parties, ne peuvent être évidemment rapportées qu'aux lois de l'affinité ; car, aucune théorie, aucune hypothèse étrangère à la doctrine que nous exposons, ne peut nous expliquer la production de ces phénomènes.

Le fœtus, renfermé dans le sein de la mère, est donc un centre d'affinité vers lequel afflue une grande quantité de sang. Les deux courans qu'il forme, et qui sont d'abord l'effet d'une action électro-chimique attractive et répulsive, n'ont pas la même intensité ; celui qui porte ce fluide de la mère à l'enfant, de la matrice au placenta, est plus considérable que le courant opposé. Le produit de la conception est donc à l'état électro-négatif, relativement à l'organe qui l'enveloppe, et celui-ci offre le même état, relativement aux autres parties de la mère, comme tous les organes dans l'exercice de leurs fonctions. Les fluides sont donc attirés à la fois vers l'organe contenant, et avec plus d'intensité vers l'organe contenu. La nutrition du fœtus, et la super-nutrition de l'utérus, résultent évidemment des combinaisons moléculaires dont ces parties sont le siège. Le développement des vaisseaux, l'ampliation de l'utérus, ne sont donc qu'une conséquence nécessaire du développement du fœtus, et de l'action des causes physico-chimiques qui le déterminent. L'ensemble des phénomènes prouve donc qu'une prétendue contractilité vasculaire ne pousse pas, *à tergo*, le sang contenu dans les vaisseaux capillaires de l'utérus, vers le fluide embryonique. Ces phénomènes démontrent, au contraire, que le sang est attiré vers un agrégat qui ne jouit encore que des propriétés communes à la matière fluide, et auxquelles les ontologistes eux-mêmes refusent le nom de *vitales*.

La matrice suit donc, dans son développement, celui du corps ou de la substance qu'elle renferme, que ce soit un fœtus, une môle ou des hydatides. Cet organe n'est donc, en quelque sorte, qu'une enveloppe fœtale, dont l'ampliation est la suite nécessaire du développement du corps organisé ou inorganique qu'elle renferme : ce n'est que lorsqu'une cause irritante quelconque amène un changement dans le rapport chimique de ses deux parties, que la matrice acquiert un état électrique semblable à celui du fœtus, par la diminution des actions moléculaires dont il est le siège, et que les contractions utérines sont excitées, qu'un mouvement répulsif tend à déterminer l'avortement ou l'accouchement.

Les combinaisons moléculaires qui déterminent l'accroissement du fœtus, la super-nutrition et l'ampliation simultanée de la matrice ont enfin un terme qui est celui de l'accouchement. Le sang est attiré avec moins d'intensité vers cet organe et le corps organisé qu'il contient, et dont la maturité va en déterminer l'expulsion. Il devient en effet une cause d'irritation pour l'utérus avec lequel il est dans un rapport électrique identique; car le sang a plus de tendance à se porter vers l'enveloppe charnue que vers le corps qu'elle contient. L'époque où l'état électro-positif se manifeste dans ces deux corps, le mouvement répulsif qui doit s'en suivre, varie dans chaque espèce, et arrive plus ou moins promptement, suivant le temps nécessaire pour que l'organisation du nouvel être soit entièrement accomplie.

On a dû nécessairement attribuer l'expulsion du fœtus, au temps fixé par la nature, dans chaque espèce, au défaut d'extensibilité des fibres de la matrice, et à l'accroissement continuel du nouvel être; mais on sait qu'avant le huitième mois l'enfant a souvent acquis le volume qu'il doit présenter à sa naissance, et que cette cause n'est pas celle à laquelle on doit attribuer l'accouchement dans les cas ordinaires. Les femmes qui ont deux ou trois enfans à la fois, comme celles qui ne portent qu'un fœtus d'un volume peu considérable, arrivent également au terme fixé par la nature pour leur expulsion. Mais, cependant, si la distension des fibres de l'utérus n'est pas la cause prochaine et immédiate de l'accouchement, elle doit être considérée comme une cause secondaire et éloignée de cette fonction. Les autres excrétions s'opèrent par suite de la dilatation considérable des parties contenantes, et ensuite par l'action irritante ou électro-motrice des substances contenues : telle est l'excrétion de l'urine, des matières fécales.

6° DE L'EXONÉRATION DU FOETUS, OU DE L'ACCOUCHEMENT.

On pense assez généralement que les causes déterminantes de cette importante fonction dépendent de l'espèce d'antagonisme existant entre les fibres du col et les fibres du corps de la matrice, de l'amincissement graduel des premières et du développement des secondes ; on pense même, et Baudeloque était de cet avis, que les fibres du corps tendent sans cesse à se contracter sur le produit de la conception avec lequel elles sont dans une sorte de lutte continuelle. L'accouchement a lieu, d'après les principes admis, lorsque tout antagonisme cesse, et que les fibres du corps de l'utérus ont acquis cette prépondérance qui est la cause immédiate des contractions utérines.

Cette cause physique de l'accouchement est sans doute réelle, mais elle n'est elle-même que secondaire. L'observation prouve que l'amincissement prématuré du col de l'utérus peut hâter le moment où il s'opère, et que la dureté contrenature de cette partie peut au contraire l'éloigner ;

On a remarqué que les accouchemens qui s'opèrent chaque année, sont plus fréquens vers les mois de novembre, de décembre et de janvier qu'à une autre époque. Ces observations et toutes celles qui précèdent, prouvent que l'homme, comme les autres animaux et les plantes, est soumis à l'influence des saisons et à l'action périodique du soleil dans l'acte même de la génération, et que le fluide qu'il dégage a la plus grande influence sur la vie de l'espèce comme sur celle de l'individu.

Dans l'exposition des phénomènes relatifs à la génération, nous n'avons pu avoir la pensée de dévoiler entièrement le mécanisme mystérieux et compliqué de cette importante fonction ; nous avons voulu coordonner un certain nombre de faits, afin d'indiquer la voie qui nous paraît la plus sûre, pour arriver un jour à des connaissances plus précises et plus approfondies sur l'origine microscopique et les développemens successifs de l'homme et des autres animaux. On peut même déjà pressentir que la découverte de nouveaux fait perfectionnera ou peut-être changera entièrement les deux théories, que nous avons présentées pour expliquer la formation primitive des organismes; mais ces faits, quels qu'ils puissent être, ne sauraient anéantir ceux au moyen desquels nous avons démontré la combinaison électro-chimique des élémens qui composent les deux semences dans la formation de l'agrégat organique.

CONCLUSION.

Les faits que nous avons coordonnés dans cet uvrage, les expériences dont nous avons rapporté es résultats démontrent la vérité des propositions uivantes : 1° Il existe, dans l'immensité de l'espace e vastes corps électro-moteurs formés de matière ondérable, qui s'influencent réciproquement à des istances infinies, au moyen de fluides impondé- és. 2° Les fluides électriques, dont l'existence est lémontrée *à priori* par leur action sur les organes les sens, et *à posteriori* par l'ensemble de tous les phé- iomènes, doivent être considérés comme la cause iniverselle de l'attraction et de la répulsion, comme elle des aberrations qu'éprouvent les grandes nasses de la matière. 3° Ces fluides déterminent 'attraction de ces masses, lorsque leurs courans iffectent la même direction et qu'ils sont d'une in- ensité inégale (électricités hétérogènes); ils pro- luisent le phénomène opposé, lorsque ces courans vont en sens contraire, et qu'ils ont une égale in- ensité (électricités homogènes). 4° Le fluide so- laire ou l'électricité résineuse est l'agent universel du mouvement (1) et de la vie. L'action solaire ne peut être envisagée d'une manière abstraite, suivant l'opinion des polaristes. Admettre des forces polaires, ou celles de l'attraction et de la répulsion, sans l'intermédiaire des fluides électriques, c'est tomber dans l'ontologie. 5° La lumière et la chaleur sont des effets de l'action de ces fluides, sur le système sensible de l'homme et des animaux. Le calorique résulte de leur combinaison ou de leur neutralisation. 6° La vie, qui n'est qu'une succession des actions et des combinaisons physico-chimiques intra-organiques, ne peut être entretenue qu'au moyen

---

(1) L'influence du fluide solaire sur les mouvemens de la terre est encore démontrée par les faits suivans : 1° il existe un rapport direct entre l'intensité d'action de la lumière et la tension électrique de l'atmosphère. MM. Gay-Lussac et de Humboldt ont observé dans leur voyage aérostatique, que cette tension augmente à mesure que l'on s'élève au-dessus du niveau de la mer. Le dernier observateur a fait aussi la remarque que plus on s'approche du sommet de la chaîne des Andes, et plus cette tension devient considérable : elle est en raison inverse de la chaleur et de l'humidité. 2° Schübler et M. de Humboldt ont constaté par des expériences nombreuses qu'il existe une coïncidence remarquable, dans le mouvement diurne du soleil, entre l'action de la lumière, la tension électrique et les variations barométriques. Plus le fluide solaire agit, plus la tension électrique est considérable, plus le baromètre monte. Les phénomènes inverses s'observent pendant la diminution de l'action solaire. 3° Les oscillations du pendule ont démontré que la gravitation se manifeste avec beaucoup plus d'intensité aux pôles, et qu'elle

de l'action de ces fluides combinés ou non combinés sur les corps organisés. 7° Ces organismes sont formés de molécules composantes et de molécules intégrantes ; elles sont douées de propriétés électro-chimiques, comme les particules de la matière inorganique, mais à un degré différent d'intensité. 8° Toutes les fonctions organique, n'offrent que des actions et des combinaisons moléculaires, déterminées par des courans électriques, dont l'intensité et la durée sont subordonnées à l'action de l'oxygène, du fluide solaire et du calorique sur les corps vivans. 9° La mort n'est que la cessation complète et définitive de ces courans, de ces actions, de ces combinaisons électro-chimiques et des phénomènes qui en sont le résultat. 10° Il existe donc un rapport remarquable entre les lois universelles et

---

diminue insensiblement vers l'équateur : elle continue aussi de diminuer jusqu'au sommet des plus hautes montagnes, en raison directe de la diminution de l'action magnétique de la terre. L'action attractive du fluide solaire s'exerce au contraire avec plus d'intensité sur ces dernières parties du globe. 4° Si l'on remarque ensuite l'influence de ce fluide sur les mouvemens de l'aiguille aimantée et sur le galvanomètre, suivant les mouvemens diurnes et annuels de la terre ; si l'on observe enfin le rapport qui existe entre l'intensité et la fréquence des phénomènes électriques atmosphériques et l'action directe des rayons solaires, suivant les saisons et les climats, il sera impossible de ne pas voir que le fluide solaire est un fluide électrique, que *la gravitation est en raison inverse de son action et en raison directe de celle du fluide terrestre.*

celles que suivent les corps organisés; les premières peuvent être soumises au calcul mathématique en raison de leur simplicité; les secondes, plus compliquées, ne seront entièrement connues qu'en suivant la méthode positive, ou celle qui est fondée sur l'observation, sur l'expérimentation et sur le raisonnement; qu'en réunissant les notions acquises, au moyen des méthodes dites *à priori* et *à posteriori*, telles qu'on doit maintenant les envisager, et enfin en suivant le conseil de Bacon (1).

---

(1) Qui tractaverunt scientias, aut empirici aut dogmatici fuerunt. Empirici, formicæ more, congerunt tantum et utuntur : rationales, aranearum more, telas ex se conficiunt. Apis verò ratio media est, quæ materiam ex floribus horti et agri elicit, sed tamen eam, propriâ facultate, vertit ac digerit. Nov. organ., lib. 1. xciv.

FIN DU DEUXIÈME ET DERNIER VOLUME.

TABLE DES MATIÈRES.

FONCTIONS DE RELATION.

FONCTIONS NUTRITIVES.

FAUTES ESSENTIELLES A CORRIGER.

————

Page 79 ligne 13, les expliquer, *lisez* expliquer tous ces faits.

— 123 — 4, annoncent, *lisez* annonce.

— 185 — 15, gallinacées, *lisez* gallinacés.

— 202 — 8, qui doit, *lisez* que doit.

— 226 — 28, sa nature, *lisez* la nature.

— 247 — 26, déployées, *lisez* ployées.

— 328 — 16, du fœtus de la mère, *lisez* du fœtus et de celui de la mère.

— 330 — 22, vessie ombilicale, *lisez* veine ombilicale.

— 365 — 15, eut expliquer, *lisez* peut expliquer.

— 445 — 18, propriétés de la force vitale, *lisez* des propriétés et de la force vitales.

— 453 — 22, ne solliciteraient faiblement, *lisez* ne solliciteraient que faiblement.

— 491 — 22, toujours est-il, *lisez* toujours est-il vrai.